나비 박사
평전 석주명

이 병 철 지음

나비 박사
평전 석주명

1판 1쇄 인쇄   2025년 7월 8일
1판 1쇄 발행   2025년 7월 25일

지은이 | 이병철
펴낸이 | 박정태
편집이사 | 이명수   **출판기획** | 정하경
편집부 | 김동서, 박가연
마케팅 | 박명준, 박두리   **온라인마케팅** | 박용대
경영지원 | 최윤숙

펴낸곳   주식회사 광문각출판미디어 · 파주나비나라박물관
출판등록   2022. 9. 2 제2022-000102호
주소   파주시 파주출판문화도시 광인사길 161 광문각 B/D 3층
전화   031)955-8787
팩스   031)955-3730
E-mail   kwangmk7@hanmail.net
홈페이지   www.kwangmoonkag.co.kr

ISBN   979-11-93205-66-2 03990
가격   24,000원

이 책은 무단전재 또는 복제행위는 저작권법 제97조 5항에 의거
5년 이하의 징역 또는 5,000만 원 이하의 벌금에 처하게 됩니다.

저자와 협의하여 인지를 생략합니다.
잘못 만들어진 책은 바꾸어 드립니다.

▲ 송도고보 연구실에서 나비 표본을 관찰하는 석주명_1932

◀ 송도고보 4학년 때
　석주명_1925. 3. 17

▲ 가고시마 고등농림학교 재학 시절 하숙집에서 석주명(맨 오른쪽)

▲ 석주명은 한때 기타 연주가가 되려는 꿈을 가졌다._1929. 11. 24

▲ 송도고보 박물관 앞에서 석주명(왼쪽)_1931. 3. 30

▲ 나비 채집 여행 중 백두산 천지에서_1933
맨 오른쪽이 동생 석주일이고 그 옆이 석주명이다.

▲ 평양에서 가족과 함께한 석주명. 맨 뒷줄 왼쪽에서 두 번째부터 석주명의 형 석주홍, 석주명, 동생 석주일이고, 둘째 줄 왼쪽에서 두 번째가 동생 석주선, 그 옆이 어머니이다._1934

◀ 석주명 일가.
부인 김윤옥과 딸 윤희_1938년
외동딸 윤희는 미국 북일리노이
주립대학 미학 교수를 지냈다.

▲ 송도중학을 떠나기 앞서 나비 표본 60만 마리를 불태우려고
박물관 앞마당에 상자를 내어 놓은 석주명(맨 오른쪽)_1942. 4. 18

▲ 제3회 국토구명학술조사대. 1947년 7월 12일부터 14일 동안 소백산·속리산·희양산·백화산·월악산·문수산·도솔산 등을 탐사하여 처음으로 소백산맥의 자연상을 밝혔다. 둘째 줄 오른쪽 끝 최기철 박사(서울대 명예교수) 옆에 포충망을 든 이가 석주명_1947. 7 소백산 연화봉

▲ 조선에스페란토학회 강습 기념 사진. 앞줄 왼쪽으로부터 두 번째가 석주명, 세 번째가 백남규, 석주명 뒤에 책을 든 여학생이 이계순(서울대 교수)_1949. 8

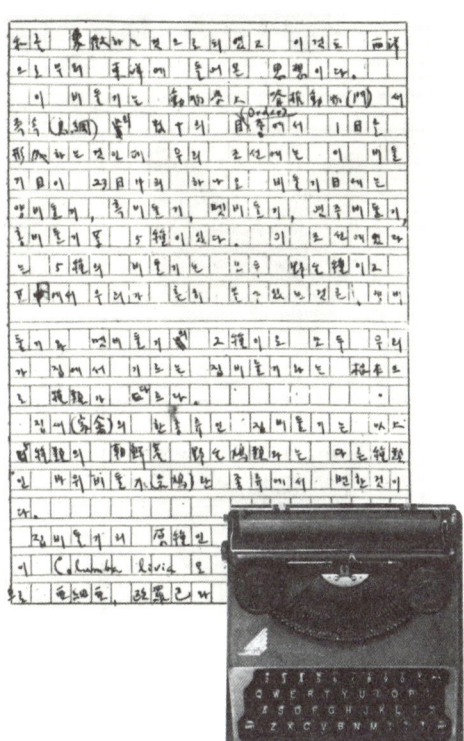

▲ 석주명의 육필 원고와 그가 쓴 타자기

▼ 1940년대 말 모습
▼ 타계하기 1년 전 남산 기슭 국립과학관 연구실에서_1949. 9. 14

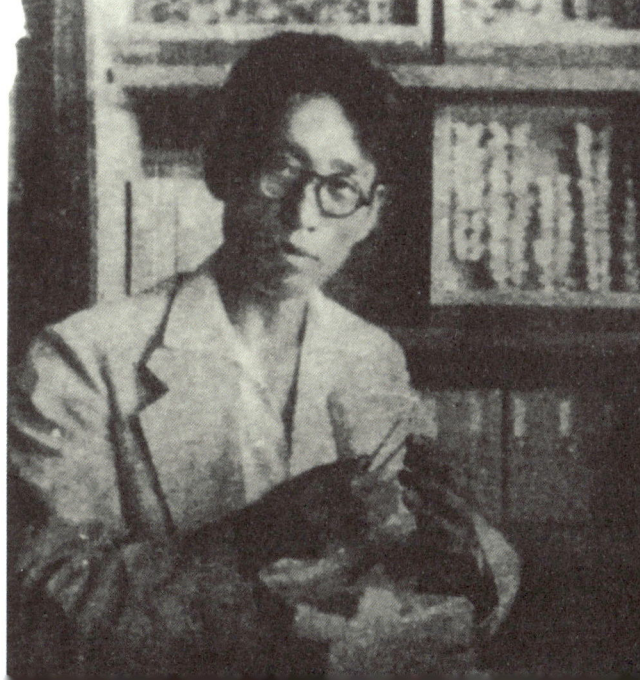

◀ 스승 석주명의 사진을 책상에 놓고 자신을 채찍질한 끝에 영문학의 대가가 된 김병철 교수(오른쪽)는 필자(왼쪽)가 평전《석주명》을 펴내자 누구보다 기뻐하며 석주선 씨(가운데)와 함께 축하해 주었다._1985. 11. 7 세종호텔

◀ 석주명의 유일한 혈육인 석윤희 교수(가운데), 그의 남편 권진균 교수(왼쪽)와 함께한 필자._1998. 4. 16
필자는 1985년 이래 석윤희 씨를 세 번 만났다.

《조선 나비 이름의 유래기》
석주명은 우리나라 나비 이름을 지어서 책으로 펴냈다. 국립중앙도서관 소장

《국제어 에스페란토 교과서》
석주명이 쓴 에스페란토 교재이다. 에스페란토 실력이 뛰어난 석주명은 에스페란토에 대한 논문도 발표했다.

《제주도 방언집》
석주명이 제주도 사투리를 모은 사투리 사전. 학술적으로 귀중한 가치를 인정받고 있다.

◀ 일본의 저명한 곤충학자 시바타니 아쓰히로柴谷篤弘 교수가 1987년 일본 인시학회鱗翅學會 기관지인《やどりが》제128호에 필자가 쓴 평전《석주명》초판본(1985년 간행)과 그 내용을 A4 8쪽 분량으로 자세히 소개했다. 평전《석주명》의 내용을 검증하려고 직접 우리나라를 방문한 시바타니 교수는 관련 인사들을 만난 것은 물론 석주명이 작고하던 날의 행적과 동선까지 답사하는 치밀함을 보였다.

No.128 / 1987
日本鱗翅学会

再説・石宙明（ソク・ジュミョング）

柴谷篤弘

Sŏk D.M. (Sŏk Ju-myong) revisited
by Atsuhiro SIBATANI

석주명이 처음 발견한 한국산 신아종 新亞種 5종
학명에 석(SEOK)이 표기되어 있음.

성진(스기다니)은점선표범나비 *Boloria selene sugitanii* SEOK

깊은산(긴지)부전나비 *Drina superans ginzii* SEOK

도시처녀나비 *Coenonympha koreuja* SEOK

수노랑나비 *Apatura ulupi morii* SEOK   유리창나비 *Dilipa fenestra takacukai* SEOK

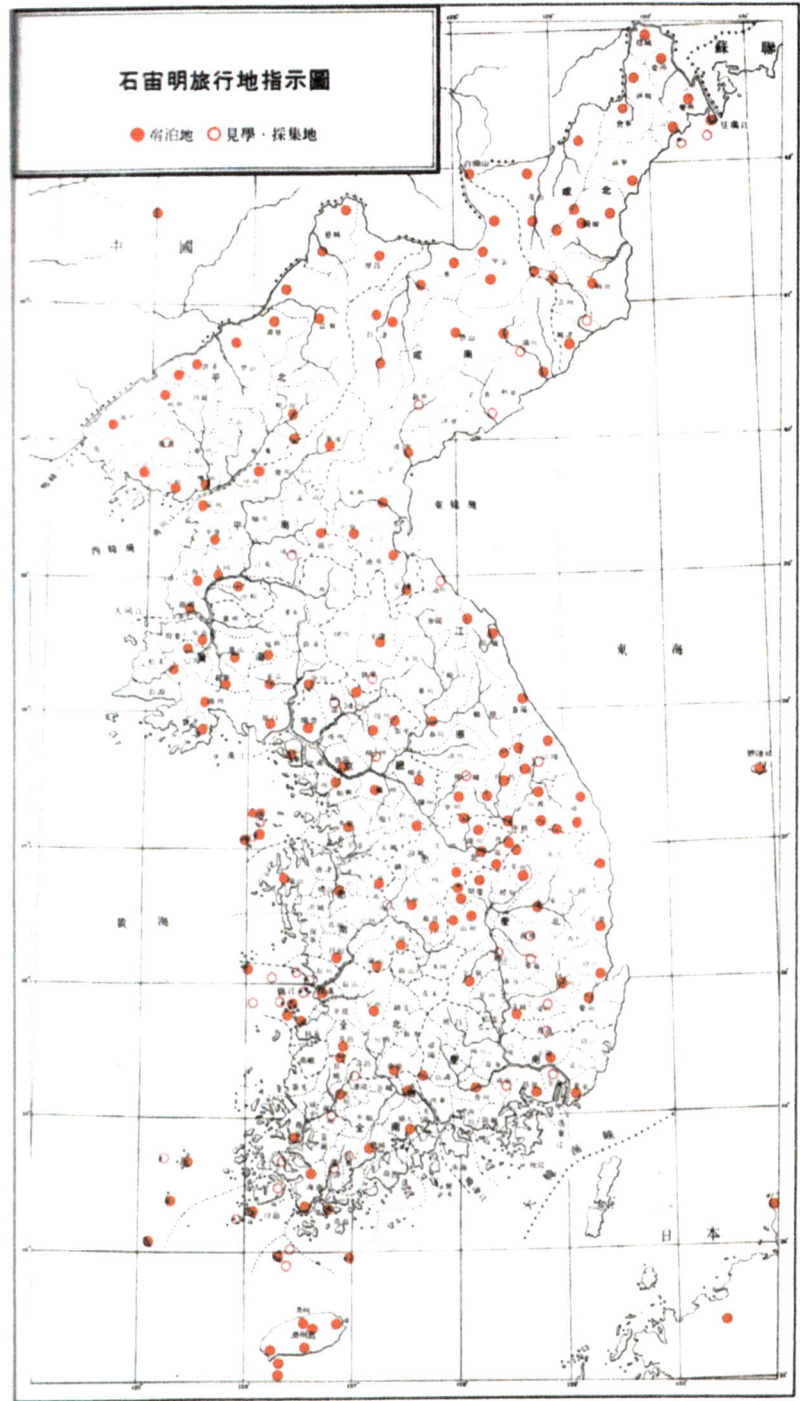

▲ 1973년 간행된 《한국산 접류 분포도》 첫 페이지에 실린 석주명의 채집 여행도. 그는 국내뿐 아니라 일본, 사할린, 만주, 대만, 오키나와까지 누볐다. 이 책에는 250여 종에 달하는 한국산 나비 한 종류마다 모두 국내 분포지도와 세계 분포지도가 각각 한 장씩 실려 있다.

석주명
(1908-1950)

'취재 뒷이야기'를 보탠 개정 신판에 부쳐

평전《석주명》을 처음 출간한 해가 1985년이다. 그동안 서너 출판사를 거치면서 용케 판을 거듭해 왔는데, 잊혔던 석주명을 처음 세상에 알린 지 40년이 되는 올해 광문각출판미디어 박정태 대표님 호의와 권유에 따라 '취재 뒷이야기'를 보탠 새 판을 내게 되어 감회가 깊다.

글솜씨가 채 여물지 못한 서른셋에 처음 책을 썼으니 돌이켜보면 어눌한 문장과 세심하지 못한 취재 등 여러 가지 아쉬운 점이 많다. 그러나 증언할 사람들이 아직 살아계실 때 세상이 까맣게 잊은 위인을 발굴해 널리 알리고, 그로 말미암아 특히 제주학 분야에서 학자들 연구를 이끌어낸 점은 위안이 된다.

시작은 1979년 6월 한국전쟁 때 유명을 달리한 분들을 추모하는 월간지 특집 기사로 석주명 선생을 선정한 때이다. 석주명에 푹 빠져 취재하다 보니 그 분량이 엄청났다. 기사는 외부 원고로 대신하고 나는 아예 책을 쓰려고 마음먹고 취재를 계속해 1983년 탈고했다.

난생 처음 평전을 쓰는 일은 생각보다 어려웠다. 나중에《윤동주 평전》을 쓴 송우혜 선생이나 김수영 평전《자유인의 초상》을 쓴 최하림 시인과 얘기해 보니, 그들 또한 부끄러움을 감추려는 가족 친지와 사실을 왜곡하는 사람들 때문에 나처럼 여러 가지 어려움을 겪었다고 했다. 가까스로 탈고하고서도 몇몇 유명 출판사에서 외면당하고, 중학교 동창인 유명 출판사 사장마저 1년이나 원고를 묵힌 것에 분노해 원고를 다시 찾아오는 등 2년을 끌다가 겨우 책을 냈다.

책을 내고서도 어려움은 멈추지 않았다. 여기저기서 석주명 위인전이 출판되었는데 어느 한 책에도 참고 서적과 내 이름을 밝힌 책이 없었다. 심지어 온갖 출판 관련 상은 다 받다시피한 《현산어보를 찾아서》조차 내 책에서 사진과 그래프, 내가 처음 밝힌 이론과 내용을 그대로 싣거나 자기 문장으로 바꾸어 쓰고서도 내 이름이나 참고 서적은 밝히지 않았다.

하도 여러 가지 일을 겪다 보니 책에는 차마 쓰지 못한 얘기를 털어놓고 싶다는 생각이 들었다. 그런데 정말로 그런 기회가 왔다. 2011년 제주대학교 탐라문화연구소가 '학문 융복합의 선구자 석주명을 조명하다'라는 주제로 석주명 선생 탄생 103주년 기념 학술대회를 마련했는데, 내가 '석주명 제대로 알기 여정을 돌아보다'라는 제목으로 기조 발표를 했다.

대회에 참가한 학자 15명이 발표한 원고를 모아 발간한 책에 실린 내 글은 '석주명 연구사 60년'과 '석주명 평전 취재 뒷이야기'로 나뉘는데, 나는 내가 하고 싶었던 얘기들 가운데 네 가지를 취재 뒷이야기에 실었다. 그 일화들을 이 책 중간중간 그 이야기가 해당되는 부분 뒤에 실었다. 평전 내용과 더불어 취재 뒷이야기도 독자에게 솔깃한 읽을거리가 되기를 기대한다.

2025년 5월
지은이

책머리에

　석주명石宙明은 우리 현대사 초창기의 몇 안 되는 별이다. 특히 자연과학 분야에서 세계에 떨친 그의 업적은 일제 암흑기를 빛낸 눈부신 빛이었다. 그는, 평생 75만 마리가 넘는 나비를 채집하고 측정하여 생물 분류학상 새로운 학설을 제창했고, 외국인들이 독점했던 한국산 나비의 계통 분류를 완성했다. 또 제주도 방언 연구로 국어학계에 귀중한 자료를 남겼고, 평화와 애국 운동으로 에스페란토 보급에 힘썼으며, 산악 활동을 통해 국토 구명과 녹화사업을 벌인 다재다능한 학자였다.

　그러나 이 글을 쓰면서 시종일관 나를 사로잡은 것은, 그가 이룩한 숱한 업적보다는 유례를 찾을 수 없을 만큼 지독한 그의 후천적 노력이었다. 그가 비명에 간 것도, 온 세상이 뒤집힌 전쟁 중에 피난을 가지 않고 연구실을 지킨 결과였다. 사람만이 지닐 수 있는 여러 가지 특장特長과 미덕 중에 '노력'이라는 분야에서 이토록 온몸을 내던져 학문에 몰두한 학자가 이 땅에도 있었다는 새로운 발견에 독자들도 마음이 벅차리라 믿는다. 이 글은 차라리 인간이 쏟을 수 있는 피와 땀의 한계를 생각게 하기 위한 데에 더 큰 의의가 있을지도 모른다.

　석주명 선생과 같은 시대에 살아 보지 못한 내가, 그것도 전혀 생소한 생물학 분야의 학자에 대한 글을 쓰게 된 동기는, 1966년 고등학교 시절 국어 시간에서 비롯되었다.

　나른한 오후, 비유법을 설명하시던 황명黃命 선생님이 문득 석주명의

《제주도 수필》 얘기를 꺼내셨다. "우리나라에 세계 제일의 나비학자로 석주명이라는 분이 있었는데, 한번 진귀한 나비를 발견하면 비록 서울서 평양까지라도 밤낮 가리지 않고 뒤쫓아 기어이 잡고야 말았으며, 어학에도 조예가 깊어 제주도 방언 사전을 만들었다"라는 설명을 우리 반 모두는 숨소리도 죽인 채 경청했다. 생전 처음 들어보는 좀 별다른 사람의 얘기인 까닭도 있었지만, 그보다는 세계 제일의 학자라는 말이 당시의 시대 상황에서 우리의 주눅 든 어깨를 으쓱거리게 하는 자못 대견하고 자랑스러운 표현이었기 때문이다.

아쉽게도 황 선생님은 그 이상의 사실을 알려 주시지는 못했는데, 결국 석주명에 대해 더 자세히 알고 싶다는 내 호기심과 당시의 뿌듯했던 감정을 더 구체적으로 되살려 보고 싶었던 바람이 오랫동안 머릿속에 남아 있다가 이 글을 쓰게 하지 않았나 여겨진다.

한 가지 굳이 덧붙이자면, 우리나라의 전기류傳記類가 몇몇 위인들에만 국한해 있는 데다 정치가·군인·독립운동가 등 특정 분야에만 치우쳐, 특히 어린이와 학생들이 식상해하거나 학문적 편식을 초래할 우려는 물론 다른 분야에 대한 민족적 열등감을 갖게 할 수도 있다는 내 나름의 우직한 판단에서였다.

자연과학에 전연 문외한인 국문학도로서 나는 이 글을 쓸 적임자가 못 되는 만큼 어려움도 많았다. 석주명의 학설과 업적을 제대로 밝히지 못하고 생애만을 약술略述하는 글이 되지 않게 하기 위해, 생물학 관계 서적과 관련 논문들을 찾아 읽고 그 방면의 학자들을 찾아 배웠으며, 주말마다 나비를 채집해 전시판展翅板 위에 표본을 만들며 고인故人의 흉내를 내보기도 했다.

이렇게 하고도 잘 모르는 문제에 부딪혀 답답할 때면 나는 '전문 분야라는 어려움 때문에 기피하고 만다면 과학자의 얘기는 필경 아무도 쓸 수 없으리라'는 생각을 거듭 떠올리며 다짐을 새로이 하곤 했다. 그러나 진실로 나를 분발케 한 힘은, 그가 허망한 최후를 맞은 지 40년이 가까운 오늘날, 생물학도들마저도 석주명이라는 이름을 모르는 사람이 허다하다는 안타까움 바로 그것이었다.

나 자신의 부족함과 그밖의 여러 가지 문제점 때문에 본문 내용 중 자료나 증언에 따르지 않고 내 마음대로 쓴 글은 단 한 줄도 없다. 따라서 이것은 내 한 사람의 힘으로 쓰였다기보다는 여러 사람의 증언과 도움, 그리고 석주명 자신의 저술에 의한 결과이다. 물론 이 책이 한 위대한 학자에 대한 종합적인 전기와 인물평이 되었다고는 생각지 않는다. 어린 시절·일본 유학 시절 등 생애의 더 많은 부분이 밝혀져야 하고, 그의 유고들이 정리되고 출판되어 더 많은 연구가 잇따라야 한다.

이렇게 여러 가지로 부족하지만 일단 첫걸음을 내딛어 무척 홀가분하다. 이 일을 하는 동안 세계적인 그의 유저遺著《한국산 접류 분포도》의 모습을 세상에 드러나게 한 것, 그의《제주도 방언집》을 비롯한 여러 논문·저서들과 미발표 유고인 방대한《세계 박물학 연표》그리고 손때와 체취가 어린 스크랩북들을 접할 수 있었던 것도 크나큰 기쁨이었다.

  그동안 여러 가지 자료를 제공해 주신 석주선 石宙善 선생님, 학술 논문을 번역해 주신 은사 서명호 徐明浩 선생님 그리고 정영호 鄭英昊 · 미승우 米昇右 선생님을 비롯한 여러 분들의 도움이 없었으면 이 책은 태어나지 못했으리라. 끝까지 격려해 준 아내에게 감사하며, 출판해 주신 백우암 白雨岩 선생께도 고마움을 전한다.

1985년 8월

邢卑居에서 글쓴이

차례

'취재 뒷이야기'를 보탠 개정 신판에 부쳐   16
책머리에   18

프롤로그 - 우리가 그를 다시 찾기까지   25
  ＊ 취재 뒷이야기   31
오빠의 혼을 짊어지고   39
기타리스트를 꿈꾼 도련님   46
나비 연구에 인생을 걸다   66
놀라운 발견, 변이곡선 이론   83
세계가 인정한 식민지 학자   106
  ＊ 취재 뒷이야기   117
분류 지리학을 개척하다   120
  ＊ 취재 뒷이야기   139
일본이 자랑한 조선인   142
북조선 나비 채집기   154
'제주도 박사'까지   170
  ＊ 취재 뒷이야기   183
백두대간을 밝히다   189
에스페란토의 별   208
꽃 모르는 나비 학자   220

에필로그 - 누가 그를 죽였는가?	235
참고문헌 및 증언자	242
부록	
1. 생애 연보	246
2. 학술 논문 연보	257
3. 나비 이름 유래기	269

프롤로그

우리가 그를 다시 찾기까지

파브르가 세상을 떠난 뒤 그의 관 위에 수많은 곤충들이 애도하듯 날아왔다고 하지만, 석주명이 떠난 뒤에도 그가 사랑했던 수백 마리의 나비들이 봄철이 되면 그가 사는 유택에 날아들어 온다는 전설적인 이야기가 전하여 오기도 한다.

- 오봉환 '나비 연구가의 나라사랑'에서

명색이 과학 담당이라는 유명 신문사 기자가 쓴 이 '전설적인 이야기'는 시사하는 바가 크다. 한때 나비 박사라고 하면 조선 천지에서 코흘리개들까지도 알았다던 석주명. 그런데 그는 사람들에게 '기이한 나비를 보면 아침부터 밤까지, 서울에서 경기도까지 쫓아가서 기어이 잡았다'는 등 그럴듯하게 부풀려진 기행奇行과 일화를 통해 알려져 있었다. 그래서 이처럼 어처구니없는 글이 1980년대에 《한국인물사》라는 거창한 전집에 버젓이 실리게 된 것 같다.

위와 같은 엉터리 글이 나오게 된 또 다른 배경은, 석주명이 한국전쟁 초기에 죽은 탓에 오랜 전쟁 기간에 세인에게 잊혔고, 전쟁이 끝난 뒤로는 그를 기억에 되살리려고 한 사람이 없었다는 점이다. 그가 간 뒤 35년 동안 우리 사회는 그를 철저히 잊었다. 그렇다 보니 이 기자는 전쟁 전에 보통 사람들이 알고 있던 수준으로밖에는 글을 쓸 수가 없었으리라.

　석주명은 한국 나비의 가짓수를 정하고 그 이름을 지은 나비 분류학자이다. 그의 가장 큰 업적은, 외국인들이 그보다 50년 앞서 한국 나비를 연구하면서 범한 오류를 바로잡은 일이다. 그는 외국인(특히 일본인)들이 같은 종(種)인데도 형질(形質, 무늬 수나 날개 길이·색깔·띠 따위)이 조금 다르다고 해서 전혀 다른 종으로 분류한 동종이명同種異名·synonym 921개 가운데 844개를 말소했다. 그는 60만 마리가 넘는 나비의 형질을 일일이 측정하고 통계를 내어 '개체 변이個體變異에 따른 분포곡선分布曲線' 이론을 창안함으로써 동종이명들을 말소하고 한국 나비를 250종으로 최종 분류했다.

　그렇다면 석주명의 이같은 이론과 업적을 알던 사람들은 무엇을 하느라고 그의 무덤에 이름 모를 나비가 떼를 지어 날아드는 황당무계한 사태를 방치했을까? 그들은 일제 때 우리나라 사람들이 그토록 권위를 인정했던 일본 학자들이 한마디도 반론을 제기하지 못하고 승복한 석주명의 이론을 일반에게 소개하지 않았다. 석주명이 전문학교를 나와 중학교 생물 교사를 했다는 점을 의식해, 논문이나 업적보다 학벌과 학연을 더 따진 우리 학계의 몹쓸 풍토 탓이다.

　석주명이 비명에 간 1950년 10월 이래, 1985년 평전《석주명》이 발간되고 1997년 석주명 관련 석사학위 논문이 나오기까지, 그에 대해 간혹 잡지에 소개된 단편적인 글들은 모두가 '유명했다더라' '최고의 나비학자였다더라'는 말 외에 어떤 학문 업적과 이론이 그를 유명하게 했는지 밝힌 것이 없었다. 필자가 평전《석주명》을 처음 펴낸 1985년 무렵 전국 중·고등학교 생물 교사 수천 명 중에 석주명의 분포곡선 이론을 아는 사람이 하나도 없었고, 석주명이라는 이름을 들어 보지 못한 사람이 태반이었다고 장담한다면 억지일까?

더 심하게 말한다면, 대학 강단에 서는 이들도 거의 석주명의 이론을 몰랐다. 석주명이 다룬 분류학이 오늘날로서는 특별히 연구할 일이 없는 기초적인 분야라는 이유도 있겠고, 전공 분야가 아니어서 관심을 기울이지 못했다는 변명도 할 수 있겠지만, 그보다는 다른 부문에서처럼 이 역시 '우리 것'과 '우리 사람'을 대수롭지 않게 여기고 하찮게 취급한 결과가 아닌가 한다.

이 점은 1950년 석주명이 죽은 뒤 일본에서 발간된 노무라 겐이치野村建一의 《곤충학 입문》(1952)과 야스마쓰 게이조安松京三의 《응용 곤충학》(1955)에 석주명의 개체변이와 분포곡선 이론이 소개되고, 추도문이 발표되고[1], 석주명을 추모하여 나비 학명에 '석'(seoki, Seokia)이 헌정된 점[2]을 볼 때 더욱 자명하다. 필자가 알기로 1950년대에 우리나라에서 석주명에 관한 글이 발표된 것은 없다. 1960년에야 조선일보 10월 6일자에 미승우가 쓴 나비학자 석주명 선생 10주기를 맞아라는 글이 실렸을 뿐이다.[3]

훌륭한 예술가나 학자가 생전에 쓰던 물건을 생가生家에 전시하고 그를 기리며 자랑하는 서양 사람들을 보면서, 우리는 왜 이다지도 사람을 아낄 줄 모르는가 한탄하지 않을 수 없다. 일제 시대에 당시 일본 곤충

---

1) 1954년 일본동물학회 간사 다카지마 하루오高島春雄가 학회지에 석주명 추도기를 실음.
2) 1955년 규슈대학교 시로즈 다카시白水隆 박사가 석주명의 업적을 기리기 위해 Seok을 헌명한 흑백알락나비 이종명 헤스티나 자포니카 세오키 *Hestina japonica seoki*를 〈Sieboldia〉지에 발표. 간사이 의과대학 시바타니 아쓰히로紫谷篤弘 교수가 네발나비科에 세오키아(Seokia)라는 신속新屬을 설정하고 홍줄나비 학명에 Seok을 헌명하여 세오키아 프라티 *Seokia pratti*로 하였다.
3) 시바타니 교수는 1985년 일본 인시류학회지 《やどりが》 제125호(12~15쪽)에 '석주명'이라는 제목으로 그의 생애를 소개했다. 그해에 우리나라에서 평전 《석주명》(이병철, 동천사)이 발간되자 시바타니 교수는 이를 번역해 읽고 서울에 찾아와 취재해서 자기가 잘못 쓴 부분을 고치고 평전에 실린 석주명의 생애를 축약해 '再說석주명'이라는 제목으로 《やどりが》(1987년, 제128호 12~19쪽)에 발표했다.

학계의 태두이자 세계 곤충 분포구를 7개로 나눈 '에자키 라인'을 창시한 에자키 데이조江崎悌三 규슈 제국대학교수가 쓴 글과 몇 년 전 정무2장관을 지낸 이계순 씨(전 서울대학교 사범대 교수)가 한 말을 보면 어떻게 석주명이 그렇게 쉽게 잊혔는지 의아하다.

석주명에 의해 이룩된 《조선산 접류蝶類 목록》은, 지금까지 이 분야의 어떤 제작물보다 이해하기 쉽고, 누구에게나 추천할 만한 책이다. 저자는 지난 10여 년간 쏟은 지칠 줄 모르는 노력에 대해 높은 찬사와 평가를 받아 마땅하다. 그는 자신이 직접 반도의 남쪽 끝에서 북쪽 끝까지, 그리고 거기에 딸린 대부분의 섬들에 이르기까지 전 국토를 몇 번씩 답사하여 표본을 채집했으니, 지금까지의 어느 나비 연구가보다도 뛰어난 인물이라 하겠다. 조선산 나비의 변이와 분포에 관한 석주명의 연구는 극동 지역 연구가들에게 높이 평가되고 있다. (…) 참으로 많은 시간과 고통을 감내하며 이룩한 유례없이 완벽한 이 목록에 대해서는 누구나 인정하지 않을 수 없을 것이다.
ㅡ 에자키 데이조, 《조선산 접류 목록》 서문에서

나는 1940년 일본에서 첫손가락 꼽는 교토京都 제1고녀에 유학하고 있었다. 어린 소녀의 몸으로, 더구나 조선인이라고는 전교를 통틀어 나 하나밖에 없어 이를 악물고 공부할 때였다. 어느 날 신문을 보니 '세계적인 나비학자 석주명 도쿄에 오다'라는 큰 제목 밑에 석 선생님 사진과 인터뷰 기사가 실려 있었다. 당시의 일본 신문이 조선인을 다룬 기사라고 믿을 수 없을 정도로 파격적이었다. 너무나 가슴이 벅차 눈물이 절로 나왔다. 석 선생님은 이국땅의 외로운 소녀에게 너무나 큰 힘을 주셨다. 한 번도 뵌 적은 없었지만, 그날 이후 나는 조선인으로서 자부심과 긍지를 세워 더욱 학업에 정진했다.
ㅡ 이계순, 필자와의 인터뷰에서

석주명은 너무나 큰 별이다. 일제에 강점된 최악의 상황에서 ① 우리보다 앞서 우리 것을 연구한 일본인 학자들을 실력으로 눌렀고 ② 우리 것[國學]을 탐구함으로써 겨레의 자존심을 지켰으며 ③ 그 방면 학문 연구에 디딤돌을 놓아 오늘날까지도 성과가 바래지 않고 있다.

물론 이 세 가지에 해당하는 사람은 석주명 말고도 더 있다. 이러한 현상은 일본인 학자나 연구원의 조수가 되어 도제徒弟 형식으로 학문 연구를 시작한 조선인 학자가 많은 동물학·식물학 등 자연과학 분야에 비해 인문과학 쪽에서 두드러진다. 신라 향가를 연구해 일본 왕으로부터 일본 최초로 학술원상을 받은 오쿠라 신페이小倉進平에 자극되어, 자기 전공이 아닌 국문학에 뛰어들어《조선고가연구》(1942)를 씀으로써 오쿠라의 이론을 뒤엎고 우리 고문학 연구에 새 지평을 연 양주동,《우리말본》(1935)을 펴내 일제 말기 혹심한 조선어 말살로부터 배달 겨레의 말과 글과 얼을 지킨 최현배,《송도고적松都古蹟》등 수많은 유작과 논문을 쓴 한국 미술사 선각자 고유섭, 1927년《조선무속고朝鮮巫俗考》《조선여속고朝鮮女俗考》《조선해어화사朝鮮解語花史》를 펴낸 한국 민속학 개척자 이능화가 그들이다.

석주명은 위에서 든 세 가지 특장特長 외에 좀처럼 보기 드문 발자취를 또 하나 새겼으니, 그것은 자연과학도인 그가 인문과학에도 선각先覺과 탐구로써 귀중한 기록을 남겼다는 사실이다. 그는 문헌을 통해 한국 나비 연구사를 낱낱이 밝혔을 뿐만 아니라, 우리나라 방언 연구에 귀중한 자료가 되는《제주도 방언집》, 우리말로 나비 이름 250가지를 지은《조선 나비 이름 유래기》와《국제어 에스페란토 소사전》등 언어학 관련 저술, 그밖에 제주도 관련 인문·자연과학 총서 다섯 권을 남겼다.

석주명은 나비 연구에서 분류학을 일단락짓고 분포학 쪽으로 옮겨

갈 무렵부터 국학國學에 눈을 떠, 생물학에서 국학을 추구하기 시작했다. 그는 1947년 이후 발표한 글과 강연에서 줄곧 '조선적 생물학'과 '국학'을 제창했다.

> 국학이란 국가를 주체로 한 학문이니 국가를 가진 민족은 반드시 국학을 요구하는 것이다. 종래에 국학이라면 한문책이나 보고 읽는 것으로 생각하는 사람이 많았지마는, 국학이란 인문과학에 국한될 것이 아니고 자연과학에도 관련되는 것으로, 더욱이 생물학 방면에서는 깊은 관련성을 발견할 수가 있다. 조선에 많은 까치나 맹꽁이는 미국에도 소련에도 없고, (…) 이처럼 자연과학에서는 생물학처럼 향토색이 농후한 것이 없으니 '조선적 생물학' 내지 '조선 생물학'이라는 학문도 성립될 수가 있다.
>
> — 석주명, '국학과 생물학'에서

석주명은 세계 박물학 연표를 만들면서도 '국가가 있는 민족은 어느 분야에서나 자국을 중심으로 한 창의적인 연표가 요구되므로, (…) 조선을 중심으로 하여 세계 과학사 내지 세계 문화사와 호흡이 맞도록' 우리나라를 중심으로 하는 《한국 본위 세계박물학연표》(유고, 1992)를 썼다고 이 책 권두언에서 밝혔다.

석주명은 국학을 제창하던 1947년부터 《에스페란토 소사전》, 《조선 나비 이름 유래기》, 《제주도 방언집》 등 언어학 관련 저술과 논문 《제주도 방언과 比島語》, 《제주도 방언과 馬來語》를 잇달아 내놓았다. 언어학에 접근하면서 박학다재에 머무르지 않고 인문과 자연을 연계해, 국학이라는 틀로써 조선 것을 연구하는 학문들을 아울러 체계화하고자 한 바람이 다음 글에 잘 나타나 있다.

언어에서 개인차를 제거하여 귀납하면 방언이 성립하는 것이고, 여러 방언 사이의 차이점을 조절하면 민족어가 되는 것이고, 민족어들 사이의 공통점들을 계통 세우면 언어 분화分化의 계통을 밝히게 되는 것이다. (…) 이만하면 방언과 곤충 사이에는 일맥상통하는 점 - 지방 차와 개체 차이로 보아 공통점 - 이 많아서, 방언을 연구하는 방법으로 곤충을 연구할 수 있겠고, 곤충을 연구하는 방법으로 방언을 연구할 수도 있을 것이다.

- 석주명, '국학과 생물학'에서

조선 나비를 연구하면서 외국 학자들의 오류를 바로잡다가 조선적 생물학에 눈 뜬 석주명의 우리 것 알기는 방언 연구와 국토 구명究明 학술 조사로 이어졌다가 마침내 인문·자연과학을 아우르는 국학을 주창하는 데에까지 이르렀다. 이 단계에서 그는 갑자기 유명을 달리했다. 그로부터 수십 년이 지나서야 우리는 우리 것을 돌아보고 찾으면서 하나씩 하나씩 자리매김하고 있다. 생물학 분야에서도 이 위대한 '조선적 생물학자'를 재조명하고 제자리를 찾아주어야 할 때가 되었다.

취재 뒷이야기
(석주명 탄생 103주년 기념 학술대회 기조발표문 중 '석주명 취재 뒷이야기'에서 발췌)

저는 학계에 몸담지 않은 사람으로서 이 학술대회에 참여하는 것을 주저했습니다. 그러다가 석주명의 생애와 업적을 대중에게 처음 알린 사람으로서 이 행사가 열리기까지 지나온 세월을 정리해 보자고 생각했습니다. 국내외 인사들에 의해 한국 나비가 연구된 수십 년 역사를 석주명이 '한국 나비 연구사'로 정리했듯이, 전례 없이 규모가 큰 이 행사의 들머리에 '석주명 연구사'를 먼저 정리하는 것이 의미가 있다고 보았기 때문입니다. 더구나 석주명은 그 뛰어난 업적에도 불구하고 거짓말처럼 완전히 잊혔다가 수십 년 만에야 되살아났습니다. 그렇기에 그의 학문을 논하기에 앞서 과거에 우리가 어떻게 그를 잊었고, 아직 미흡한 '석주명 제대로 알기' 여정旅程이 어디에 이르렀는지 짚고 넘어가야 한다고 생각합니다.

학자인 석주명이 오랜 세월 잊힌 배경에 학자들이 반성해야 할 부분이 많습니다. 석주명은 학자인데도 학자들이 먼저 그의 학문 내용과 업적을 연구하고 그 결과가 일반인에게 알려진 것이 아니라, 저널리스트의 평전을 통해 먼저 알려진 뒤 초등학교 교과서에까지 실리고 나서야 비로소 학자들에게 조명되는 역순逆順으로 진행되고 있기 때문입니다. 필자는 1985년 석주명 평전을 처음 펴냈는데, 석주명을 연구한 첫 논문(문만용 '조선적 생물학자 석주명의 나비 분류학')은 그로부터 12년이 지나서야 나왔습니다. 제가 그 논문을 밑줄을 그어가며 읽으면서 '이런 논문들이 내 책보다 먼저 나왔더라면 더 좋은 평전을 썼을 텐데' 하고 아쉬워했던 기억이 새롭습니다.

제주대학에 탐라문화연구소가 설치된 해는 1967년입니다. 《한국민족문화대백과사전》에 '제주도학 전문 기관'이라고 소개된 탐라문화연구소가 《제주도 총서》를 쓰고 '제주도학'이라는 말을 처음 쓴 석주명을 2011년이 되어서야 본격 조명하는 것도 만시지탄晩時之歎의 한 예입니다.

학자들이 진정 반성해야 할 것은 석주명이 오랜 세월 잊힌 사유가 동배同輩와 후학後學의 편협과 고의故意에서 말미암았다는 엄연한 사실입니다. 이 글은 (1) 석주명이 한국 나비 연구사史를 5단계로 나눈 것을 흉내 내어 석주명이 연구된 60년을 4단계로 정리해 현주소를 살피고 (2) 석주명 연구사에서 드러난 학계學界의 문제점, 즉 후대後代로 하여금 석주명을 잊게 한 잘못을 평전 취재 뒷이야기를 통해 지적했습니다. 그리고 (3) 석주명과 제주도에 대한 단상斷想을 덧붙였습니다.

석주명을 망각케 한 사람들

전문학교를 나와 중학교 교사를 하면서 42년이라는 짧은 생애에 128편에 달하는 논문을 발표한 석주명. 그는 실력으로 일본 학자들을 눌렀고, 우리 것을 탐구함으로써 겨레의 자존심도 지켰다. 일제 치하에서 창씨개명을 하지 않았고, 광복 이후에는 국학을 제창하고 우리 국토를 구명究明하는 데 힘을 쏟았다. 일제 치하에서 조선 사람이 이룬 가장 뛰어난 학문 업적, 유례를 찾기 힘든 각고의 노력. 그는 우리가 겨레의 표상으로 삼을 충분한 조건을 갖추었는데도 왜 우리는 60년 동안 그의 영전에 평전 한 권과 논문 한 편밖에 내어놓지 못했을까.

석주명 평전을 쓰느라 여러 사람을 인터뷰하면서 필자가 놀란 것은, 거의가 석주명이 아주 유명했다고 말하면서도 왜 유명한지, 즉 그의 학문 업적과 학문 이론이 무엇인지 모른다는 점이었다. 평전이 출판되고 나서 어느 날 서울 ㄱ대학의 ㅅ교수와 사당동에서 저녁 겸 술자리를 함께했다. 나비를 전공한 그는 ㅇ출판사가 낸 나비 도감의 저자였다. 필자보다 훨씬 나이가 많은 그는 뜻밖에 겸손했다.

"솔직히 말하자면, 나는 석주명 이름은 들어보았지만 그분이 왜 유명한지는 몰랐어요. 이 선생 책을 보고서 알게 되었는데, 부끄럽습니다."

필자는 자기의 과문寡聞함을 고백한 대학 교수의 용기에 감탄했지만, 나비를 전공하는 학자가 석주명의 이론과 업적을 모른다는 사실에 아연했다. 어떻게 이런 일이 벌어졌을까? 그 이유를 추론할 몇 가지 예를 들어 보겠다.

석주명이 왜 유명했는지 알고자 애쓰던 필자는 어느 눈 오는 날 석주명의 이론이 소개된 노무라 겐이치의 《곤충학 입문》을 빌리려고 멀리 있는 ㄱ대학을 찾았다. 전화로 약속하고 갔는데도 ㅇ교수는 깜박 잊고 집에서 가져오지 못했노라고 변명했다. 두 번째 방문 때도 마찬가지. 석주명 평전 쓰는 것을 그가 못마땅해 한다는 것을 알아챈 필자는 신촌에 사는 ㄱ 명예교수를 찾아갔다. 그는 "이삿짐을 쌌으니 자네가 풀어서 책을 찾게"라고 했다. 넥타이 차림으로 몇 시간 걸려 이삿짐을 다 풀었으나 책은 나오지 않았다. 그제서야 ㄱ은 "아참! 얼마 전 아무개에게 빌려줬지"라고 둘러대는 것이 아닌가. 짐을 도로 싸주고 그냥 돌아설 수밖에.

필자의 군대 시절 친구이자 ㄱ대학 생물학과 미생물학 교수인 ㄴ은 언제인가 필자와 얘기를 나눌 때 석주명을 애써 무시했다.

"분류학 같은 거 먼 옛날얘기야. 요즘 누가 그런 기초를 공부하나? 미생물학에선 그런 거 몰라도 되니까 난 석주명에게 관심 없어."

석주명의 송도고보 제자로서 석주명의 추천을 받아 일본 도호쿠대학을 다닌 덕분에 서울대 교수를 지낸 ㄱ은 석주명의 이론을 잘 알면서도 필자 면전에서 이렇게 폄하했다.

"그분은 전문학교밖에 못 나왔어요. 그분 이론이라는 게 자로 날개 길이를 재고 눈으로 무늬 수를 센 거예요. 그런 건 초등학생도 할 수 있는 일 아닙니까."

전문학교를 나와 중학교 선생을 한 사람에 대한 우월감, 자기 학교 출신이 아닌 사람에 대한 배타심, 이 땅의 학자들은 그들이 그토록 권위를 인정했던 일본 학자들조차 승복한 석주명의 이론을 학벌의 우월감과 학연의 배타심 때문에 모른 척 세상에 알리지 않았다.

석주명의 사생활과 학문을 속속들이 꿴다는 한 나비학자는 필자에게

'그런 사람을 왜 세상에 알리려고 하느냐'며 헐뜯었다. 그는 석주명이 부도덕한 일을 저질러 송도중학에서 쫓겨났으며, 인민군에 부역한 죄로 9·28 서울 수복 뒤 국군에게 총살당했다고 설득(?)했다. 몇 년 전 타계했지만, 그가 말년에는 일본 학자들에게까지 똑같이 음해했음을 필자는 나중에 전해 들었다. 외면과 무시, 배척과 폄하로도 모자랐나 보다. 그것은 숫제 매장埋葬 아닌가.

이렇게 해서 우리는 석주명 이름 석 자를 잊었다. 설혹 필자 이전에 석주명에게 관심을 가진 작가나 저널리스트가 있었다 한들 석주명의 이론을 알아낼 책이나 이야기를 들려 줄 호의적인 학자가 몇 없었으니 어떻게 그를 뒷사람에게 소개할 수 있었겠는가. 그렇다고 학자들만 탓할 일은 아니다. 석주명을 '최고'라고 떠받들던 석주선조차도 자기 오빠의 평전을 쓰는 필자에게 숨기는 것이 많았다. 부친이 요릿집(기생집)을 했다든가, 석주명이 한쪽 다리를 약간 절었다든가, 첫 번째 결혼에 실패한 재혼남이라든가(첫 부인은 강물에 투신자살했다) 하는 것들을 모두 오빠의 프라이버시를 지킨다며 함구했다. 필자가 다른 곳에서 취재해 확인하면 "그런 걸 어떻게 다 알아냈을까?" 겸연쩍어하면서 마지못해 시인하곤 했다.

사실을 왜곡한 것도 있다. 석주명을 취재하려는 사람이라면 누구나 누이동생이 석주명을 제일 잘 알리라고 생각하기 마련이다. 필자에게도 인터뷰 대상 1호는 석주선이었다. 그러나 그녀는 오빠의 어린 시절 등 사생활 외에 학문은 전혀 몰랐다. 처음 그녀를 만났을 때 자기는 아무것도 모르니 미승우를 찾아가라면서 연락처를 가르쳐 주었을 정도였다. 그러나 가정사 얘기가 나오면 달랐다. 석주명의 가정불화와 이혼이 온통 부인 김윤옥에게서 비롯된 듯이 얘기 보따리를 풀어놓았다. 평전에는 그래서 김윤옥에 대한 부정적 묘사가 꽤 있다. 필자는 김윤옥의 생사도 몰랐고, 1954년 대학 2학년 때 미국으로 간 외동딸 석윤희의 연락처는 석주선이 가르쳐 주지 않았다. 가정사에 관한 한 취재원取材源은 석주선뿐이었다. 하지만 필자는 그 불가피했음도 취재 미숙임을 시인한다.

1985년 석윤희가 한국을 방문했다. 퇴근 후 시청 앞 프라자호텔 일식당에서 석윤희 부부를 만났다. 3년 가까이 열병을 앓듯 석주명에게 미쳐 있던 필자로서는 석주명의 유일한 혈육을 만났다는 사실이 꿈만 같았다. 얘기를 나누다 보니 석윤희는 생모(김윤옥)와 멀지 않은 곳에서 살며 가끔 만난다고 했다. 그날, 그리고 석윤희가 미국으로 돌아간 뒤 필자와 여러 차례 통화하고, 다시 한국에 나와 만나고 하면서 들려준 얘기를 압축하면 이렇다.

"고모의 얘기는 과장이다. 오빠를 끔찍이 생각한 시누이가 잘못을 올케에게만 돌렸다."

석주명 평전을 읽은 김윤옥의 반응도 들었다. '다 옛날 얘긴데 이제 와서 아니고 말고 할 게 뭐 있느냐. 굳이 내용을 고치기를 바라지 않는다'며 쓸쓸히 웃으시더란다.

숨기고 왜곡한 것은 취재할 때만 속상했다. 그에 비해 석주명이 죽기 전날까지 쓴 메모 형식의 탁상일기를 석주선이 보여 주지 않아 지금까지도 모른다는 사실은 필자에게 깊은 상흔이다. "훌륭한 사람이니까 책으로 쓰는 것 아닙니까. 사소한 약점은 오히려 인간적인 면을 드러낼 수 있고, 그것을 극복한 얘기가 더 사람들에게 감동을 줍니다." "음- 음-. 그럼 다음 주 수요일에 학교로 가지고 올 테니까, 그때 가져가요." 이런 설득과 약속이 참으로 여러 차례 되풀이되었지만, 필자는 끝내 일기를 보지 못했다.

논문이 나온 뒤에 알게 된 오류는 개정판에서 고쳤다. 그러나 석주명이 쓴 탁상일기를 참고하지 못한 취재 미숙은 어쩌랴. 필자는 평전의 불완전함에 한없이 부끄러움을 느낀다.

석주명 알리기에 동참한 사람들

평전 쓰기를 돕고 석주명 알리기에 동참한 분들 얘기도 소개해야겠다. 무어니 무어니 해도 서울대에 계셨던 고 정용호 박사를 첫손가락에 꼽지 않을 수 없다. 신림동 서울대에서 퇴근해 중부경찰서 앞에 내리면 진양상가에 있는 집까지 걸어가는 중간에 있는 정 박사의 단골 카페. 거기서 그는 매일 같은 시각에 필자를 만나 따끈한 청주를 마시며 국립과학관 시절의 석주명 이야기를 들려주었다. 그는 필자가 구하기 어려운 조선생물학회 학회지들을 구해다 주었고(평전에 나온 '북조선 나비 채집기' 등을 이 학회지들에서 뽑아 번역했다), 귀하디귀한 《原色朝鮮の蝶類》도 선뜻 양도하셨다. "이 책은 이 선생한테 가야 제구실을 할 거야." 하시던 낭랑한 목소리가 지금도 귀에 선하다. 정 박사는 또 필자가 나비를 직접 잡아 표본을 만들어 보아야 석주명을 이해하고 글을 더 잘 쓸 수 있을 것 같다고 하자, 부인이 운영하는 과학실험 기자재 회사로 데려가 포충망과 전시판展翅板 등 여남은 가지를 세세히 챙겨 주었다.

1985년 평전 《석주명》을 처음 펴냈을 때 신문사로 걸려온 전화 한 통을 잊을 수 없다.

"이병철 기자 좀 바꿔 주십시오."

"네, 접니다. 무슨 일이신가요?"

"아, 저 한양대 생물학과의 박은희 교수라고 합니다. 석주명 평전을 보고 고맙다는 말을 하려고 전화했습니다."

"고맙다니요? 무슨 말씀이신지⋯."

"진작 나왔어야 할 책인데, 우리 학자들은 내용을 알아도 보통 사람이 읽기 쉽게 쓰지 못하고, 작가들은 글은 잘 쓰지만 내용을 모르니, 이런 자연과학 분야 책은 나오기가 어렵잖습니까. 그런데 국문학을 전공하신 분이 이 책을 썼다니, 참으로 놀랍습니다. 고맙다는 말을 꼭 전하고 싶었습니다."

박 교수가 제자들에게 의무적으로 《석주명》을 읽힌다는 말은 얼마 뒤 다른 경로로 들었다. 서강대 신방과 김학수 교수는 1990년 5월 9일 동아일보 '5월에 생각나는 과학자'라는 칼럼에 석주명 평전을 읽은 감상을 기고했다. 그도 자기 제자들에게 의무적으로 《석주명》을 읽힌다는 사실을, 대학원에서 김 교수 강의를 듣는 동료 기자에게서 들었다. 한국외국어대학 박성래 교수는 과학 기술사를 다룬 글이나 저서마다 석주명을 소개한 석주명 전도사이다. 일면식도 없지만 늘 감사하게 생각한다.

1993년 신문사에 있을 때 새로 뽑은 견습 기자가 인사를 왔다. 나를 안다고 하기에 어떻게 아느냐고 묻자 서울대 농대를 나왔는데(1992년 농업생명과학대학으로 바뀌었다) 학교 때 농대생 전원이 의무적으로 《석주명》을 읽었다고 했다. 어느 교수가 시켰는지 모르지만 고맙기 그지없는 일이다.

오빠의 혼을 짊어지고

1951년 1월 4일 밤 신당동 어느 한옥 안방, 희미한 등잔불 아래서 석주선은 일손을 놓고 깊은 생각에 잠겨 있었다. 옆에서는 시어머니와 시누이가 초조한 낯빛으로 그녀의 눈치만 살피고 있을 뿐 역시 말이 없었다. 어수선하게 짐 보따리들이 널린 방 안 풍경과는 대조적으로 세 사람 사이에는 꽤 오랫동안 무거운 침묵이 계속되었다.

압록강을 눈앞에 두고 뜻밖에 중공군이 개입하는 바람에 국군이 후퇴하기 시작하자 서울 거리는 또다시 피난민들로 북적거렸다. 9·28 수복 이후 100일 남짓, 이제 겨우 조금씩 자리가 잡혀 가던 참이었다.

석주선 앞에는 오빠 석주명의 유고遺稿와 그녀가 그동안 모아온 옛 옷들이 잔뜩 쌓여 있었다. 이제 곧 날이 샐 터이고, 그녀는 이 두 가지 중 한 가지만을 꾸려서 서둘러 인천으로 떠나야 했다. 시간이 흐를수록 마음은 더 조급했지만 이 어려운 선택을 놓고 쉽게 마음을 정할 수가 없었다. 부질없이 지나간 세월들만 그녀의 머릿속을 주마등처럼 스쳐 갔다.

배운 여자는 남의 소실밖에 못 된다는 어머니의 완고함 때문에 다니던 여학교도 그만두고 집에 갇혀 지내던 석주선은 스물여섯 살 나던

1938년 2월, 동경제국대학의 학술 발표회에 논문을 발표하러 가던 오빠 석주명을 졸라 동경 유람을 갔다. 그러나 처음의 마음과 달리 그녀는 동경에 그대로 주저앉기로 하고 그곳 일본고등양재학원에 입학했다.

그곳의 유일한 '조센진'이었던 석주선은 월등한 실력으로 졸업하자마자 교원이 되었고, 일본에서 열리는 '의복 공모전'마다 당선해 화려한 유학 생활을 했다. 당시 일본 여자들 사이에서는 '우리가 아는 조선 여자는 최승희(무용가)와 석주선 둘 뿐이다'라는 말이 있었을 정도였다. 그 무렵 한복에 눈이 뜨인 그녀는 광복을 맞아 귀국하자 곧 국립과학관에 들어가 한국 복식사服飾史 연구를 시작했다.

창덕궁 장서각의 문헌을 뒤져 가며 공부하던 석주선은 실물을 모아 더 완벽한 학문을 해 보자는 욕심으로 1948년부터 옛 옷을 수집했는데, 전국을 다 누비다시피 했다. 문헌을 뒤져서 찾아가기도 했고, 어느 때 어떤 고관이 벼슬을 내놓고 낙향해 어디에서 살았다는 노인들의 말을 귀담아들었다가 그곳을 찾아가 옛 옷들을 구했다. 1940년대에 젊은 여자가 나서서 옛날 옷을 구하러 시골구석을 찾아 뼈대 있는 가문의 후손들을 설득하려니 그 고생이란 이루 말할 수 없었다.

이렇게 해서 3년 동안 수집한 옷이 예순 가지가량. 하나하나에 나름의 사연이 담긴 이 옷들은, 그것을 내놓은 가문들로서는 옛 모습 그대로 소중히 물려 내려온 가보 같은 물건들이었다. 이것들을 놓아두고 피난을 간다는 것은 그녀의 영혼을 남겨 두고 몸만 떠나는 것과 다름없었다. 하지만 오빠의 유고도 그녀의 수집품 못지않게 소중한 것을 어쩌랴.

'나비 박사'라고 불린 석주명은 전쟁이 일어나자 그가 쓴 원고들을 배낭에 넣어 어디를 가나 메고 다녔다. 잠잘 때에도 꼭 껴안고 잤다.

"그 안에 뭐가 들었기에 앉으나 서나 메고 다니십니까?"

사람들이 이렇게 물을라치면,

"이거이 내 생명이디요. 이거이 없어디문 난 둑은 목숨이나 마탄가디야요."

이렇게 대답하곤 했다. 누이동생에게도 늘 버릇처럼 "이거이 내 혼인데…. 어카든지 간에 꼭 택(책)이 돼얄 텐데…" 하고 걱정스럽게 말했다가는 금방 맥빠진 소리로 "안 돼두 할 수 없디. 이 난리통에 뭘 할 수 있갔다구…" 하면서 풀이 죽곤 했다. 이런 사정을 잘 아는 석주선은 오빠의 학문을 깊이 알지 못했지만 그가 남긴 원고들이 얼마나 소중한지 누구보다 뼈저리게 느끼던 터였다.

사실 석주명의 말마따나 그 배낭 속에는 그의 '혼'이 들어 있었다. 그것은 석주명이 나비 연구를 시작한 1931년부터 20여 년 동안의 연구를 총결산하는 《한국산 접류 분포도》 원고인 지도 5백여 장이었다. 그가 평소에 목숨처럼 아끼던 두 가지가 있었는데, 하나는 비교 연구를 위해 세계 각국으로부터 수집한 나비 표본이고, 또 하나가 바로 이 지도였다.

그는 한국산 나비 248종을 한 종류마다 국내 지도 한 장과 세계 지도 한 장씩에 그 채집 장소를 붉은 점으로 표시한 나비 분포 지도를 만들 생각이었다. 나비 분류 지리학을 위한 석주명의 발길은, 20년 동안 우리나라 최북단인 함경북도 온성군 풍서동에서 최남단인 제주도 남쪽 마라도에까지 안 미친 데가 없고, 나라 밖으로는 일본과 몽골, 사할린과 만주 그리고 대만에까지 이르렀다. 그것도 모자라 그는 제자들을 여러 곳에 학교 교사로 파견해 나비를 채집하게 했다. 또 세계 지도에 찍힌 점은 미국·영국·핀란드 등 한국과 위도가 비슷한 나라들의 학자들과 표본 및 자료 교환을 통해 이루어진 것이니, 지도 504장 위에 찍힌 붉은 점 수만 개에 그가 쏟은 피와 땀은 상상하기조차 불가능하다. 게다가 이 분포 지도마다에는 각 나비 종류가 서식하는 북방 한계선과 남방 한계선이 한눈에 알아볼 수 있게 표시되어 있기도 하다.

모든 학문이 그렇듯이 이 지도는 결코 완벽할 수는 없었지만, 한 개인이 그 많은 종류의 분포 상태를 그토록 자세하게 조사한 데에는 어느 누구도 경의를 나타낼 수밖에 없었다. 어느 미국인은 이것을 보자마자 "당신이야말로 닥터(Dr.)입니다. 만일 당신이 이 지도를 가지고 미국으로 간다면 어느 대학에서나 박사학위를 드릴 것입니다"라고 말한 적도 있다.

석주명은 그동안 자기가 해온 한국산 나비에 대한 측정학·분류학 연구는 이 분포 지도를 완성함으로써 일단락 짓고 본격적인 나비 생태학 연구를 위해 여생을 바칠 생각으로 막 출판하려던 참이었다. 그러니 그가 전쟁통에 그 지도들을 배낭에 넣어 자나깨나 몸에 붙이고 다닌 일은 지극히 당연했다.

석주선의 분신인 옛 옷들과 오빠의 혼魂인 지도 504장. 날이 밝으면 함께 떠날 일행 세 사람 중 늙은 시어머니는 짐을 질 힘이 없었고, 나어린 시누이의 보퉁이에는 피난 가서 생계를 꾸릴 재봉틀 몸체를 넣었다. 그녀로서는 오빠의 유고와 자기 수집품 중 어느 한 가지밖에는 가져갈 수가 없었다.

밤이 깊었다. 간간이 들리던 발소리도 멎은 지 오래다. 오랜 침묵을 깨고 마침내 석주선이 입을 열었다.

"어머니…, 아무래도 오빠 것을 가지고 가야겠어요."

무겁지만 단호한 어조였다. 이 한마디를 결심하기까지는 오랜 시간이 걸렸지만, 일단 마음을 정한 그녀의 손놀림은 재었다. 곧 날이 밝아올 터이다. 그녀는 옷가지들을 차곡차곡 접어서 바지는 바지대로 치마는 치마대로 나누어 광목에 쌌다. 꾸러미마다 꼬리표를 만들어 다는 그녀의 손끝이 가늘게 떨렸다. 새삼스레 떠오르는 남편과 오빠 생각에 왈칵 솟구치는 눈물.

'아, 이럴 때 어느 한 분만이라도 계셔 주었으면….'

당대에 손꼽히는 식물학자인 남편 심학진은 신혼의 단꿈이 채 가시기 전에 생사를 알 길이 없게 되었고, 그렇게나 존경하고 따르던 오빠는 너무도 어이없이 비명에 갔다. 이 충격적인 일들은 모두 전쟁이 시작되고 나서 겨우 100일 동안에 일어났다. 그리고 지금 슬픔의 눈물이 채 마르기도 전에 그녀는 또다시 가장 소중한 것들을 남겨 둔 채 늙은 시어머니와 어린 시누이를 데리고 피난 길에 오르게 되었다. 주머니 속에는 단 한 푼도 없고, 마음은 그저 답답하고 원망스러울 뿐이었다.

옛 옷 꾸러미들을 들보에 매달아 놓고 그녀는 오빠의 유고들을 배낭에 꾸렸다. 지도 5백여 장 말고도 미발표 논문인 〈한국산 접류의 연구 III〉, '제주도 총서' 4, 5, 6권, 〈세계 박물학 연표〉 원고 7천여 장과 발표문 스크랩, 일기, 논문집들이었다. 지도는 신문을 반으로 접은 크기였는데 배낭이 어찌나 큰지 조금도 구기지 않고 차곡차곡 넣을 수 있었다. 물건들을 모두 넣고 나서 맨 위에 그녀의 손때 묻은 가위 2개를 넣었다. 배낭 높이가 70센티쯤 되었다. 그것을 등에 메어 보려던 석주선은 깜짝 놀랐다. 너무 무거워 혼자서는 메기조차 어려웠다. 그렇다고 어느 것 하나도 빼놓을 수는 없었다.

날이 밝기를 기다리는 동안 석주선은 자기 앉은키보다 큰 배낭을 바라보며 별의별 생각을 다 했다. '저것을 지고 가다가 너무 힘들어 내버리고 싶은 생각이 들지 않을까?' 시누이 보따리에 조금만 나누어 쌀까 하는 생각도 해 보았지만 마음이 놓이지 않았다. 이 궁리 저 궁리, 뜬눈으로 밤을 새운 그녀는 결국 어떤 수를 써서라도 자기 힘으로 그것을 부산에까지 옮기고야 말겠다고 다짐하고 집을 나섰다. 1951년 1월 5일, 밥도 못 지어 먹고 서둘러 떠나는 세 사람 앞에 1월의 새벽바람은 너무나 차가웠다.

천신만고 끝에 인천에 도착한 일행은 겨우 해군상륙함LST에 오를 수 있었다. 이미 전날 밤부터 밀려든 피난민들로 선실은 물론 갑판에도 자리가 없었지만, 어찌어찌해서 간신히 자리를 얻었다. 짐짝처럼 들어찬 사람들 틈에 끼어 배낭을 멘 채 옴짝달싹 못 하는 몸이 된 석주선이 볼 수 있는 것이라고는 손바닥만한 하늘뿐이었다. 그 작은 하늘은 너무나 음산했다.

시커멓던 하늘은 배가 인천항을 나서자마자 이내 눈과 우박을 뿌려댔다. 갑판 위 피난민들은 차가운 겨울 바다 위에서 선 채로 풍랑과 눈보라를 견뎌내야만 했다. 몇 시간을 이렇게 부대끼다 보니 석주선은 몸을 더 가누기가 어려워졌다. 그때 문득 깨달았다. 사람들 틈에 꼭 끼여 있다 보니, 배가 크게 흔들릴 때 두 발이 모두 공중에 떠서도 쓰러지지 않았다. 그녀는 그때부터 한 발씩 교대로 들고 피로를 풀었다. 아주 감질나는 휴식이었지만 그래도 어느 정도 도움이 되었다.

석주선은 이렇게 고드름 맺힌 외투를 씌운 배낭을 멘 채 목포까지 열 시간 뱃길을 서서 견디어 냈다. 그리고 다시 부산으로, 서울로, 오빠의 영혼이나 다름없는 그 배낭을 메고 다녔다. 마치 석주명이 살아서 그랬던 것처럼. 삯바느질을 하던 피난살이 단칸방에서, 신줏단지처럼 방 한복판에 모신 배낭을 쓰다듬으며 석주선은 날마다 "어머니, 어떻게 이걸 가지고 나올 생각을 했죠?" 하며 스스로 대견해했다.

1952년 8월 석주선이 서울로 올라왔을 때 제일 먼저 달려간 신당동 집에는 아무것도 남아 있지 않았다. 그녀는 몇 달이나 잃어버린 옛 옷들을 찾았지만 끝내 한 점도 찾지 못했다. 그 무렵 밤이면 오빠의 원고 뭉치들을 꺼내 놓고 우는 일로 마음을 달래는 것이 그녀의 일과처럼 되었다.

석주명의 《제주도 총서》 4, 5, 6권과 《한국산 접류의 연구 III》 그리고 세계 어느 나라 학자도 시도한 일이 없었던 걸작 중의 걸작 《한국산 접류 분포도》는 이렇게 한 많은 사연을 간직하고 세상에 태어났다.

(그러나 이 책들은 석주선이 겨우 자리를 잡은 뒤인 1958~1973년에야 인쇄가 끝났고, 출판을 맡은 김교영의 실수로 또다시 12년 동안을 출판사 창고 속에서 햇볕을 보지 못했다. 그러다가 필자가 석주선 씨와 보진재 출판사 사이를 중재해 1984년 1월에야 비로소 서점에 그 모습을 나타냈다. 석주명이 탈고한 지 30년이 지나서야 출판됨으로써 이 책이 그 분야의 학문 발전에 제때 더 많이 이바지할 수 없었음은 참으로 가슴 아픈 일이다.)

기타리스트를 꿈꾼 도련님

석주명은 1908년 11월 13일(음력 9월 23일) 평안남도 평양의 대동문 근처 이문리에서 석승서와 김의식의 3남 1녀 중 차남으로 태어났다. 그의 맏형 석주홍은 고향에 남아 생사를 알 길이 없고, 누이동생 주선은 단국대학교 석주선 기념 민속박물관장을 지내다가 1996년에, 피부과 의사였던 막내 주일은 1981년에 타계했다.

석주명은 1934년 김윤옥과 결혼했으나 15년 만인 1948년에 이혼했다. 둘 사이의 유일한 혈육인 석윤희는 이화여고를 거쳐 1953년에 부산에서 서울대 화학과에 입학했다가 2학년 때 중퇴하고 미국으로 건너갔다. 남편 권진균과 함께 북일리노이 Northern Illinois 주립대학에서 각각 미학과 경제학 교수를 지냈으며, 슬하에 두 아들이 있다.

석주명이 어렸을 때 가정 환경에 대한 기록은 남아 있는 것이 없다. 우리나라에서 정치가나 예술가가 아닌 한 과학도의 생애는 대부분 그가 남긴 학문 분야의 업적만이 몇몇 후학들에 의해 기려질 뿐, 아무도 그가 자라온 환경과 사생활과 내면세계를 알려고 하지 않는다. 어떤 사람의 전기를 쓰기 위해서는, 겉으로 드러난 업적과 그것을 있게 한 환경과 성장 과정, 그리고 개인의 사상과 인간적인 노력이 밝혀져야 하며 그를 둘러싼 사회와의 관계도 살펴야 하는데, 불행히도 석주명의 생애 43년 중 전반기 20여 년은 거의 전하지 않고 있다.

거기에는 앞서 말한 것처럼 과학자를 그의 업적만으로 평가하거나 그 인간보다는 그가 연구한 결과만을 기억하는 우리 사회의 풍토에도 원인이 있겠지만, 그가 인생의 절반 이상을 보낸 곳이 지금은 전혀 단절의 땅이 되어 버린 북녘이라는 것과, 너무도 늦게 이 작업을 시작해 대다수 증언자들이 이미 고인이 되고 말았다는 사실에도 원인이 있다. 석주명의 어린 시절에 대해서는, 그가 남긴 짧은 글 속에 어쩌다 비치는 몇 마디와, 이제 몇 사람밖에 남지 않은 생존자들에게서 겨우 몇 조각 얻어들었을 뿐이다.

석주명이 태어난 1908년은 을사조약이 체결되어 나라의 외교권을 빼앗긴 지 3년 뒤, 경술국치로 완전히 나라를 잃기 2년 전인 어수선한 때였다. 특히 그 전해인 1907년은 고종 황제가 헤이그 밀사 사건을 빌미로 강제 퇴위되고 군대마저 해산되자 각처에서 의병이 일어나 애국 항전의 불꽃을 태우던 해였다. 나라는 어지럽고 민심은 들끓었지만 석주명의 집안은 큰 어려움 없이 지낼 수 있었다.

석주명의 부친 석승서는, 풍광이 수려하고 4천 년 역사를 자랑하는 조선 제일의 고도 평양에서 가장 큰 요릿집인 우춘관又春館을 경영했다. 평양 육문의 하나인 대동문 안을 들어서 시가지 쪽으로 가는 길 왼편에 우춘관이 있었는데, 근처는 산자수명한 평양에서도 손꼽히는 명승지였다. 대동문은 화려하고 웅장한 3층 누각만으로도 빼어난 건축물로 손꼽히며, 임진왜란 때 의기義妓 계월향이 왜장을 죽인 뒤 대동강에 투신 자살한 연광정이 그 곁에 있어 더 유명하다. 우춘관은 커다란 일본식 3층 건물이었는데, 방이 50여 간이나 되고 가기歌妓와 무기舞妓가 수십 명이나 되어 풍류 도시 제일의 면모를 자랑하는 곳이었다. 이렇듯 유복한 가정 환경에서 석주명은 어려움 없이 어린 시절을 보냈다.

여섯 살 되던 해인 1914년 석주명은 다른 아이들처럼 서당에서 한문을 배웠다. 그가 태어나던 무렵을 전후해 뜨겁게 타올랐던 '항일 의병 투쟁'은 1910년에 국권이 침탈되자 국외로 빠져나가 나라를 되찾기 위한 '독립운동'으로 바뀌었으며, 국내는 비교적 안정된 편이었다. 조선총독부는 그 틈을 이용해 이 나라 국민들을 저들의 신민으로 삼고자 갖가지 식민지 정책을 폈다. 교육 정책도 예외는 아니어서 곳곳에 '국민 교육'이라는 명분으로 신식 학교들이 생기고 있었다.

한 해쯤 잘 다니던 석주명은 서당에 싫증을 느꼈다. 우리나라에서 제일 먼저 기독교를 받아들이고 개화한 평양에서 자란 호기심 많은 부잣집 도련님은, 구식 서당보다는 신식 학교에 다니고 싶은 충동을 억누르기가 어려웠던 것 같다. 그는 열 살이 되어야만 입학할 수 있는 보통학교에 여덟 살에 들어가려다 실패하자 아홉 살 때에는 나이를 속이고 기어이 입학하고야 말았다.

흔히 소학교라고 불린 당시의 보통학교는 4년제였는데 열 살이 넘는 아이만 받아 주었다. 해마다 봄이 되면 금테 두른 모자를 쓰고 금빛 올린 일본도를 찬 보통학교 선생이 동네마다 입학생을 모집하러 다녔다. 조선 사람을 학교로 끌어들여 일본말을 익히게 함으로써 조선어를 말살하고 저들의 식민 정책을 쉽게 펴기 위함이었다. 가르치는 것도 주로 일본말이었으니 그때에 공부 잘한다 함은 일본말 잘하는 것을 뜻했으며, 학교 성적도 일본어 성적에 따라 결정되었다.

빨리 공부를 시작한 학생이라면 열네 살에 졸업하게 되어 요즘의 초등학교 졸업생과 비슷했다. 하지만 대개 서당에서 한문을 익히다가 열

다섯 살이 넘어서야 입학했기 때문에, 당시 보통학교 학생이라면 열 살짜리 어린아이부터 스무 살이 넘는 청년까지 나이 차이가 많이 났다. 또 한문 공부를 많이 하여 상당한 실력을 갖춘 학생도 꽤 있었다. 그러나 그런 이들도 일본어 위주인 학교 교육 때문에 일본말을 빨리 익힌 학생 앞에서는 쩔쩔 맬 수밖에 없었던 분위기였다. 수업료로는 매달 5전씩 월사금을 받는데, 당시 냉면 한 그릇 값밖에 안 되었다. 그나마도 석주명이 입학한 1917년부터 생긴 것으로, 그 전까지는 입학생을 많이 모으려고 거저 가르쳤다.

석주명은 여덟 살 나던 해에 생도를 모집하러 온 보통학교 선생에게 학교에 넣어 달라고 사정했지만 거절당했다. 이듬해 봄이 되자 이번에는 아홉 살인 나이를 열 살이라고 속여 입학했으나 종내 다음해에 가서 들통이 나고야 말았다. 이 사건은 아들의 학구열을 기특히 여긴 그의 부친이 담임 선생을 찾아가 간곡히 사정함으로써 결국 무마되었다. 이런 우여곡절 끝에 석주명은 열세 살 나던 1921년 봄 평양 종로 공립보통학교를 무사히 졸업했다.

보통학교 시절, 석주명은 같은 반에 있던 홍종인과 두 학년 위인 형 주흥과 어울려 다녔으며, 글을 읽기보다는 장난을 좋아했는데 특히 동물을 끔찍이 좋아해 개와 고양이는 물론 아버지 몰래 비둘기·개구리·도마뱀 같은 것들도 집안에서 키우곤 했다.

석주명은 보통학교를 졸업한 후 평양에 있는 숭실 고등보통학교에 진학했다. 전국적으로 교육을 통한 구국救國 이념을 내건 사립학교가 많이 있었지만, 북한 지역에서는 장로교 계통 기독교 학교인 숭실고보가 오산학교와 더불어 대표적인 민족 교육 온상으로 알려져 있었다. 뒷날 석주명은 숭실고보를 택하게 된 동기를 이렇게 회고했다.

내가 보통학교 2학년을 마칠 무렵이던 1919년 3월 1일 따뜻하고 맑은 날, '대한독립 만세' 소리가 거리에서 들려오자, 보통학교 학생이던 우리 조선 어린이들도 다 뛰어나가 시위 행렬에 참가하여 소리 높이 '대한 독립 만세'를 외쳤던 것이다. 나는 이 일에 자극받아 졸업하고도 조선 정신을 넣어 주는 숭실고보를 택하여 입학했다.

당시 어린 소년의 눈에 비친 민족의 처절한 항거. 여기에서 눈뜬 그의 민족정신은 그가 죽는 날까지 생활과 학문의 밑바탕을 이루었다. 석주명은 숭실고보에서 보낸 1년 6개월 동안 상급생이던 안익태 등과 함께 민족의식을 일깨우는 신극新劇 운동을 했으며, 종내 동맹 휴학에 가담했다가 숭실고보를 떠났다. 그 뒤로도 그는 일본 유학, 중학교 교사, 대학교 연구원 생활을 거치면서 광복을 맞을 때까지 끝끝내 일본식 이름으로 바꾸지 않았으며, 어느 때, 어느 곳, 어느 글에서나 '석주명' 혹은 평안도식 발음인 '석두명'을 딴 'D. M. SEOK'이라고 당당하게 표기했다. 또 그의 학문은 오늘날 많은 사람이 지적하듯이 국학 성격을 띠고 있었다. 사람들은 그를 생물학자나 나비 연구가로서보다는 국학자로 새롭게 평가하고 있으며, 석주명 역시 그러한 자신의 학문적 태도를 명확히 밝힌 바 있다.

그 무렵 우리나라 사정은 몹시 어수선했다. 3·1 운동이 일제의 무자비한 총칼에 짓밟혀 엄청난 인명과 재산 피해를 낸 뒤 전국의 민심은 아주 흉흉했다. 많은 우국 열혈 지사들이 상하이로 건너가 대한민국 임시 정부를 세웠고, 만주와 간도 지방에서는 전열을 가다듬은 독립군 단체들이 조직적으로 일본군을 괴롭혔다. 김좌진 장군이 청산리에서, 홍범도 장군이 봉오동에서 각각 빛나는 전과를 올리자, 일본군은 이를 보복

하기 위해 대규모 병력을 만주에 투입하고 조선 양민을 눈에 띄는 대로 학살했다.

국내에서는 만세 운동에 놀란 일제가 사이토 총독을 보내 무단·강압 통치를 문화 정책으로 바꾸는 척하면서 우리 국민들을 무마하고 회유하려 했다. 동아일보 조선일보가 창간되고, 수많은 사립학교가 세워져 뜻있는 젊은이들은 국외로 망명하거나 배움터를 찾아 우국 지사들이 세운 명문 사학으로 몰려들었다. 문화 예술 활동도 3·1 운동의 후유증으로부터 벗어나 점차 활발해졌다. 김억, 남궁벽, 나혜석, 염상섭, 오상순, 이병도, 황석우 등 동경 유학생 출신들이 만든〈폐허〉를 비롯해〈장미촌〉〈신생활〉〈동명〉같은 문예 동인지들이 창간되고, 그때까지 개화·민지계발民智啓發·권선징악·풍속 개량 등 '민중 계몽'이라는 시대의식으로 일관해 온 신파극이 민중의 자각과 함께 서서히 퇴조했다. 그와 때를 같이 해 이기세의 '예술협회', 윤백남의 '민중극단' 같은 개량 신파가 등장해서 '운명' '희망의 눈물' '눈 오는 밤' '시인의 가정' 같은 창작 희곡을 무대에 올림으로써 근대 연극 운동의 효시인 '토월회'를 발족하게 되는 분위기를 만들어가고 있었다.

앞에서 말했듯이, 숭실고보에 입학한 석주명도 연극 활동을 했다. 석주명의 3년 선배인 4학년 정봉주가 제창한 이 연극 서클의 멤버는 정봉주와 석주명을 비롯해 뒷날 서울시장을 지낸 김태선, 저 유명한 평양 장대현교회 길선주 목사의 아들인 길진섭, 애국가 작곡자인 안익태와 그의 형 안익조 등 15명이었다. 이들은 당시 학생들로서는 아주 혁신적으로 서양음악과 미술을 곁들여 종합예술적인 신극 활동을 하기로 의논하고, 무대 배경 미술을 길진섭, 첼로 연주를 안익태, 만돌린 연주를 석주명, 테너 솔로를 정봉주가 각각 맡아, 방학 때 순회공연을 하려고 날마다 연습에 몰두했다.

방학이 되었다. 그런데 막상 출발을 하루 앞둔 날 문제가 생기고 말았다. 그 무렵의 사회 분위기가 자칫 연극 내용이 민중의 반일 감정을 유발해 일본 경찰과 충돌하는 불상사가 날지도 모른다고 염려한 학교 당국으로 하여금 긴급 교무회의를 열어 순회공연 허락 여부를 검토하게 했다. 오랜 회의 끝에 다행스럽게도 교장 모의리牟義理(미국 이름 E. M. Mowry) 박사가 결단을 내렸다. 배칠엽 선생이 인솔자로 동행한다는 조건부 허가였다. 모의리 박사는 미국 오하이오 출신 북장로교 선교사이다. 그는 숭실고보 교장으로 있는 동안 학생들에게 민족주의 사상을 일깨우고 항일 정신을 불어넣어 제자 여럿을 독립지사로 만들었으며, 신사 참배를 끝끝내 거부한 것으로도 유명하다. 일찍이 3·1 운동 시위에 참가했으며 독립운동가들 뒤를 돌보아 준 우리 민족의 은인이다.

일행은 기차를 타고 안주로 갔다. 거기서 개천, 영미를 거쳐 신의주까지 갔다가 다시 내려오면서 선천, 정주, 박천 등 평안도의 중요한 고장에 들를 계획이었고, 성과를 보아 황해도로 내려가 황주, 사리원, 해주에도 가 볼 심산이었다. 안주에서 있었던 공연의 관중 동원은 성공적이었다. 울긋불긋 무대 화장을 한 학생들이 대열을 지어 읍내를 한 바퀴 돌며 평양 숭실고보 신극단 공연을 알리자, 장터 가설무대 앞으로 사람들이 꾸역꾸역 모여들었다.

그런데 공연은 대성황을 이루었지만 연극 내용에 대한 관중의 호응은 신통치가 못했다. 석주명 일행이 경성에서 유행하는 새로운 연극 운동 조류를 본떠 머리를 짜내 만든 단막 창작극이 당시 이 땅의 민중을 사로잡았던 신파극처럼 재미있지 않았던 까닭이다. 경성에서는 이미 일본의 신파극을 그대로 흉내 낸 신파극이 3·1 운동 뒤에 번지기 시작한 민중의 자각으로 퇴조하고 창작 희곡이 공연되던 때였지만, 평안남도 안주 같은 시골에서는 아직 신파극이 인기를 끌고 있었다. 임성구의 혁신단 같은 신파극 단체가 전국을 누비고 다녔는데, 연극 내용은 물론 무대 장치, 의상, 소도구까지도 일본 것을 그대로 본떴다. 한동안 인기를 누리던 군사극·탐정극·의리 인정극 따위가 한물가고, '장한몽' '불여귀' '봉선화' '비파성' '수전노' 같은 가정 비극물이 전성기를 누렸다. 그래서 석주명 일행은 레퍼토리를 바꾸기로 했다. 학교에서 염려한 탓에 준비를 하고도 공연은 하지 않으려고 했던 '장한몽'으로 바꾸었다. 다음 날 그들이 '장한몽'을 무대에 올리자 장터는 금세 관객들의 열기로 휩싸였다.

'장한몽長恨夢'은 일명 '이수일과 심순애'로 더 잘 알려진 작품이다. 일본인 오자키의 연애소설 '곤지키 야사 金色夜叉'를 조중환이 번안한 신소설인데, 우리나라 실정에 맞게 뜯어고친 데다 후반부에는 작자의 창의가 가미되어 훨씬 재미있는 내용이 되었다. 1913년 매일신보에 연재되었고 그 뒤 다시 속편이 연재되기도 했으며, 1930년에는 박문서관이 단행본으로 발행해 그야말로 낙양의 지가를 올린 베스트셀러였다. 연극으로는 1913년 혁신단이 처음 상연한 이래 숱한 공연으로 신파극의 대명사처럼 인기 품목이 되었고, 영화와 가요로 만들어져 오늘날까지도 유명한 작품이다. '장한몽'이 이렇게 줄거리가 널리 알려져 있는데도 늘 관객을 많이 동원할 수 있었던 까닭은, 일본인과 돈 많은 친일파에 대한 증오심이 공감을 불러일으켜 민족 감정으로 나타났기 때문이다.

가난한 대학생 이수일과 장래를 굳게 언약했던 심순애가 돈 많은 친일파 김중배의 첩이 되고, 나중에 성공하여 돌아온 이수일이 "순애야, 김중배의 다이아몬드 반지가 그렇게도 좋더란 말이냐? 에잇 더러운 것!" 하고 외치며 심순애의 뺨을 후려치는 장면이 나올 때마다 뻔히 알고 있는 스토리인데도 관중은 후련한 마음으로 박수갈채를 보내곤 했다.

아무튼 한바탕 안주 장터를 휩쓴 일행은 그 기세를 몰아 개천과 영미에서도 대성공을 거두고 신의주로 향했다. 이들이 특히 인기를 끌었던 것은, 당시 신파극들은 막간마다 출연진 가운데 한 사람이 나와 연설하는 것이 유행이었는데, 자칫 지루한 느낌을 주기 쉬운 연설을 피하고 대신 정봉주가 테너 독창을 하고 안익태와 석주명이 첼로와 만돌린으로 반주했기 때문이다. 특히 첼로와 만돌린 같은 양악기는 당시 시골 사람들로서는 생전 처음 구경하는 것이어서 호기심이 대단했다. 곡목은 주로 개신교 찬미가와 '매기의 추억' '애니 로리' 같은 미국과 영국 민요였다.

공연이 성공한 또 한 가지 이유는, 안주에서의 첫 공연이 실패한 뒤 계속 우울한 민족 감정을 자극하는 레퍼토리를 골라 공연했으며, 게다가 감수성이 예민한 학생이다 보니 배우가 오히려 관중의 감정에 휩쓸려 격하고 애절하게 연기함으로써 마음을 사로잡았다는 점이다. 그럴 때마다 임검하는 순사들이 눈살을 찌푸리고 제지하려 했으나 어찌어찌 넘어가곤 하여 배칠엽 선생을 당혹스럽게 했다. 줄타기를 하듯 아슬아슬했던 이 곡예는 마침내 신의주에서 사단을 일으키고 말았다.

압록강을 사이에 두고 만주와 맞닿은 국경 도시 신의주에는 늘 만주를 넘나드는 독립군과 망명 지사들로 인하여 별의별 유언비어가 많이 떠돌았다. 이 때문에 일본군 헌병대와 경찰서가 날카롭게 촉각을 곤두세우고 있는 곳이었다. 그런 곳일수록 더욱 조심해야 하는데도 학생들이 승승장구의 기세로 관중의 심금을 울려 놓았으니 분위기가 심상치 않을 수밖에 없는 노릇이었다. 공연 도중 관중의 감정이 점점 흥분으로 치닫자 급기야는 임검 순사들이 공연을 중단시키고 석주명 일행 전원을 주재소로 끌고가는 사태가 일어났다.

굴비 두름 엮이듯 해서 끌려간 일행은 조선인 이 아무개 경시에게 한

바탕 곤욕을 치르고 신의주경찰서 고등계로 넘겨졌다. 그러나 다행히 큰 소요가 없었던 데다 학생 신분이어서 역시 조선인인 이 아무개 경부로부터 온종일 훈계를 듣고 조서를 꾸민 뒤, 공연을 중단하고 평양으로 돌아가겠다는 다짐을 하고 풀려났다. 일행은 곧 평양으로 돌아갔고, 다음해에 벌어진 동맹 휴학 상태로 석주명은 숭실고보를 중퇴하게 된다.

비록 도중 하차를 당하기는 했지만 석주명은 순회공연이 계기가 되어 재주꾼 후배로 선배들의 귀여움을 독차지했다. 당시에는 여자 배우를 구하기가 어려워 여장 남자가 여자 역을 대신하는 일이 많았는데, 키가 작달만한 막내둥이 석주명은 여자 역을 곧잘 해내 관객과 선배들의 사랑을 받았다. 또 하나는 그의 만돌린 솜씨다. 그는 보통학교를 졸업할 무렵부터 만돌린을 배웠는데, 짧은 수련 기간에 비해서 연주 솜씨는 아주 뛰어났다. 정봉주의 회고에 따르면, 안익태가 연습 부족으로 첼로 연주를 기대만큼 못 했던 데 비해 석주명의 만돌린 연주는 그야말로 객석을 압도했다고 한다.

누이동생 석주선의 말로는, 석주명은 어려서부터 음악에 남다른 재질을 보였다고 한다. 그는 만돌린을 기타로 바꾸어 약 12년쯤 쳤는데, 한때는 기타 연주가로 일생을 보낼 꿈을 품기도 했을 정도로 조선 제일의 기타리스트임을 자부했다. 그는 안익태와 함께 교회를 순회하며 연주한 적도 있는데, 곧잘 안익태에게 "기타로 전공을 바꿀까?" 하며 웃곤 했다. 그뿐만 아니라 그는 피아노 연주도 제법이었고 노래 솜씨까지도 기가 막혀서, 이따금 형제들끼리 교회에 가서 그의 피아노 반주에 맞추어 찬미가를 부르기도 했다. 이렇듯 뛰어난 음악 소질 덕분에 그는 뒷날 제주도에서 근무할 때 입으로만 전해 오던 제주도 민요 '오돌또기'를 채보採譜해 널리 알리는 공적을 남겼다.

석주명이 기타 연주가가 되려던 꿈을 버린 때는 세고비아의 연주를 라디오로 듣고 나서이다. 어느 날 누이동생과 한자리에 앉아 있던 그는 우연히 라디오에서 흘러나오는 세고비아의 연주를 들었다. 연주가 다 끝나자 그는 눈물을 줄줄 흘리며 "나는 열 번 죽어도 저렇게 못 할 거야!"라고 탄식했다. 그 뒤로 그는 한 번도 기타를 손에 잡은 일이 없었다.

숭실고보를 도중 하차한 석주명은 1922년 가을 개성에 있는 송도고등보통학교로 전학했다. 왜 개성으로 갔는지 확실히 알 길은 없지만 여러 가지 증언을 종합해 볼 때, 훗날까지 극성스럽게 아들의 공부 뒷바라지를 한 어머니가, 아들을 계속 놀려서는 안 되겠다는 생각에서 동맹 휴학 사태가 번지지 않은 개성으로 보낸 것 같다. 송도고보를 택한 까닭 역시 영생고보(함경남도), 고창고보(전라북도), 동래고보(경상남도)와 더불어 지방의 명문이라고 불렸기 때문이라고 추측된다.

서경덕·황진이·박연폭포라는 송도삼절松都三絶로 유명한 개성은 옛 고려의 도읍으로서 명승과 고적이 많고 특히 개성 상인과 개성 인삼으로 전국에 이름을 떨치고 있었다. 송도고보는 그러한 개성에서 또 하나의 명물로 불릴 만큼 이름이 높았다. 아무튼 석주명은 개성과 송도고보에서 생애의 반 이상을 보내며 그의 학문 생활을 시작하고 전성기를 보냈으니, 그가 이 학교로 옮긴 것은 일생을 두고 볼 때 대단히 중요한 의미를 갖는다.

송도고보는 구한말 정치가이며 사회운동가인 윤치호가 세웠는데, 시설과 교사진이 전국에서 손꼽히는 학교였다. 일찍부터 개화운동에 투신해 '신사유람단'을 따라 일본을 다녀온 뒤, 1888년 미국에 건너가 밴더빌트대학 신학 과정과 에모리대학에서 수학한 윤치호는 한국인 최초로 미국에 유학한 학생이자 첫 남감리교인이 된 사람이고, 또 처음으로 신식 결혼을 했으며 애국가 노랫말을 지었다. 게다가 일본어, 중국어, 영어, 프랑스어를 구사한 것으로 알려져 있다. 그는 또한 갑신정변에 가담했으며 독립협회를 조직했고, 독립신문사 사장을 지냈다. 또 대한자강회大韓自強會를 설립했고 대한기독교청년회YMCA 총무를 지냈으며 '105인 사건'에 연루되는 등 구한말에서 광복에 이르기까지 파란만장한 생애를 보냈다.

윤치호는 일찍이 자신이 공부한 테네시주 밴더빌트대학의 훌륭한 교육 환경에 감명받아 그와 똑같은 학교를 고국에 세우기로 결심했다. 그는 조선 소개 강연회에서 번 강연료와, 조선에 기독교 학교를 세우자고 호소해 모금한 돈을 합친 20달러를 에모리대학 캔들러 총장에게 맡기고 뒷날 조선에 미션 스쿨을 세워 달라고 부탁했다. 이에 감격한 캔들러는 1906년 여름 '감리교 조선 선교 연회'를 주재하러 조선에 오자 윤치호에게 자금을 대어 송도고보의 전신인 한영서원韓英書院·Anglo Korean school을 세우도록 도왔다. 그리하여 마침내 윤치호가 꿈꾼 웅장한 캠퍼스가 유서 깊은 고려의 옛 도읍 송악산 기슭에 세워지게 되었다.

윤치호는 초대 교장을 맡아 학교를 키우는 데 많은 힘을 기울였다. 그가 송도학교를 밴더빌트처럼 만들려고 얼마나 신경을 썼는지는 송도학교 교가를 보면 짐작할 수 있다. "산수 좋고 역사 깊은 천년 고도에…"로 시작하는 이 교가는 밴더빌트대학 교가 멜로디에 우리말 가사를 붙였다. 그는 또 채플 시간을 자기가 직접 인도하는 열성을 보여 기독교인 자녀들을 많이 입학시켰다. 그러나 뭐니 뭐니 해도 송도학교가 첫째로 내세운 것은 고등학교 수준으로는 세계 제일을 자처하는 웅대한 캠퍼스와 시설이었다. 송도학교를 둘러본 사람들, 특히 일본인들은 와세다대학보다 더 큰 캠퍼스에 질리곤 했다. 캠퍼스 정비가 마무리된 1940년대

말까지의 송도학교 시설을 훑어보자.

대운동장과 육상 트랙을 갖춘 축구장 사이로 난 길을 따라 한참 걸어가면 정문이 보이는데, 그곳을 지나 몇 단계로 이루어진 높은 계단을 오르면 웅장한 3층 석조 본관이 나타난다. 그 왼쪽에 다시 소운동장이 있고 그 앞으로 우천雨天 체조실과 유도실, 계단식 강의실과 실험 및 실습 교실을 갖춘 이화학관理化學館이 있다. 이화학관과 축구장 사이 넓은 터에는 16면이나 되는 테니스 코트, 본관 뒤로는 음악·도화(미술)·지리·역사 특별 교실이 있는 신관 건물, 그 뒤에 천여 명을 수용할 수 있게끔 책상과 걸상을 갖추고 2층으로 꾸민 대강당이 서 있다.

다시 강당의 오른쪽으로 올라가면 숲으로 둘러싸인 곳에 200명을 수용하는 최신식 한옥 기숙사가 있는데, 이곳은 처음에 학교에 딸린 공장에서 일하면서 학비를 벌어 공부하는 학생들을 받아들였다가 1928년부터 지방에서 온 학생들을 수용했다. 기숙사 뒤로는 제2신관이, 오른쪽으로는 지하 1층 지상 2층 박물관이 있었는데, 거기에는 조선 제일의 표본실과 실험실·연구실·저장실·교실이 있었다. 표본실은 조류·곤충·식물·인체 표본들이 각 방으로 독립되어 있었고, 박물관 앞에서는 멀리 수영장이 보였다.

그밖에도 낙농 실습을 위한 농장과 목장 및 딸린 공장이 있었다. 이 모든 시설 안의 책상과 가구는 당시로서는 무척 비싼 나왕 통판을 써서 만든 것들이었으며, 화강암으로 지은 모든 교사에는 스팀으로 난방을 공급했다. 이렇게 훌륭한 시설인데도 학생 수는 800여 명밖에 안 되었다. 한 학년에 세 학급, 한 학급에 50명으로 서양의 일류 고등학교 교육 체계를 그대로 옮겨 놓은 듯한 것이 1940년대까지의 송도학교였다(이 학교는 현재 인천으로 피난 와 있으며, 개성에 있는 캠퍼스는 정치 대학으로 사용되고 있다).

송도학교가 이렇듯 좋은 시설을 갖추고 전국에서 학생들을 끌어모은 데는 윤치호의 꿈 말고도 중요한 까닭이 또 하나 있었다. 조선총독부가 발표한 '신교육령'에 의해 학교 설비를 잘 하지 않고서는 총독부가 세운 관립학교 및 공립학교들과의 경쟁에서 학생을 모집하기 어려웠기 때문이다. 1911년 일제는 "조선에서의 교육 사업 목적은, 일본 천황의 교육칙어 정신에 입각하여 조선인을 일본의 충성스러운 속국인으로 양성하는 데 있다"라는 신교육령을 선포했다. 이어서 1915년에는 더 엄격한 교육령이 발표되었는데, 제2항에서 "사립학교는 반드시 총독부가 제정한 대로 시설을 갖추고 교수 요목에 따라서 가르쳐야 하며, 교사는 일본어에 능통하고 교원 자격을 얻은 사람이어야 한다"라고 정하고, 모든 사립학교는 10년 이내에 이 방침대로 하라고 지시했다. 조선인과 서양 선교사들이 민족정신을 고취하는 사립학교를 세우는 것을 억제하고, 일제의 신민화 교육을 뿌리 내리기 위한 조처였다.

1916년이 되자 사립학교에 대한 총독부의 박해가 더욱 심해졌다. 그들은 날마다 '지정'을 받으라고 을러댔다. 이렇게 되자 조선인 교육자들 중에서도 어차피 그리 될 양이면 화를 입기 전에 받는 것이 낫다는 말을 하는 사람이 많아졌다. 학생들도 지정학교로 해 달라고 학교에 요구했다. 지정학교(요즈음으로 치면 문교부 인가를 받은 학교)가 아닌 학교의 졸업생은 관립 또는 공립 전문학교나 대학의 입학시험에 응시할 자격을 주지 않기 때문이었다. 1916년 북감리교의 배재학당이 총독부 흑무국에 배재고등보통학교로 인가 신청을 해 인가를 받았으며, 남감리교의 송도학교도, '학교 교사가 크리스천인 것은 상관없으며 정규 시간과 교내에서가 아니라면 성경 공부나 예배를 보아도 좋고, 강제가 아니라면 기도 모임이나 개인 전도가 무방하다'는 학무국의 말을 듣고, 1917년 4월에 5년제 송도고등보통학교로 인가를 받았다.

그러나 학교를 신교육령에 맞도록 설비하기는 쉽지 않았다. 사립학교는 시설 투자를 위한 재원을 마련하는 데 어려움을 겪었으며, 총독부의 절대적인 지원을 받는 관립학교나 공립학교와 경쟁하기도 무척 괴로웠다. 그들은 사립학교에서 우수한 학생을 빼내어 가려고 정신적 압박을 가하거나 특별한 혜택을 주겠다고 유혹했다. 그중에서도 사립학교들을 가장 어렵게 만든 것은 관립학교나 공립학교는 설비가 좋고 학비가 싸다는 점이었다. 애국심만을 가지고 세운 사립학교들은 말할 수 없이 고초를 겪고, 재정이 웬만한 학교는 일제와 맞서 시설을 갖추려는 어지러운 상황이 벌어지고 있었다.

석주명이 입학할 무렵의 송도고보도 시설 확장을 위해 거액을 투자하고 있었다. 그가 전학한 1921년 10월에는 3대 교장인 왕영덕王泳德·A. W. Wasson이 건평 570평짜리 웅장한 석조 본관을 세웠고, 다음해인 1922년 11월에는 1914년부터 미국 오하이오대학에서 농학을 공부하고 돌아온 윤치호가 다시 제4대 교장으로 취임해 시설 확충에 박차를 가했다. 윤치호는 비가 내려도 운동할 수 있는 전천후 체조장과 이화학관을 신축하고 값비싼 실험 기구들을 외국에서 사들였다. 또 양주삼·문일평·원홍구·이선근·최규남·권영대·도상록 등 1940년까지 송도고보에서 재직한 선생들의 면면을 보아 알 수 있듯이, 전국에서 이름 높은 교사들을 가장 높은 봉급 수준으로 초빙해 일제의 관립학교나 공립학교들을 누르고 제2의 도약을 하기 위해 온힘을 기울였다. 그뿐만 아니라, 그는 생활과 직결되는 교육을 하려고, 초창기부터 직업 교육을 목적으로 실시해 온 부설 공장의 기술 교육을 더욱 강화해 공업부로 제도화했으며, 학교 농장과 목장에서 낙농 실습을 시켰다. 공업부에서 짠 직물은 '송고직松高纖'이라고 하여, 잘 변하지 않고 질긴 고급 직물이면서도 값이 싸기로 유명했다. 그 직물은 1926년 미국 남감리교회를 통해 미국에까지 수출되어 더욱 이름을 날리기도 했다. 역시 그 무렵 시작한 목장과 농장은, 평소에 "우리 농토를 사랑하자"고 외친 윤치호가 그 신념에 따라 농학 지식을 살려 만든 것으로 약 5정보(1정보는 3,000평) 규모였다.

윤치호는 늘 학생들에게 남의 것보다 내 것을 먼저 배우고 알아야 한다고 역설했는데, 특히 해마다 '조선 지도 그리기 대회'를 열어 '내 강산 내 땅 알기' 교육에 힘썼다. 또 학교 수업이 끝난 뒤에도 상급 학년 학생들을 모아 놓고 을지문덕과 이순신, 독립협회, 만민공동회 등을 가르쳤다.

송도고보에 입학한 석주명은, 그러나 처음에는 어머니의 기대에 미치지 못하는 말썽꾸러기 노릇만 했다. 집에서 멀리 떨어져 있는 데다, 성격이 활달하고 집안이 여유가 있다 보니 (어머니는 그가 바라는 대로 돈을 부쳐 주곤 했다) 자연 노는 쪽으로만 정신을 팔았다. 그는 저녁이면 하숙집 근처를 산책하며 목청껏 노래를 불러댔는데, 한때는 스스로의 노래 솜씨에 반해 음악학교에 갈 생각에 몰두하기도 했다. 산책을 마치고 돌아오면 죽어라 하고 기타를 쳤다. 같은 방 동료들이 시끄럽다고 눈총을 주거나 드러내어 핀잔하면 그는 그만두기는커녕 오히려 그녀들을 살살 달래고 꼬드겨서는 같이 기타 반주에 맞추어 노래하도록 만드는 재주가 있었다. 쉬는 날은 쉬는 날대로 친구들과 어울려 개성 근처 명승지로 놀러 다녔으니 성적이 좋으면 도리어 이상할 지경이었다.

1924년 12월, 겨울방학을 하루 앞두고 평양에 돌아가 방학을 신나게 보낼 생각으로 마냥 헤벌어져 있던 석주명은 성적표를 받아 들자 정신이 번쩍 들었다. 그의 성적은 반에서 제일 꼴찌였고, 어느 과목은 낙제를 받아서 빨간 줄이 그어져 있었다. 석주명은 꾸려 놓았던 보따리를 도로 풀고 밤새도록 성적표 앞에 무릎을 꿇고 앉아 생각에 잠겼다. 세상에 사내자식이 오죽 못났으면 낙제를 했겠느냐고 수없이 자책을 되풀이하며 그 밤을 뜬눈으로 새웠다.

그다음 날부터 석주명은 완전히 딴사람으로 변했다. 방학이어서 주위 친구들은 모두가 집으로 떠나 버렸지만 그는 텅 빈 하숙방에서 머리를 싸매고 책과 씨름했다. 그렇게 며칠이 지난 어느 날, 석주명의 어머니 김의식이 불쑥 방문을 열어젖혔다. 방학이 되었는데도 아들이 소식한 자 없이 나타나지 않자 가슴을 조이며 부랴사랴 달려온 길이었다.

석주명은 방에 있었다. 방문을 등지고 홀로 앉아 책더미에 파묻혀 인기척도 못 느낀 채 공부에 정신이 팔려 있었다. 김의식은 너무나 엄숙한 아들의 모습에 압도되어 숨소리도 제대로 못 내고 한참을 서 있다가 그대로 발길을 돌렸다. 평양으로 돌아가는 그녀의 눈에는 차창 밖에 펼쳐지는 풍경이 하나도 눈에 들어오지 않았다. 무아지경에 빠져 책에 열중한 아들의 바위 같은 모습만이 어른거릴 뿐이었다. 평양에 도착할 때까지도 그녀의 가슴은 뻐근했다.

그날 이후 김의식은 아들의 학문을 뒷바라지하는 일이라면 아무것도 가리지 않는 가장 믿음직한 후견인이 되었다. 1938년 석주명이 영국 '왕립 아시아학회'로부터 제의를 받고 저 유명한 《A Synonymic List of Butterflies of Korea》(조선산 접류 총목록)을 쓰게 되자 그의 어머니는 영문 타자기를 선뜻 사 주기도 했다. 그 무렵에는 타자기가 워낙 구하기 어려운 데다가 값도 엄청나서 웬만큼 아들 뒷바라지에 미친(?) 사람이 아니고서는 상상도 못 할 일이었다. 그러나 가정에 소홀한 남편보다 아들을 뒷바라지하는 데 더 신경을 썼던 김의식은 황소 한 마리를 팔아 그것을 사 주는 결단을 내렸다(이 타자기는 지금도 석주명의 유품으로 남아 있다).

이러한 어머니의 보살핌을 늘 고마워한 석주명은 10년 각고 끝에 내

놓은 《A Synonymic List of Butterflies of Korea》 첫 페이지에 이렇게 적었다.

'To the memory of my mother who was incessantly interested in my work during her life.'
평생토록 나의 연구를 변함없이 도와주신 어머님의 영전에 바칩니다.

이토록 석주명의 학문에 절대적인 영향을 미친 어머니 김의식에 대해 잠깐 짚고 넘어갈 필요가 있겠다. 김의식은 1881년 11월 2일에 태어나 1938년 11월 25일 쉰일곱에 일생을 마쳤다. 그녀는 건실한 정신의 소유자였으며 요즘으로서는 상상조차 할 수 없는 외롭고 힘든 길을 묵묵히 견뎌 내며 규모가 큰 집안을 이끈 여장부였다.

김의식은 열여섯 살에 석승서에게 후처로 시집왔는데, 꽃 같은 나이인데도 그렇게 된 것은, 후처로 가지 않으면 일찍 죽는다는 웃지 못할 점괘 때문이었다. 김의식은, 혈육도 없이 1년쯤 살다 간 선처先妻의 제사를 정성껏 받드는 일은 물론 자기가 시집오기 전에 시숙 내외가 죽으며 남긴 조카 삼 남매를 떠맡아 키워 모두 혼인을 시켰다. 그런데 불행히도 그중 막내가 남매를 두고 요절하여 그 부인이 개가改嫁하자 질손姪孫마저 떠맡았고, 그 질손이 그 아버지처럼 남매를 남기고 요절하니 또다시 그 아이들을 맡아 키웠다. 말하자면 시조카 3대의 어머니 노릇을 해냈다.

그런 중에도 김의식은 스물네 살부터 3년 터울로 주홍·주명·주선·주일 사남매를 두었다. 그런데 막내 주일이 돌을 넘기자 그녀에게 불행이 닥쳐왔다. 독립운동 자금을 대던 남편이 왜경의 눈을 피해 도망다니느라 오랫동안 집을 비우다가 소실을 보게 되어 쉰네 살로 타계할 때까지 15년 동안 본처를 등한시하고 말았다. 그 긴 세월을 김의식은 하루도 빠짐없이 아침과 저녁 상을 차려 놓고 남편을 기다렸는데, 일주일에 두세 번 잠깐씩 집을 찾은 석승서는 마루에 걸터앉아 "아이들 다 괜찮소?" 하고 엇비슷이 묻고는 휘딱 사라지기가 예사였다. 그런데도 일 년에 몇 번 어쩌다 따뜻하게 보관한 밥을 남편이 먹게 되면 김의식은 마냥 행복에 겨워했다.

김의식은 비록 무학이었지만, 이런 환경을 염려해서인지 무조건 엄하기만 한 남편과 달리 자녀 교육에 대단히 열성이었다. 첫째와 둘째에게는 독훈장獨訓長을 모셨으며, 아이들이 소학교에 다닐 때 상장을 타오면 그렇게 좋아할 수가 없었다고 한다. 이른 봄부터 병아리를 수백 마리 키워, 자식들의 친구가 찾아오면 그때마다 잡아서 대접하곤 했는데, 가을이 되면 벌써 닭장이 비었다. 저녁마다 아랫목에 앉아 아이들에게 신창가조의 '부모의 은덕'이라는 노래를 부르게 하고는 남몰래 눈물짓던 김의식. 그녀의 아프디 아픈 가슴이 오직 자녀 교육이라는 외곬으로 쏠렸음은 어쩌면 너무나 당연한 귀결이겠다.

이렇게 해서 낙제생에서 일약 우등생으로 탈바꿈한 석주명은 1926년 3월 송도고보를 졸업하고, 일본에서 손꼽히는 농업전문학교인 가고시마 고등농림학교의 관문을 뚫은 유일한 조선인 학생으로서 유학길에 올랐다.

입버릇처럼 음악학교에 가겠다고 하던 석주명이 뜻밖에 농업학교를 택한 까닭은, 송도고보 시절 윤치호 교장의 영향과 수업 시간에 들은 덴마크의 농업에 관한 이야기에서 감명을 받았기 때문이다. 그는 특히 덴마크의 낙농에 흥미를 느꼈는데, 국토가 좁고 농경지보다 버려진 땅이 많았던 북해 연안의 거친 황무지에 바닷바람 막을 나무를 심어 쓸모없는 모래땅을 목초지로 바꾸는 데 성공한 달가스의 이야기와, 그 목초지에 젖소 등을 키워 낙농업을 일으킨 덴마크 국민들의 성공 사례에서 장차 우리나라가 나아가야 할 길을 보았다. 그는 낙농가로서 조국의 농촌을 살찌울 꿈에 한껏 부풀어 바다를 건넜다.

나비 연구에 인생을 걸다

석주명이 시모노세키에서 후쿠오카를 거쳐 일본 본토의 남쪽 끝 가고시마에 도착한 때는 1926년 3월 중순이었다. 그때 가고시마에는 벚꽃이 만개해 있었다. 어디서나 흔히 볼 수 있는 연못마다 연꽃이 피기 시작하고 귤나무에도 하얀 꽃이 만발해 시내는 어디를 가나 꽃과 향내로 뒤덮여 있었다. 가고시마는 규슈를 남북으로 가로질러 곧게 달려온 규슈산맥이 태평양에 이르러 급히 멈추어 선 곳, 오스미반도와 사쓰마반도 사이의 깊숙한 만灣에 자리 잡은 따뜻하고 아늑한 고장이다. 앞에는 파란 태평양 물결이 햇빛에 반짝이며 넘실대고, 뒤로는 해발 1,700미터 가라쿠니산이 우뚝 솟아 있으며, 서쪽에는 평야가, 동쪽으로는 화구가 3개나 줄지은 복합 화산 사쿠라지마가 뱃길로 10분 거리에서 시가지를 내려다보고 있다. 바닷바람 영향을 받아 겨울에는 섭씨 8도로 포근하고 여름에는 25도를 넘지 않는 이 도시는, 비가 많이 내리는 온대 다우성 기후 덕분에 숲과 연못이 많고 먼지가 거의 없는 아름다운 고장이다.

일본의 봄은 벚꽃과 함께 시작하는데, 봄을 몰고 북상하는 벚꽃 전선은 이 가고시마에서부터 출발한다. 마치 우리나라의 화신花信이 제주도의 유채꽃으로부터 시작되듯, 3월 중순 이곳에서부터 북상을 개시하는 개화 전선 開花前線은 3월 말에 도쿄, 4월 초에는 혼슈 전역을 휩쓸고 5월 중순에는 일본 최북단 홋카이도에까지 올라간다.

이렇게 아름답고 살기 좋은 도시의 숲속에 가고시마 고등농림학교가 있었다. 천혜의 입지 조건에다 훌륭한 실습장과 교수진을 갖춘 이 학교는 가고시마가 자랑하는 명물이었다.

1908년에 세워진 가고시마 고농 Kagoshima College of Agriculture and Forestry은, 가고시마현 일대 사쿠라지마·다카쿠마·사다·이리키·이부스키 등지에 광대한 실습 목장·실습림·식물원을 갖춘 학교로서 농림 분야에서 일본 제일을 자랑하고 있었다(이 학교는 1949년 가고시마 고농을 모체로 하여 사범학교·수산학교·의과대학·이과대학 등 가고시마에 있는 일곱 전문대학이 합쳐져 현립 종합대학교가 되었으며, 1955년에는 국립대학교로 승격해 현재는 교양학부를 포함한 9개 학부와 6개 대학원을 갖춘 규모로 발전했다).

석주명은 처음 농학과에 입학해 1년을 공부한 뒤 2학년에 올라가면서 박물과 博物科(오늘날의 생물학과)로 옮겼다.

축산 선생은 가르치는 것이 영 시원치가 못해 마음에 차지 않았고, 반면에 우수한 동식물 선생들이 옆에 있었기 때문에 1년 뒤에 박물과로 옮기게 되었다.

이것이 어느 수필에 쓴, 그가 과를 옮긴 이유이다. 그렇다고 해서 그가 축산을 배워 조국에 이바지하겠다는 꿈을 버린 것은 아니었다.

그래도 졸업하고는 중학교 박물 교사를 하면서도 낙농을 토대로 하는 축산을 잊어본 적이 없었다. 늘 내 머릿속에는 어떻게 여비가 마련되고 기회만 잡으면 해외로 뜰 계획뿐이었다.

석주명은 나비 연구에 몸을 바친 뒤에도 이렇듯 축산을 하려는 꿈을 잊은 적이 없었으나, 끝내 '나비학자'로 변신했다. 그러면서도 그는 자기의 꿈에서 결코 멀리 떠나지는 않았다. 오히려 직접 돌파보다는 간접 우회를 통해 농업 발전에 보탬이 될 길을 모색했다. 그것은 바로 농작물과 곤충의 상호 관계를 연구하는 작업이었다. 앞에서 지적했듯이 국학자 처지에서 그는 조선의 곤충이 조선의 농작물에 주는 영향을 공부했다.

석주명은 전과하여 농생물학農生物學을 전공했는데, 그중에서도 곤충과 식물 병리病理가 주된 과목이었다. 분류학·형태학·발생학·생태학·생리학·응용곤충학으로 나뉘는 곤충학 중에서도 그는 사람과 직간접으로 이해관계가 밀접한 응용곤충학을 했으며, 그 가운데서도 곤충과 식물 병리를 연구함으로써 곤충이 농작물을 번식시키거나 병사시키는 것을 연구했다. 이렇게 해서 그는 곤충이라면 누구나 밟는 첫 단계인 나비 연구를 시작했고, 죽는 날까지 '사람들의 정서 생활을 윤택하게 하는 나비와 같은 아름다운 곤충을 골라서 자연의 법칙을 밝히는 일'을 즐겁게 생각했으며, '인류가 생긴 이래 가장 먼저 발달한 학문인 나비와 꽃을 연구하는' 자신을 자랑스럽게 여겼다.

그러나 석주명에게 처음부터 나비만을 전문으로 파고드는 나비학자가 되려는 생각은 없었다. 꽃가루를 옮김으로써 식물을 번식시키고 열매를 맺게 하는 데 관심을 가지고 출발한 그의 학문 방향이 전문적인 나비 연구로 결정된 것은, 졸업을 앞둔 어느 날 은사 오카지마 긴지岡嶋銀次 교수와 의논한 끝에 이루어진 결과이다.

어느 날 오카지마가 자기 집으로 석주명을 불렀다. 스승의 집을 자주 드나들던 석주명은 졸업을 앞두고 석별의 정을 나누려는 것이려니 짐작하고 일본 술 마사무네正宗를 한 병 사들고 오카지마의 집을 찾았다. 저녁을 마치고 응접실에 마주 앉자, 석주명을 물끄러미 바라보던 오카지마가 진지한 표정으로 말문을 열었다.

"자네, 졸업하고 조선에 돌아가면 무얼 할 생각인가?"

"……."

정색을 하고 묻는 스승의 말에 구체적인 계획을 가지고 있지 못했던 석주명은 얼른 대답할 말이 없었다.

"그동안 생각해 온 것이 있으면 이 자리에서 말해 보게."

"…글쎄요. 조선 사람으로서 크게 될 건 바라지도 못하겠고… 농학을 배웠으니 농업 학교 선생이나 될 수 있었으면 좋겠습니다."

석주명은 당황하여 얼버무렸지만, 사실 그의 말마따나 당시는 아무리 공부를 잘하고 많이 배웠어도 조선인이 이른바 출세하기란 하늘의 별 따기 같던 시절이었다.

오카지마는 그 말에는 대꾸하지 않고 더욱 심각한 표정을 지으며 다시 물었다.

"자네 집에 돈이 좀 있나? 살림에 여유가 있다면 학자로 나아가는 것이 어떤가?"

"학자라뇨? 대학교수라는 자리가 어디 조선 사람에게까지 차례가 오겠습니까? 공연히 헛고생만 할 뿐이지요."

"이것 보게. 꼭 대학교수만이 학자인가? 교수란 살아 있을 때뿐이지 진정한 학자의 명예는 그 사람이 남긴 학문 업적에서 나오는 걸세. 학벌이나 직함이 문제가 아니고 요는 업적이야. 그것은 노력만 하면 충분히 해낼 수 있어."

"……."

"자네, 조선 나비를 한번 연구해 보게. 그 방면은 아직도 미개척 분야나 다름없으니 이제부터라도 머리 싸매고 노력한다면 자네의 학구 태도로 보아 충분히 훌륭한 업적을 남길 수 있을 걸세."

"조선 나비를요?"

"그렇다네. 내가 좀 더 젊으면 수원고등농림으로 전근해서 평생을 바쳐 연구해 보고 싶은데, 벌써 이 나이가 되었으니 엄두를 낼 수가 없네그려. 어떤가? 자네가 내 대신 해 보지 않겠나?"

머리가 하얗게 센 노교수의 눈빛에는, 자신이 못다 한 일을 아끼는 제자에게 잇게 하고 싶은 간절한 바람이 깃들어 있었다.

"글쎄올시다…. 너무나 갑작스런 말씀이라서…."

"자네는 조선 사람 아닌가. 마땅히 남이 손대기 전에 자네 힘으로 조선 나비를 연구하는 것이 옳지 않겠나. 내가 장담하지만 십 년만 죽어라고 하면 틀림없이 자네는 조선 나비에 관한 한 세계적인 학자가 될 수 있을 걸세. 자, 그런데도 주저할 텐가?"

"……."

"이 일이야말로 자네 이름 석 자가 영원히 남을 수 있는 일이야. 잘 생각해 보게."

"네, 말씀 고맙습니다. 돌아가서 잘 생각해 보고 다시 찾아뵙겠습니다."

늙은 스승의 간곡한 부탁을 받고 그 자리를 물러 나온 석주명은 그날 밤 한잠도 못 이룬 채 궁리하고 또 궁리했다. 그리고 마침내 결단을 내렸다. 10년 동안 한눈 팔지 않고 조선 나비를 연구하기로.

그런데 이 '10년'이라는 말이야말로 그날 밤 석주명의 마음을 움직이게 한 결정적인 말이었다. 그는 10년만 죽어라고 하면 반드시 이룰 수 있다는 스승의 말을 철석같이 믿고 나비 연구 10년에 인생의 승부를 걸기로 작정했다. 그리고 10년 뒤 그는 정말로 세계적인 나비학자가 되어 다시 자기 제자들에게 '10년 공부'라는 교훈을 기회 있을 때마다 입버릇처럼 말했다. 이 사실은 많은 송도중학교 출신 명사들이 증언하지만, 가장 대표적인 예로 김병철(전 중앙대 영문학과 교수) 씨 글을 옮겨 보기로 하자.

광복 덕택에 나는 우연히 서른 안팎의 나이로 젊은 영문학 교수가 되었고 무엇인가 업적을 남기고 싶었다. 그때 20년 전 석주명 선생님이 하신 말씀(남이 하지 않는 일을 10년간 하면 꼭 성공한다. 세월 속에 씨를 뿌려라. 그 씨는 쭉정이가 되어서는 안 되고 정성껏 가꿔야만 한다)이 내 머리에 되살아났다.

그러나 남이 하지 않는 일, 즉 쭉정이가 아닌 씨를 고르기가 무척 어려웠다. 오랫동안 고심한 끝에 나는 헤밍웨이 연구에 착수했고, 그 뒤 그것을 발전시켜 20년이라는 세월을 바친 결과 1975년에 《한국 근대 번역 문학사 연구》를, 1982년에는 《한국 근대 서양 문학 이입사 연구》를 완성하였다. 앞의 책은 학자와 비평가들로부터 우리나라의 비교문학 연구에 큰 도움이 되었다는 격찬을 받았고, 독서신문사가 뽑은 '광복 30년의 명저 30종'에 선정되었으며 3·1문화상 학술 본상과 한국일보 저작상 그리고 문공부 추천 도서가 되었고, 뒤의 것은 서울시 문화상과 대한민국 학술원상 저작상을 수상하였다. 또 나는 《세계 인명 사전》에 수록되는 영광을 안기도 했다.

이 모든 영광이 있기까지 20여 년간 내 집필의 원동력이 된 것은 앞서 말한 석주명 선생님의 교훈에서 왔음을 나는 고백한다. 내 나이 열여섯 살 때의 어느 날 생물 시간이었는데, 선생님은 파브르의 이야기를 다음과 같이 해 주셨다.

파브르는 대학교수도 아니고 아주 벽촌의 중학교 생물 선생이었는데 《파브르 곤충기》라는 업적으로 말미암아 우리나라로 치면 학술원상을 타게 되었다. 그 상은 물론 프랑스 최고의 상이며, 상을 수여하는 사람은 대통령이었다. 그러나 파브르는 상을 타러 가지 않았다. 자기가 상을 타러 가면 그동안 아이들을 가르칠 사람이 없겠기에 모든 명예를 포기하고서는 언제나처럼 아이들을 가르쳤다. 더욱이 그는 수상에 관한 얘기를 전혀 입 밖에 내지 않아 마을 사람들은 아무도 그 사실을 몰랐다고 한다. 이를 안 당시의 프랑스 대통령 푸앵카레는 너무나 감격하여 몸소 그 상을 들고 가서 전했다는 이야기였다.

석 선생님은, 자기는 대통령의 인격에도 머리가 숙여지지만 그보다는 파브르의 행동을 따르겠다고 강조하시며, 그 까닭을 이렇게 설명하셨다.

파브르의 연구 방법을 동물생태학이라고 하는데, 그의 현재 위치가 일개 두메 중학교의 이름 없는 교사이면서도 남이 하지 않는 동물생태학, 즉 곤충 연구에 10년이라는 세월을 바쳐 정진한 그 노력에 감탄하기 때문이라는 말씀이셨다. 파브르처럼 10년간 남이 하지 않는 일에 죽어라 하고 노력을 쏟으면 무슨 일이고 간에 반드시 성공한다는 것이었다. 그래서 석 선생님 자신도 조선인 중학교의 일개 조선인 선생에 지나지 않지만 조선 나비를 죽어라 하고 10년간 연구했기 때문에 이제는 조선 나비에 관한 한 파브르처럼 세계적인 학자가 되었다는 말씀이셨다.

석 선생님이 파브르를 예로 들어 말씀하신 데에는 자신과의 동질성을 염두에 두신 것이 분명하다. 두 사람이 다 같이 보잘것없는 중학교 교사였다는 동질성을. 그때 내가 감명을 받은 것은, 사람에게 중요한 것은 과거나 미래가 아니라 오직 현재라는 것, 다시 말하면 과거의 인생이(학벌도 마찬가지) 제아무리 화려하다 할지라도 현재까지 계속 노력하지 않으면 그 과거는 아무 소용이 없다는 말씀이었다. 석 선생님은 또, 현재의 노력은 남이 하지 않는 일에 10년 이상은 기울여야 한다고 하셨다. 위인이라고 할 만한 사람은 모두가 남이 하지 않는 일을 10년, 아니 한평생 한 사람들이라는 말씀이셨다. 요약해서 말하면, 나의 인생관의 기초는 칠전팔기의 노력이 절대로 필요하다는 석 선생님의 교훈을 통하여 다져졌다. 지금도 책상 위에 석주명 선생님의 사진이 든 액자를 걸어 놓은 나는, 세월 속에 씨를 뿌리던 그의 모습을 보면서 늘 나의 태만을 채찍질하는 한 방편으로 삼고 있다.

김병철 교수는 그의 역저 《한국 근대 번역 문학사 연구》에 '나의 신조'라는 석주명의 글을 싣고, "그 교훈이 나의 인생관의 지표가 된 고 석주명 스승의 영전에 이 책을 바치나이다"라는 헌사를 쓰기도 했다.

어쨌든 석주명이 박물과로 전과해 농생물학을 공부하는 사이 그가 말한 우수한 선생들의 영향을 많이 받았는데, 특히 일본곤충학회 회장을 지낸 오카지마 교수와 에스페란토를 가르친 시게마쓰 다쓰이치로重松達一郎 교수가 석주명이 가장 존경하고 따른 스승이었다. 오카지마 교수와의 사이에는 이런 일화가 있다.

여름방학을 이용해 대만으로 곤충 채집 여행을 갔을 때 일이다. 하루는 비가 와서 밖에 나가지 못하고 무료하게 여관방에 들어앉아 있는데, 오카지마 교수가 곤충을 채집해 오는 학생에게 상을 주겠다는 수수께끼 같은 제안을 했다. 아침부터 비가 내려 곤충이 있을 리 없었지만 선생 말씀인지라 학생들은 주섬주섬 채비를 갖추고 밖으로 나갔다.

한참 뒤, 모두들 허탕을 치고 내심 불만을 품은 채 빈손으로 돌아왔는데 유일하게 석주명만이 삼각지 백여 장을 선생 앞에 내놓았다. 삼각지 하나하나에는 하루살이 한 마리씩이 소중히 싸여 있었다. 석주명은 무심코 비를 피해 나무 밑에 섰다가 하루살이들이 나는 것을 보고 재빨리 포충망을 휘둘러 잡았다. 오카지마 교수는 석주명의 집념과 성실성을 기특히 여겨 상을 주며 장차 큰 곤충학자가 되리라고 칭찬했다. 그 뒤 오카지마 교수는 이 조선인 학생을 눈여겨보면서 내심 훌륭한 곤충학자로 키울 결심을 했다(졸업한 뒤에도 늘 뒤를 돌보아 준 스승의 은혜를 고마워하던 석주명은 1936년 금강산에서 우리나라 처음으로 채집한 나비를 스승의 이름 오카지마 긴지에서 따서 긴지부전나비라고 명명했다).

시게마쓰 교수는 학과에서도 석주명을 많이 도왔지만 특히 에스페란토(만국 공통어) 분야에서 결정적인 도움을 준 사람이다. 시게마쓰 교수는 일본의 초창기 에스페란토 운동에 활발히 참여했다. 그는 처음에 히로시마 고등사범학교에 근무하면서 그곳 에스페란토 클럽에서 활동했는데, 1908년 가고시마에 고등농림학교가 세워지자 다음 해 8월 가고시마로 옮겨와 에스페란토 클럽을 창설했다.

한동한 침체했던 일본의 초기 에스페란토 운동이 1919년에 다시 부흥기를 맞았을 때, 시게마쓰 교수도 활발히 강습회를 열었는데, 1926년에 입학한 석주명이 교내 에스페란토 연구회에 가입해 시게마쓰 교수를 만나게 되었다. 이 일은 석주명으로서는 커다란 행운이었다. 그의 에스페란토 기초와 실력은 이때 거의 완성되었다. 뒷날 그가 국제적인 '나비 박사'로 대성하기까지, 각국 학자들과의 학술 교류 및 논문 발표 등을 통해 연구 업적을 세계에 보급하는 데에 에스페란토가 결정적으로 기여했는데, 그의 학문과 에스페란토는 바로 가고시마 시절부터 불가분 관계로 맺어졌다.

석주명은 1927년 1월 '에스페란토 학습에 관하여'라는 글을 기고한 이후 〈Unu Peco de mia Travivajo pri Esperanto.〉(1927), 〈Du Impresoj.〉(1928) 같은 에스페란토 논문을 계속해서 교내 연구회 기관지인 〈La Espero〉에 발표했고, '이해하라 에스페란토를'과 'Sentojen Insulo Tane'를 〈시소쥬思想樹〉지와 〈土〉지에 발표했다.

1928년 귀국한 뒤에도 석주명은 평양매일신문에 '국제어 에스페란토'라는 글을 썼으며 많은 논문을 에스페란토로 발표했다. 특히 주목할 것은, 그가 동경대학 〈동물학 잡지〉에 '연구 논문에 에스페란토 Resumo(서머리)를 붙일 수 있도록 하자'고 제안해 그것이 통과된 후, 외국 학자들과의 연구 논문 교류에 폭넓게 이용했다는 점이다. 여기에 대하여 홍형의는 그의 저서 《민족 해방과 국제어 에스페란토》에서 이렇게 증언했다.

세계 각국의 의학자들과 자연과학자들이 에스페란토로 서로 자료를 교환하고 논문을 발표함으로써 그들이 얻은 이익은 대단히 컸다. 그 가까운 예로는, 조선의 나비 연구가 석주명 씨가 에스페란토를 통하여 전 세계의 나비 표본을 조선의 나비 표본과 교환하여 수집하였던바, 세계 여러 나라의 에스페란토를 사용하는 곤충 학자들로부터 절대적인 협력을 얻어 큰 성과를 얻었으며, 연구 논문을 에스페란토로 발표함으로써 일약 세계적인 곤충학자 대열에 참여하게 된 것이다.

석주명은 이후 에스페란토로 논문을 발표함은 물론 에스페란토 교과서와 소사전을 써서 보급했고, 숱한 강습회와 글을 통해 1930~1940년대의 한국 에스페란토 운동을 주도하는 큰 별이 되었다.

총칼에 짓밟힌 식민지에 태어나 '인류를 한 가족으로' 묶으려는 평화운동인 에스페란토에 심취함은 너무나 당연한 일이었지만, 일본어와 영어에 능했던 석주명이 그토록 에스페란토를 사랑했던 또 하나의 중요한 이유는, 일본어나 영어가 아닌 세계 공통어로 교류함으로써 언어의 열세와 국력의 열세를 극복하고 구미 제국의 유수한 학자들과 학문적으로 대등하게 서기 위함이었다. 그의 이러한 '고집'은 대단히 중요한 의미를 갖는다.

세계 공통 언어를 통해 대립과 분쟁을 해결하고 인류를 한 가족으로 통일하기 위한 평화운동으로 1887년 폴란드의 자멘호프 박사가 창안한 에스페란토 운동이 일제의 탄압으로 조선과 일본에서 위기에 처했을 때, 석주명은 자신의 국제적 명성과 학자라는 신분을 등에 업고 이를 교묘히 자연과학 분야의 논문과 학술 교류에 사용함으로써 명맥을 이었다. 김억과 신봉조로 대표되는 1930년대 이전의 한국 에스페란토 운동은 석주명이라는 한 줄기 빛을 통해 캄캄한 터널을 뚫고 1950년까지 그 명맥을 지켰다.

이렇게 여러 은인들로부터 따뜻한 사랑을 받으며 마음껏 학문에 파고들 수 있었던 석주명의 가고시마 시절은 그의 생애에서 오래오래 기억될 소중한 시기로, 훗날 그의 연구 생활을 튼튼히 받쳐 주는 밑거름이 되었다. 그뿐만 아니라 석주명은 졸업한 뒤에도, 〈조선산 접류의 연구 제1보〉 등 연구 논문 여러 편을 가고시마 고농의 '박물동지회' 논문집을 통해 발표함으로써 학자로서 기반을 다져 가게 되었다.

1929년 3월, 3년 유학을 마친 석주명은 자신의 꿈을 꽃피우고 일생을 바쳐 헌신할 조국 땅을 향하는 배에 올랐다. 귀국한 석주명은 함경남도 함흥에 있는 영생고등보통학교 박물 교사로 취임해 2년을 보낸 뒤, 1931년 2월 모교인 송도고보로 옮겼다. 그가 한때 박물학을 배운 조류학자 원홍구가 안주 농림고보로 가서 생긴 자리였다. 그의 인생에 새로운 장이 열렸다. 1931년부터 1942년까지 11년간 송도고보 교사 시절, 그는 생애에 발표한 논문 128편의 3분의 2가 넘는 79편을 발표해 세계적인 학자로 올라섰다.

오늘날은 '세계적'이라는 말이 너무 흔히 쓰여 그 무게가 가벼워진 느낌마저 들지만, 일제강점기 시대에 조선에서 어떤 사물의 이름씨 앞에 세계적이라는 꾸밈말을 붙인 사례는 단 하나도 없었다.

식민지에서 중학교 선생을 하는 30대 젊은이가 그때까지 세계 학계에서 통용되어 온 만국 명명규약의 허점을 밝히고, 세계적인 학자들이 붙인 학명 천여 개를 엉터리라고 규정하고 말소했다는 것은 세계 동물학계에서 일대 혁명이요 사건이었다. 당시 세계에 초일류 국가로 군림하던 대영제국의 권위 있는 '왕립 아시아학회'가 이 무명의 젊은이에게 영문판 저서 집필을 의뢰하고, 미국 뉴욕의 출판사가 컬러 도판을 곁들여 책을 찍어 세계의 유명 도서관과 학자들에게 보급했으며, 일본을 비롯한 각국의 전문 서적이 이 젊은이의 이론을 소개했다. 그리하여 동물분류학에서 무질서하게 이루어지던 학명 부여가 제자리를 잡게 되었다. 어찌 세계적인 일이 아니랴. 이 감탄할 일은, 석주명이 결심한 대로 겨우 10년 만에, 그가 송도고보에서 교편을 잡은 11년 동안에 이루어졌다.

송도고보에 취임한 석주명이 제일 먼저 손을 댄 것은 조용한 연구 환경을 만드는 일이었다. 교무실에 그의 자리가 있었고, 조선인 교사들이 많아 그들과 어울릴 수도 있었지만, 그는 모든 일을 본관 건물에서 뚝 떨어진 박물관 연구실에서 처리하기로 했다. 당시 조선인 교사들, 특히 관립학교나 공립학교 교사들은, 나라 없는 설움과 일본인들과의 차별대우 속에서 희망을 잃고 자칫 술과 노름으로 소일하기가 일쑤였다. 학교마다 숙직실에서 술판과 바둑판이 벌어지고 음담패설이 오가는 광경을 수없이 목격한 석주명은 담임도 사양하고 연구실에만 틀어박혔다.

그뿐만 아니라 그는 1937년 처음으로 3학년을 담임하게 되었을 때도 자기가 맡은 반을 본관에서 뚝 떨어진 박물관 2층으로 옮겼다. 송도고보는 캠퍼스가 매우 넓어서 박물관과 본관이 상당히 멀었기 때문에, 조례와 종례 때 연구실에서 본관까지 왔다 갔다 하는 시간을 아끼려고 학교에 특별히 부탁했다. 그 뒤로 송도고보 다섯 학년 열다섯 학급 중에서 해마다 그가 맡은 반 학생들만 '유배지'에서 공부하게 되었다. 물론 학생들은 불만이 대단했지만 석주명은 아랑곳하지 않았다.

이 박물관 건물은 윤치호 선생이 1906년 한영서원을 창설할 때 제일 먼저 지은 오래된 교사였다. 화강암으로 된 지하 1층 지상 2층 건물이었는데, 주위는 300년쯤 묵은 아름드리 느티나무들로 둘러싸이고 거의가 표본실로 되어 있어, 학생들은 박물 시간이 있을 때에만 그곳에 딸린 특별 교실에 가서 공부했다. 이렇게 어쩌다 사용될 뿐 여느 때에는 늘 한적하고 외진 곳이었으므로 그가 연구 생활을 하기에는 제격이었다. 이 박물관은, 발가락이 3개인 딱따구리 돌연변이 개체를 세계 최초로 백두산에서 발견하고 미국 스미스소니언에서 연구비를 받은 조류학자 원홍구(조류학자 원병오 교수의 부친)의 조류 박제 표본 컬렉션이 있어 전 조선에 이름을 떨치던 곳이었는데, 그밖에도 박물학 자료와 동식물 표본이 많이 있어 그가 거처할 곳으로는 안성맞춤이었다.

석주명의 햇병아리 선생 시절에 이런 일화가 있다.

그가 송도고보에 취임한 지 얼마 안 되었을 때 5학년 졸업반 학생 한 사람의 따귀를 때린 사건이 생겼다. 등교하는 길에 야트막한 담장 너머로 남의 집 마당을 넘보던 학생이(아마 예쁜 처녀가 무엇인가 하고 있었겠지) 마침 그곳을 지나던 석주명에게 들켰다. 취임한 지 며칠밖에 안 되는 새파란 애송이 선생이 훈육주임도 아니면서 구레나룻이 거뭇거뭇한 졸업반 학생을 길가에서 때릴 수 있느냐 하는 문제로 그 반 학생 50명이 들고일어났다. 그도 그럴 것이, 아무리 선생과 학생 사이라지만 그때 사정으로는 보통학교에 일찍 들어가 스물세 살에 선생으로 취임한 석주명보다 나이가 더 많은 학생도 있었고, 엇비슷한 학생도 많았다. 따귀

맞은 학생도 이미 혼인하여 자식을 둔 처지였다(그런 녀석이 왜 여염집 규수를 넘봐?).

어쨌든 학교가 파하고도 돌아가지 않은 학생 50명은 교실에 남아 석주명 선생을 성토하며 그가 교실로 와서 직접 해명하도록 요구하기로 했다. 상당히 험악한 분위기였다. 사자使者는 맨 앞에 앉은 키 작은 학생이었다. 연구실에 간 그 학생은 아무 성과 없이 돌아왔다. 둘째 줄에 앉았던 학생이 또 갔으나 역시 선생을 데리고 오지 못했다. 세 번째 학생도 역시 헛수고였다. 바야흐로 학생들의 감정은 격화일로였다. 오기가 발동한 학생들은 계속해서 한 사람씩 50명 전원이 가 보기로 했다. 또다시 네 번째 학생이 일어나 막 나가려던 참에 석주명이 교실 문을 열어젖히고 성큼 들어섰다.

"이놈들, 선생을 오라 가라 하는 딋(짓)을 어디서 배웠느냐?"

우레같이 내지르는 고함에 학생들은 깜짝 놀라 자리에 얼어붙었다. 석주명은 교단으로 올라서더니 다시 격앙된 목소리로 학생들을 꾸짖었다.

"감히 학생이 선생을 오라 가라 하다니, 천하에 몹쓸 놈들! 내가 여기 온 건 너희들이 불러서 온 게 아니다. 이 송도고보를 졸업한 선배 자격으로 너희들을 훈계하려고 온 거다. 어디 할 말 있으면 해 봐!"

"……."

얕잡아 보았던 애송이 선생이 그처럼 세게 나올 줄은 전혀 뜻밖이었다. 게다가 송도고보를 졸업한 선배라는 데에야 더 할 말이 있겠는가. 학생들은 묵묵부답, 기가 죽어 마루바닥만 내려다볼 뿐이었다.

키가 작고 까무잡잡하게 마른 석주명이었지만 이처럼 옹골차고 당당한 기백이 있었다. 그는 언제나 명랑하고 소탈했으나 성격이 강직해 자기가 옳다고 생각하면 절대 굽히지 않았다. 또 대인관계에서도 마음에 드는 사람은 무조건 사귀고 한없이 잘 대했지만 한번 좋지 않게 본 사람은 평생 외면하고 지낼 만큼 외곬 성격이었다. 그 사건 이후 석주명의 선생 노릇이 순풍에 돛을 단 듯했음은 말할 나위 없다.

송도고보에 취임한 석주명은 곧 개성 지방을 중심으로 본격적인 나비 채집을 시작했다. 당장 참조할 만한 나비 전문 서적이 없었기 때문에 실제로 나비를 채집해서 일단 그것들의 학명學名·scientific name을 알아본 뒤 개성 지방의 나비 분포 상태를 밝혀낼 속셈이었다. 나중에 안 일이지만, 개성 지방에는 나비가 130여 종 살고 있어 조선에서는 가장 종류가 많은 분포 지대였으므로, 그의 나비 연구는 첫 출발치고 아주 드물게 보는 행운을 얻은 셈이다.

석주명은 쉬는 날마다 포충망을 들고 개성 주변의 산과 들을 누볐다. 그는 또 방학 때 학생들에게 나비 채집을 숙제로 냈는데, 결과가 아주 좋아서, 개성 지방 나비는 물론 전국 각 지방 나비들까지도 골고루 수집할 수 있었다. 송도고보에 전국 각처에서 모여든 학생들이 많다 보니 당연한 결과였다.

학생들이 나비 채집에 나서기 전 석주명은 이미 개성 사람들에게 널리 알려진 명물이었다. 학문을 가르치는 점잖은 선생님이 커다란 자루를 매단 장대를 들고 아무짝에도 쓸모없는 나비를 쫓아 이리 뛰고 저리 뛰는 모습은, 혹은 신기하고 이상하게, 혹은 기인의 소행으로밖에는 안 보였을 터이니, 포충망을 들고 채집통을 멘 그의 행장은 어디서나 사람들의 눈길을 끌었다.

석주명은 사람들이 "나비는 잡아 무엇에 쓰시려우?"라고 물으면 그저 빙그레 웃었다. 낯익은 사람이 물으면 조사할 일이 있어서 찾아다닌다고 넘겼다. 어떤 사람들은 그가 뱀을 잡으러 다니는 땅꾼인 줄 알고 뱀이 많은 곳을 친절히 가르쳐 주기도 했다. 또 어떤 이는 그가 몹쓸 병에 걸려 약으로 쓰려고 나비를 잡는 것이 아니냐고 넘겨짚기도 했다. 그는 그저 빙그레 웃을 뿐이었다.

그의 학문을 조금 이해하거나 관심을 보이는 사람이 물었을 때에야 비로소 이렇게 대답하곤 했다.

"남이 하디 않으니까니 내가 하디요."

그러면 상대는 또 이렇게 물었다.

"왜 다른 사람이 하지 않습니까?"

"돈이 생기디 않아서디요."

"어째서 돈도 생기지 않는 일을 합니까?"

그 물음에 대한 답은 마음속으로만 한다. '이 어려운 시대를 극복하는 방법은 사람들의 실생활에 도움이 되는 학문을 택해 오로지 거기에 몰두함으로써 훌륭한 업적을 남기는 것이다. 그 업적은 남이 하지 않는 일을 찾아서 해야만 이룰 수 있다'라고.

학생들에게 나비 채집 숙제가 주어지자 개성 지방에 포충망이 많이 등장했다. 포충망은 1930년대 초에 전국에서 개성밖에는 없었다고 한다. 이인규(현악사 대표) 씨의 회고를 들어보자.

2학년 여름방학 때 우리는 석주명 선생으로부터 각자 200마리 이상 나비를 채집해 오라는 숙제를 받았다. 방학이 끝나고 과제물을 제출한 뒤 며칠 지난 어느 날 선생이 싱글벙글하며 우리 교실에 들어오셨다. 그리곤 어떤 학생을 일으켜 세우고서는 한참 칭찬했다. 그 학생이 잡아 온 나비 중에 희귀한 것이 한 마리 끼어 있었는데, 그것은 마치 우리나라에 배추흰나비가 흔하듯 필리핀에는 아주 흔한 나비지만, 조선에선 발견된 일이 없는 남방계 나비였다. 그 나비를 채집함으로써 그 나비가 서식하는 북방한계선이 조선에까지 북상해 있음을 처음으로 밝혀내게 되었다며 선생님은 무

척 즐거워하셨다. 그걸 잡아 온 친구는 졸업할 때까지 박물 점수가 늘 수秀
였다.

    이렇게 해서 모아진 나비들은 곧 헤아릴 수 없이 많아져, 그것들을 분류하고 표본으로 만들어 보관하는 데에만도 석주명과 그의 조수들은 엄청난 시간과 노력을 쏟아야만 했다. 석주명의 연구실에는 오동나무로 만든 곤충 표본 상자 40개가 들어가는 서랍식 진열장이 6개 있었는데, 한 상자에 평균 20마리씩 넣어도 4,000마리밖에는 보관할 수 없었다. 그런데 학생 수백 명이 한 사람당 200마리씩 채집해 왔으니, 그것들을 날개가 부러지거나 찢기지 않게 잘 보관하기란 여간 어려운 일이 아니었다. 석주명은 꼭 필요한 나비들만 표본 상자에 넣어 보관하고 나머지 중에서 좋은 표본은 삼각지에 싸서 그가 고안한 보존 용기에 담아 역시 서랍에 보관했다. 그밖에 수만 개체에 달하는 나비들은 하나하나 삼각지에 싸고 채집 날짜와 장소를 적은 뒤, 백여 개씩 봉투에 넣어서 천정에 매달아 놓거나 벽에 걸어 두었다. 그리고는 필요할 때마다 몇백 개씩 꺼내어 전시판展翅板(곤충의 날개를 활짝 편 상태로 핀을 꽂아 고정시키는 나무판)에 꽂아 놓고 관찰하거나 자로 재거나 하며 연구했다.

    조사가 끝나 소용이 없어진 것들은 석유 상자나 과일 궤짝에 나프탈렌과 함께 넣어 두었는데, 한 궤짝에 평균 만 개체 이상이 삼각지에 싸인 채로 차곡차곡 쌓였다. 이 상자들은 10여 년간 50개가 넘어, 석주명은 그것들을 보관하는 데까지도 신경을 많이 써야 했다(송도고보를 떠나던 1942년 석주명은 무려 60만 마리를 불태웠다). 석주명이 미처 조사하지 못한 나비를 넣어둔 봉투는 늘 주체할 수 없을 만큼 많아 천장과 벽을 가득 메웠다.

놀라운 발견, 변이곡선 이론

무턱대고 나비 연구를 시작한 석주명은 개체를 많이 수집하게 됨에 따라 점점 더 많은 어려움에 부딪쳤다. 지도 선생은 물론 전문 서적이 없었고, 어디서부터 어떻게 손을 대야 할지도 몰랐다. 겨우 개성 지방의 나비 분포 상황을 알아보기로 마음을 정하자 또 다른 문제가 생겼다. 채집한 표본을 곤충도감에 실린 것과 맞추어 보자니, 그가 보기에는 크기나 무늬에 약간 차이가 있을 뿐 분명히 같은 종이라고 할 수밖에 없는 나비가, 도감에는 크기나 모양이 조금씩 다른 여러 종의 나비로 분류되어 제각각 다른 이름을 달고 있었다.

곤충 연구의 출발점인 분류학, 그것도 어느 개체가 어떤 이름을 가진 것인지 알아보는 데서부터 꽉 막혀 버린 기막힌 사정. 다음은 그가 당시의 어려웠던 처지를 회고하며 1941년에 쓴 글이다.

내가 채집한 나비를 조사해서 논문을 쓰기로 마음먹은 때는 1931년이었다. 그때까지는 적당한 문헌이 없는 데다 그나마 구독하기도 어려워서 처음에는 혼자 내 방법대로 원시적 방법의 분류에 착수했었다. 문헌도 없고 누구의 지도도 받음이 없이 출발한 수년간의 연구는 지금 생각해 보아도 과학적이었고 아주 훌륭한 방법이었다. 문헌이 없어 학술상의 명칭은 모른다 할지라도 각 종류의 상태, 특히 개체변이에 대해서는 꽤 자세히 알게 되었다.

일본에서 책다운 곤충도감이 나온 때는 1931년, 마쓰무라 쇼넨松村松年 박사의 《일본 곤충 대도감》이 처음이었고, 1932년에 우치다 세이노스케內田淸之助가 만든 호류칸北隆館의 《일본 곤충도감》이 간행되어 마치 나의 연구를 돕기 위한 것 같다는 생각이 들기도 하였다. 그런데 뒤에 마쓰무라 박사의 대도감을 어렵게 구해 참조하면서 내가 가지고 있는 표본들과 대조해 보았을 때 나는 실망이 컸다. 그 책에는 내가 가진 표본이 제공해 주는 지식으로 볼 때 너무나 오류가 많았던 것이다.

일개 시골 중학 교사인 내가 당대 첫손 꼽는 곤충학자요, 농학박사이자 이학박사인 그의 저서를 정정한다는 것은 스스로도 믿을 수 없을 지경이었지만, 나의 풍부한 표본 자료가 가르쳐 주는 바로는 그 책뿐만 아니라 그 뒤 손에 넣은 다른 책들에서도 많은 오류를 발견할 수 있었다.

당시에 이미 석주명은 개성 지방에 있는 나비 종류에 대해 많은 지식을 얻고 있었다. 어떤 종류는 풍부하고 어떤 종류는 아주 적었으며, 어떤 종류는 출현기出現期가 길고 어떤 것은 반대로 아주 짧았다. 더욱이 은점표범나비 같은 것은 형질이 차이 나는 정도가 심했다. 가령, 날개 길이가 제일 짧은 것과 제일 긴 나비는 자칫 서로가 전혀 다른 종류로 보일 정도였다. 마쓰무라라면 개체를 많이 채집하지 못해 틀림없이 별개 종이라고 분류했겠지만, 워낙 개체를 많이 수집해 양극단 사이의 중간치 개체도 많이 볼 수 있었던 석주명은 그것들이 모두 같은 종임을 알아보았다. 그가 수집한 A라는 나비를 책에는 B라는 별종으로 분류해 놓은 사례가 무척 많았는데, 그것은 바로 위에서 말한 은점표범나비와 같은 경우를 미처 모르고 마구잡이로 이름을 붙여 분류해 놓았기 때문이었다.

이런 사실은 석주명처럼 수천수만 표본을 채집해야만 발견할 수 있지, 몇십 마리 정도를 잡아서는 도저히 알아낼 수 없다. 여러 가지 참고 도서들이 잇달아 간행됨에 따라 그의 학문은 날로 깊이를 더해 갔지만, 앞서 말했듯이 그가 그 책들에서 발견하는 분류상의 오류는 점점 늘어날 뿐이었다. 이러한 오류는 당시 학자들이 개체변이個體變異(같은 종인데도 개체 하나하나의 날개 길이, 빛깔, 무늬 수, 띠 따위 형질이 조금씩 다른 현상)에 대한 지식이 없는 데서 말미암았다. 석주명은 그것이 종류가 같은 개체個體를 많이 수집하지 않았기 때문에 생긴 무지無知이고, 그 무지는 바로 명명규약命名規約·rule of nomenclature의 결함에서 왔다고 알게 되었다.

명명규약이란 생물을 계통적으로 분류하여 명칭(학명)을 붙이기 위한 국제적인 약속이자 규칙이다. 동물 명명규약에는 '어느 한 종種의 명칭은 전형적典型的인 수놈 한 마리를 택하여 정한다'고 되어 있었다. 바로 이 '전형적인 수놈 한 마리'라는 데에 문제가 있었다. 표본을 많이 채집할 수 있다면 그것들의 평균치를 냄으로써 '전형적인' 수놈 한 마리를 골라낼 수 있으니 문제가 없겠지만, 처음 발견되는 동물은 대개 초기에는 한두 마리밖에 잡히지 않는다. 그렇지만 그것을 발견한 사람으로서는 그것만으로 그 종 전체의 '전형'으로 삼아 얼른 학계에 보고하고 싶은 마음이 생기게 된다. 그것까지는 어쩔 수 없다 쳐도 그다음이 또 문제다. 그렇게 해서 일단 학명이 부여되면, 그 뒤에 실제로는 같은 종이지만 형질이 앞의 것과 조금만 다른 개체가 발견되면, 발견자가 전혀 새로운 신종新種이나 앞의 것의 아종亞種(형질에 차이가 있지만 종으로 독립시킬 만큼 크게 다르지는 않은 것)을 발견했다고 내세울 위험이 있다.

특히 뒤에 말한 엉터리 '신종 발견' 행위를 당시 일본 학자들이 많이 했다. 그중에서도 홋카이도 제국대학 마쓰무라 교수가 가장 심했다. 그는 개체 간에 약간 차이가 있거나 이상형異常型 또는 기형畸形 개체를 발견하면 단 한 마리를 가지고도 '신종'이나 '신아종新亞種' 또는 '신변종新變種'이라고 발표해 학명을 붙이고는 그 학명 끝에 최초 명명자인 자기 이름을 붙였다. 마쓰무라를 비롯한 상당수 학자들이 그런 경솔한 행위를 하게 된 데에는 까닭이 있었다.

생물 분류법 기초를 확립한 린네C. V. Linné는 모든 생물의 변하지 않는 분류상 기본 단위를 종種으로 하고, 그 위에 속屬·과科·목目·강綱·문門이라는 계통을 두어 생물 분류를 시도했다. 그는 또 생물을 속명屬名과 종명種名을 조합해 나타내는 이명법二名法을 확립했다. 예를 들어, 사람은 생물학적으로 척추동물아문 - 포유강 - 유인원아목 - 사람과 - 사람속 - 사람종으로 분류되며, 학명은 이명법에 따라 속명 '호모'와 종명 '사피엔스'를 조합한 '*Homo sapiens*'(슬기 인간)이다.

신종 발견이란, 아무도 발견하지 못한 생물종을 처음 발견하거나, 새로운 분류 방법을 써서 그동안 다른 종과 혼동되어 왔던 것을 구별해 내어 새롭게 분류함을 가리킨다. 이때 발견자는 신종과 이미 알려진 유사종類似種이 다른 점을 상세히 밝히고 사진을 붙여 학계에 보고한 뒤 새로운 학명을 부여하게 되는데, 이명법에 따라 속명과 종명을 쓴 뒤에 그 업적을 기리기 위해 발견자 이름을 뒤에 붙이게 된다. 이를테면, 석주명이 발견해 명명한 유리창나비의 아종명亞種名은 오늘날 세계 학계에서 *Dilipa fenestra takacukai* SEOK으로 되어 있는데, *Dilipa*는 속명이고 *fenestra*는 종명이며 *takacukai*는 아종명, SEOK은 석주명의 성姓이다. 이런 까닭으로 신종을 발견해 자기의 성을 붙여 명명하는 일은 생물학자라면 누구나 꿈꾸는 명예가 되었다.

학자로서의 명예욕과, 개체변이를 대수롭지 않게 생각한 결과는 엄청났다. 마쓰무라, 우치다 같은 사람들이 형질이 조금만 다르면 신종·아종을 발견했다며 마구잡이로 학명을 붙이고는 대학자로 행세했다. 일본에서 본격적으로 곤충 연구가 시작된 때는 바로 마쓰무라의 첫 저서인 《해충 구제 전서》가 간행된 1896년이다. 일본 곤충학계를 대표하는 인물이던 마쓰무라는 1926년부터 자기 성이 들어간 〈인섹타 마쓰무라나 Insecta Matsumurana〉라는 학술지를 간행하면서, 이를 통해 '서양의 린네, 동양의 마쓰무라'라는 별칭을 얻을 정도로 학명을 많이 만들어 학계에 보고했다.

마쓰무라와 우치다는 이처럼 공명심에 사로잡힌 데다 '현장'마저 무시했다. 일본에 살면서 조선에서 몇몇 사람이 홋카이도 제국대학으로 보내 준 표본만을 가지고 연구한 마쓰무라나 우치다의 잘못은 그들이 편찬한 곤충도감을 보고 공부하던 한 조선인 청년에 의해 만천하에 드러났다. A라는 같은 종인데도 B, C…라는 전혀 별개 종으로 잘못 분류된 학명을 학술용어로 동종이명 同種異名·Synonym 이라고 한다. 석주명은 생애에 한국 나비 동종이명을 844개 없앴는데, 그 가운데 마쓰무라가 명명한 것이 150개로 제일 많았다.

당시 마쓰무라 일파의 경솔한 연구 태도에는 같은 일본인 곤충학자들도 경계심과 불만을 가졌는데, 여러 학자가 마쓰무라를 비판한 석주명의 이론을 인정하고 그의 학구 자세에 갈채를 보냈다. 그중에서도 당시 일본 곤충학계 정상급이자, 세계 곤충 분포구를 일곱 구로 나눈 '에자키 라인 Esaki line'을 제창한 규슈 제국대학의 세계적인 학자 에자키 데이조 江崎悌三 박사는 전폭적으로 석주명의 이론을 지지하고 아껴 주었으며, 석주명이 유명해진 것에도 그의 힘이 컸다. 에자키는 1940년에 발간된 석주명의 《A Synonymic List of Butterflies of Korea》에도 그의 업적을 높이 평가하는 후기를 써서 격려했다.

결국 개체변이는 석주명이 나비 연구를 시작하자마자 그의 연구 주제로 정해지게 되었다. 그러나 석주명이 개체변이의 중요성을 처음 거론한 사람은 아니다. 이미 1893년 영국인 리치J. H. Leech가 그의 저서 《중국·일본·조선의 나비 Butterflies from China, Japan, Corea》에서 개체변이 개념을 바탕으로 하여 조선산 나비 가운데 동종이명 22개를 말소했다는 사실을, 다른 사람 아닌 석주명이 그의 《한국산 접류의 연구사》에서 소개했다. 그러나 그는 도쿄 제국대학 다나카 시게호田中茂穗 교수가 "내가 1926년에 이미 개체변이의 중요성을 주장하자 석주명이 즉각 반응을 보였다"라고 한 데 대해서는 "개체변이의 중요성은 저자 단독의 우견愚見이었을 뿐이다. (…) 다나카 교수 같은 이는 40년간 일본산 어류를 연구하면서 나와 같은 생각에 도달했다."(한국산 접류의 연구 제3보에서)고 반박했다.

여러 정황으로 미루어 석주명은 이론으로 어렴풋이 알고 있던 개체변이의 중요성을 나비를 채집하고 분류하는 과정에서 확실히 인식하자, 개체변이의 범위를 밝혀 동종이명 학명들을 말소하는 일을 1차 과제로 삼게 되었음이 분명하다. 그는 통계를 내는 데 사용하는 개체 수가 많을수록 개체변이 범위를 정확히 알 수 있다고 생각했다. 다시 석주명의 말을 들어보자.

그래서 나는 생물학에서는 분류학이 입구入口요, 이 분류학은 개체변이 연구를 토대로 하는 것이라야 된다고 깨달았다. 사람을 예로 들어보자. 처음에 다행히 165센티쯤의 남자를 기록하여 원기재原記載로 했다면 크게 틀림이 없겠지만, 120센티쯤 되는 난쟁이를 사람의 표준으로 잘못 알고 기록했다면, 그것은 사람에 대한 기록으로 거짓은 아니겠지만 적합한 것은 아닙니다. 자연계도 마찬가지로, 우리가 단 한 마리를 발견하여 이 개체를 전형적인 표준 개체로 여기고 기록하여 학명을 부여한다면 위에 말한 '사람'의 경우처럼 될 확률이 아주 높다. 이런 이유로 나는 먼저 내가 있는 개성 지방의 나비부터 가능한 한 많이 채집하고 측정하여 분류하기로 하였다.

그리하여 엄청난 채집량에 의존하는 '석주명식' 분류학 연구가 시작되었다. 석주명이 개체의 변이 범위 variation sphere를 규명한 '변이곡선' 이론을 뒷받침하는 데 제일 많이 동원한 종은 배추흰나비이다. 그가 '조선산 배추흰나비의 변이 연구'(제1보 1936년, 제2보 1937년, 제3보 1942년 발표) 논문을 쓰기 위해 앞날개 길이를 일일이 자로 잰 배추흰나비 개체 수는 물경 16만 7,847마리에 달한다. 제1보에 21,066, 제2보에 46,918, 제3보에 99,863. 그가 "논문 한 줄을 쓰려고 3만 마리가 넘는 나비를 만졌다"라고 말한 데에는 조금도 과장이 없었다.

석주명이 1937년에 새로 만든 말인 변이범위變異範圍를 규명한 '배추흰나비 앞날개의 변이곡선' 이론은 이 세 가지 논문을 토대로 하여 얻어졌는데, 분류학상으로나 생물 측정학상 너무도 유명한 이론이다. 〈표 1〉은 석주명이 2만 1,066마리의 날개 길이를 하나하나 재어 1936년에 발표한 제1보에 실린 통계이다. 〈표 1〉에서 알 수 있듯이 한국산 배추흰나비의 앞날개 길이 평균치는 ♂♀ 모두 28mm(〈표 1〉에 고딕체로 표시됨)이다. 앞날개 길이가 제일 짧은 것은 ♂17mm ♀18mm이며, 제일 긴 것은 ♂33mm ♀32mm이다. 일본에서 발간된 《응용 곤충학》에는 〈표 1〉이 〈표 2〉와 같은 곡선 그래프로 옮겨져, 석주명의 변이곡선 이론이 설명되어 있다. 지바대학 노무라 겐이치野村建一 교수도 일본 곤충학 교과서 《곤충학 입문》(1951, 호류칸)에 〈표 1〉을 〈표 2〉와 같은 곡선 그래프로 옮겨 이렇게 소개했다.

<표 1> 조선산 배추흰나비 앞날개 길이 측정표

mm	17	18	19	20	21	22	23	24	25	26
♂ 개체수	1	2	4	12	45	77	199	407	984	1497
%	0.01	0.01	0.03	0.09	0.32	0.55	1.41	2.89	6.99	10.64
♀ 개체수	-	1	1	16	34	77	159	336	608	909
%	-	0.02	0.02	0.23	0.49	1.10	2.27	4.80	8.69	12.99

mm	27	28	29	30	31	32	33	계	개체수 총계
♂ 개체수	2311	3656	2713	1642	458	59	1	14068	21066
%	16.43	25.99	19.29	11.67	3.25	0.42	0.01	100.00	
♀ 개체수	1465	1853	1117	369	52	1	-	6998	
%	20.93	26.48	15.96	5.27	0.73	0.02	-	100.00	

<표 2> 조선산 배추흰나비의 변이곡선 (점선: ♀, 실선: ♂)

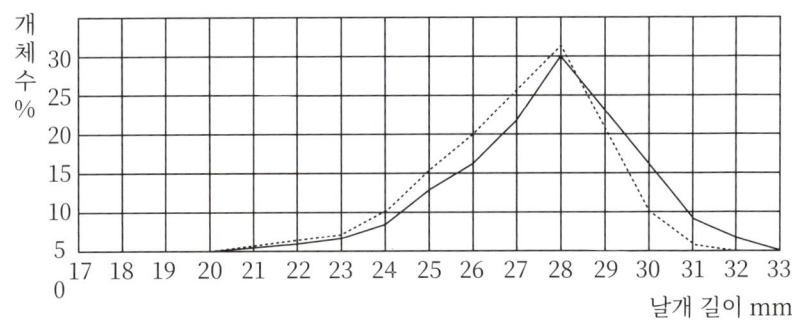

석주명은 1936년 조선산 배추흰나비의 날개 길이에 대해서 통계적으로 연구했는데 <표 1>과 같은 결과를 얻었다. 이것에 의하면 암수 모두의 날개 길이가 28mm 정도인 것이 가장 많고, 이보다 작거나 큰 것은 그 정도가 심해질수록 점차 적어지고 있다.

이것을 그래프로 그린다면 대체로 〈표 2〉와 같은 커브를 나타내는데 이것을 '정상 곡선 Normal curve'이라고 한다. 이 그림과 같이 정점頂點이 하나가 아니고, 만일 두 개로 나타난다면 다른 계통의 나비가 섞여 있다는 증거가 된다. 예를 든다면, 별종別種이거나 혹은 암수가 섞여 있거나, 또는 산지產地가 다르거나 발생 계절이 틀린 것이 섞인 결과라고 할 수 있다.

이 글을 좀 더 알기 쉽게 설명해 보자. 같은 종인 나비들의 날개 길이를 측정하면 거기서는 제일 짧은 것부터 제일 긴 것까지 여러 가지 변이 현상이 나타나고, 그중 가장 많은 수의 날개 길이가 그 나비의 평균치가 된다. 뒤(99~105쪽)에서 예를 든 굴뚝나비·높은산지옥나비·호랑나비 측정표에서도 가장 많은 숫자가 고딕체로 표시되어 있는데, 이것을 그림으로 나타내면 〈표 2〉와 같은 곡선을 그리게 되며, 이러한 '정상 곡선'이 개체변이의 일반적인 현상이다.

그런데 우리가 A라는 종류의 나비를 조사했는데 만약 거기에 다른 계통 나비 B가 섞여 있었다고 가정해 보자. 특정한 개체 수가 많지 않다면 결과는 〈표 2〉와 같은 모양의 정상 분포곡선으로 나타난다. 그러나 1만 마리를 넘게 측정한다면 B는 결국 표면에 드러나게 되어 그 결과는 〈표 3〉처럼 A, B 두 정점이 나타난 쌍봉 모양 분포곡선으로 되고 만다는 것이 석주명의 주장이다.

〈표 3〉

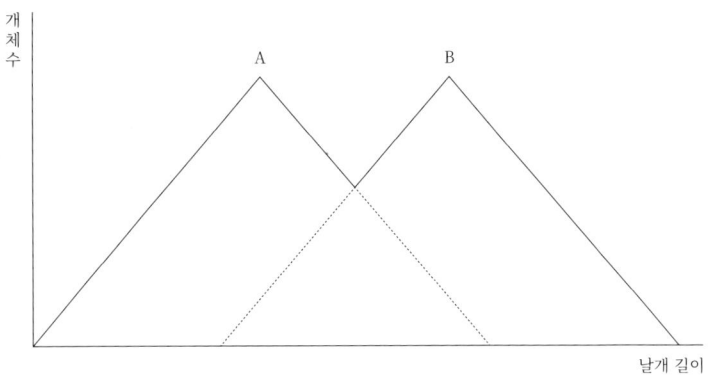

 석주명이 배추흰나비를 17만 마리 가까이 측정했는데도 결과가 〈표 2〉와 같은 정상 분포곡선으로 나타난 사실은, 결국 앞날개 길이가 17mm짜리에서부터 33mm짜리에 이르기까지 '연속된 변이 현상'(〈표 2〉에서 세모꼴의 양쪽 빗면)을 보여, 측정에 쓰인 개체 전체에 다른 계통이 섞이지 않았음을 뜻한다.

 이 결과, 그동안 배추흰나비 앞날개 중실中室의 색깔이 짙고 옅음을 기준으로 해서 봄형·여름형으로 구별하던 학설은, 봄형과 여름형이 뒤섞였는데도 정상 분포곡선으로 나타난 석주명의 변이곡선 결과에 의해 설득력을 잃었다. 석주명은 날개 중실의 옅고 짙은 색깔이 봄형과 여름형을 구분 짓는 변이 현상이 아니라, 봄부터 여름까지 색깔이 차츰 변하는 '연속된 변이 현상'이라고 밝혔다.

 이러한 결과는 단순히 배추흰나비 한 종류의 개체변이를 규명한 것에 그치지 않았다. 그동안 같은 종류인데도 다른 계통(아종 혹은 별종)으로 분류되어 온 종들은, 많은 개체를 측정한 결과가 정상 분포곡선으로 나오면 한낱 동종이명synonym에 지나지 않는다는 말이 된다. 또한, 석주명은 변이의 연속성 여부로 같은 종인지 이종·아종인지 판별할 수도 있다고 보았다. 개체변이의 양 끝(배추흰나비의 경우 날개 길이가 17mm인 것과 33mm인 것)은 서로 다른 종으로 보일 정도로 차이가 크지만, 그러한 차이가 연속된 변이 현상에 놓인다면 같은 종으로 볼 수 있다는 말이다. 이로써 이 논문은, 모든 분류학·측정학은 실험 개체 수가 적으면 적을수록 불확실한 결과를 가져온다는 석주명의 주장을 뒷받침한 결정적인 계기가 되었다.

석주명이 변이의 연속성을 파악하는 데 처음부터 '앞날개 길이'를 측정 대상 형질로 삼은 것은 아니다. 그의 여섯 번째 논문인 〈조선산 접류의 연구〉(제1보 1934) 이전에 발표한 논문에서 그가 변이 범위를 밝히려고 조사한 나비의 형질은 날개에 있는 무늬와 띠였다. 그런데 이것들은 불확실한 점이 자주 드러나 변이의 연속성을 규명하기에 적절치 않았다. 생각 끝에 착안한 것이 '앞날개 길이'와 '뱀눈무늬의 위치와 숫자'(뱀눈무늬는 뱀눈나비과와 호랑나비과의 일부 종에 있음)였다. 이 형질들은 누가 보아도 뚜렷이 드러나므로 객관적으로 정량화定量化해 통계를 낼 수 있어 분포곡선을 그리기에 적합했다. 그는 이때부터 앞날개 길이를 측정해 분포곡선을 그렸는데, 그 작업에서 얻은 제일 큰 성과가 1936년부터 발표한 '조선산 배추흰나비의 변이 연구'였다.

엄청난 채집이라는 연구 방법을 택한 석주명은, 그의 말에 따르자면 통합론자lumper였다. 그는 분류를 할 때, 작게 나누려는 사람을 세분론자splitter로, 크게 나누려는 사람을 통합론자로 보았다. 세분론자는 개체 간에 약간만 차이가 있어도 신종·아종·이종으로 보려 하지만, 통합론자는 기존 체계 안에서 분류하려 한다. 그 시절 곤충학자들은 거의 세분론자였는데, 석주명은 '수년에 걸쳐 다수를 채집·조사한 결과 자신도 모르게 극단적인 통합론자가 되었다.' (석주명 '세분론자와 통합론자'에서)

개체를 많이 채집해 개체변이를 연구한 일은, 통합론자 석주명으로 하여금 세분론자들이 신종·아종을 자꾸 등재한 것과 반대로, 그들이 해온 작업에서 잘못된 신종·아종을 찾아내 이를 정리하는 길로 들어서게 했다. 배추흰나비의 경우, 석주명은 16만 마리를 측정해 하나의 정점이 형성되는 정규 분포곡선을 이끌어 냄으로써, 그동안 앞날개 길이와 날개 모양, 무늬 따위가 약간씩 다름을 내세워 이종·아종·이형이라고 보고된 배추흰나비 동종이명 20개를 말소했다. 그는 이 방법으로 마쓰무라가 명명한 동종이명 166개 중 한국 나비 동종이명 150개를 말소했으며(마쓰무라는 이에 대해 반론을 제기하지 못했다), 전체 한국 나비의 동종이명 844개를 말소했다. 분포곡선 이론은, 분류학·측정학은 측정한 개체 수가 적을수록 불확실한 결과를 낳는다는 석주명의 믿음을 더욱 굳게 뒷받침했다.

물론 석주명의 연구 방법은 지극히 소모적이고 단순한 노동처럼 보일 수 있다. 현재의 수량 통계 분류학에 따르면, 개체변이 범위는 정규 분포곡선을 이루게 하는 천여 개체 정도만 측정해도 알 수 있다. 또한, 석주명의 업적을 낮추어 보는 한 인사의 말을 빌리자면, "자로 재고 무늬 수를 세는 것은 초등학생도 할 수 있다." 하지만 통계 수치를 생물 분류학에 적용한 사례가 서양에서 1930년대 후반에 처음 나왔음을 감안한다면, 거의 같은 시기에 자기 생각으로 그같은 방법을 적용한 석주명으로서는 '콜럼버스의 달걀'을 인용해 반박할 만하다.

석주명은 날개 길이뿐만 아니라 무늬의 변이에 관해서도 유명한 논문을 발표했는데, 1937년에 나온 '굴뚝나비의 뱀눈 무늬 변이 연구'가 그것이다. 그는 이 연구에서 날개 표면과 이면에 나타난 뱀눈 무늬의 수를 측정했는데, 평균치를 정할 수 없는 불규칙한 곡선이 나옴으로써 절대 안정된 뱀눈 무늬는 하나도 없음을 밝혀냈다.

석주명은 1932년 '조선 구장 지방산 접류 목록'을 〈제피루스Zephyrus〉지에 발표했다. 평안북도 구장의 나비 6과 117종을 분류한 첫 논문이었다. 3년간 모은 개성 지방 나비가 수만 마리에 달하자 그는 1933년 두 번째 논문 '개성 지방의 접류'를 〈조선 박물학 잡지〉에 발표했다. 이 논문에서 다룬 나비는 7과 132종인데, 채집된 개체 수가 많고 적은 데 따라 다시 다섯 단계로 분류해 연구했다. 그 결과 개성 지방 나비 분포에서 북방계와 남방계 비율이 3대 1이지만, 많이 나는 종(豊産種)으로 따져 보면 4대 1이 됨을 밝혀냈다.

다음 단계로 그는 개성을 중심으로 하여 사방으로 차차 채집 범위를 넓혀 갔다. 그 자신도 채집 여행을 다녔지만 역시 학생들의 도움이 절대적이었다. 앞에서, 그가 송도고보를 떠날 때 불사른 나비가 60만 마리였다고 했으니, 11년 동안 그를 도운 수천 학생이 아니었다면 그의 학문은 크게 이루어지지 못했을지도 모른다. 그런데 학생들이 채집하는 때는 주로 여름방학인데다 고향이 대부분 읍 이상의 고장이어서 석주명은 틈틈이 두메만을 골라서 채집 여행을 했으며, 학생들의 고향이라 할지라도 봄에 나오는 나비가 필요하면 조수를 파견하기도 했다.

석주명의 조수 우종인은 1936년 남한 일대에 걸친 채집 여행을 했는데, 금강산에 오래 머무르는 동안 신종을 하나 채집했다. 석주명이 그것을 자기 은사의 이름을 따서 '긴지부전나비'라고 명명한 사실은 앞에서 말한 바 있다(오늘날에는 학명은 그대로지만 한국말 이름은 깊은산부전나비로 바뀌었다). 우종인은 또 1940년 대만에도 채집 여행을 가는 등 석주명에게 많은 도움이 된 조수였다.

석주명은 제자들을 중학교 교사로 배치할 때도 반드시 자기가 만든 분포 지도를 펼쳐 놓고 자기 연구에 필요한 곳을 골라 보내곤 했다. 국립과학관 시절 기정技正이던 이희태(6·25 때 납북되었으며, 1984년 9월 많은 화제를 뿌리며 우리나라에 왔던 체코슬로바키아의 한국인 여류 미술가 이기순은 그의 누이동생이다)가 경상북도 의성에 있는 안의중학교에 생물 교사로 파견된 것도 그곳에서 부전나비과 제피루스 속을 채집시키기 위해서였다.

이렇게 채집 구역을 넓혀감에 따라, 개성에서는 수년간 단 한 마리밖에 잡히지 않아 귀하다고 여긴 나비가 다른 곳에서는 많이 잡히는 수가 있었고, 그 반대 경우도 많아지게 되었다. 이렇게 해서 석주명은 타계할 때까지 한국산 신아종新亞種 5종을 최초로 발견해 명명했다.

1) **도시처녀나비**(*Coenonympha koreuja* SEOK)
2) **수노랑나비**(*Apatura ulupi morii* SEOK)
3) **스기다니은점선표범나비**(뒤에 성진은점선표범나비로 바뀜)
   (*Boloria selene sugitanii* SEOK)
4) **유리창나비**(*Dilipa fenestra takacukai* SEOK)
5) **긴지부전나비**(뒤에 깊은산부전나비로 바뀜) (*Drina superans ginzii* SEOK)

또 저명한 곤충학자인 규슈대학의 시로즈 다카시白水隆 교수는 1955년 한국산 흑백알락나비의 본종을 *Hestina japonica seoki* SHIROZU라는 아종명으로 〈Sieboldia〉지에 발표했는데, 석주명의 업적을 기려 아종명 seoki를 붙였다.

배추흰나비 변이 연구를 하느라 16만 마리가 넘는 개체를 측정한 석주명의 학구열은 '조선산 접류의 연구'로 이어졌다. 그가 '조선산 접류의 연구' I, II와 '한국산 접류의 연구' III을 쓰려고 조사한 나비는 8과 211종 20만 1,367마리에 이른다. 1972년 보진재寶晉齋가 펴낸 유고遺稿 제III편에 쓰인 7과 80종 16만 7,456개체 내역은 다음과 같다.

1. 뱀눈나비과 (50,226마리)

(1) 시골처녀 561
(2) 도시처녀 2,722
(3) 재순지옥나비 35
(4) 높은산지옥나비 536
(5) 산지옥나비 2,778
(6) 굴뚝나비 34,235
(7) 알락그늘나비 2,659
(8) 먹그늘나비붙이 180
(9) 부처나비 2,880
(10) 부처사촌 491
(11) 높은산뱀눈나비 23
(12) 큰산뱀눈나비 69
(13) 조선산뱀눈나비 149
(14) 눈많은그늘나비 2,014
(15) 뱀눈그늘나비 894

2. 네발나비과 (39,695마리)

(16) 어리세줄나비 8
(17) 거꾸로여덟팔 199
(18) 북방거꾸로여덟팔나비 229
(19) 높은산표범나비 80
(20) 큰표범나비 1,469
(21) 암끝검은표범나비 714
(22) 왕은점표범나비 8,415
(23) 산은줄표범나비 9
(24) 흑백알락나비 96
(25) 먹그림나비 12
(26) 조선줄나비사촌 11
(27) 제이줄나비 732
(28) 제일줄나비 1,394
(29) 홍줄나비 23
(30) 봄어리표범 1,840
(31) 두줄나비 1,339
(32) 애기세줄나비 5,550
(33) 세줄나비 174
(34) 조선세줄나비 207
(35) 별박이세줄나비 8,334
(36) 청띠신선나비 1,929
(37) 대왕나비 1,664
(38) 작은멋장이 1,949
(39) 큰멋장이 3,318

3. 뿔나비과 (60마리)

(40) 뿔나비 60

4. 부전나비과 (17,692마리)

(41) 대덕산부전나비 21
(42) 물결부전나비 119
(43) 후치령푸른부전 33
(44) 범부전나비 3,458
(45) 암먹주홍부전나비 14
(46) 작은주홍부전나비 2,524
(47) 큰점박이푸른부전 155
(48) 담흑부전나비 3,133
(49) 부전나비 1,983
(50) 함경부전나비 35
(51) 중국부전나비 8
(52) 유럽푸른부전 24
(53) 작은홍띠점박이푸른부전 2,285
(54) 금강석녹색부전 17
(55) 민무늬귤빛부전 26
(56) 금강산귤빛부전 20
(57) 사파이어녹색부전 47
(58) 남방부전 3,742
(59) 금남부전나비 48

5. 흰나비과 (8,460마리)

(60) 갈구리나비 5,949
(61) 대만흰나비 2,511

6. 호랑나비과 (47,116마리)

(62) 청띠제비나비 631
(63) 제비나비 4,098
(64) 남방제비나비 149
(65) 산제비나비 4,182
(66) 산호랑나비 3,021
(67) 호랑나비(범나비) 29,730
(68) 붉은점모시나비 618
(69) 왕붉은점모시나비 730
(70) 모시나비 2,429
(71) 사향제비나비 1,528

7. 팔랑나비과 (4,207마리)

(72) 은점박이알락팔랑 11
(73) 북방알락팔랑 128
(74) 지리산팔랑나비 37
(75) 은줄팔랑나비 69
(76) 왕팔랑나비 769
(77) 유리창떠들썩팔랑 2,417
(78) 수풀떠들썩팔랑 701
(79) 푸른큰수리팔랑나비 62
(80) 혜산진흰점팔랑나비 13

여기서 보면 '한국산 접류의 연구 III'에 쓰인 나비 중 제일 많은 것은 굴뚝나비로 3만 4,235마리가 검사되었으며, 그다음이 호랑나비 2만 9,730마리이고, 제일 적은 것은 어리세줄나비와 중국부전나비로 각각 8마리씩밖에 안 된다. 앞에서 말했듯이 석주명은 '조선산 접류의 연구' I, II와 '한국산 접류의 연구' III을 쓰면서 20만 1,367마리나 측정해 8과 211종의 변이를 밝히고 그 평균치를 알아냈다.

그가 무엇을 어떻게 측정해 어떤 것을 알아냈는지 독자들의 이해를 돕기 위해 굴뚝나비·높은산지옥나비·호랑나비 3종을 측정한 내용을 예로 들어보자.

Eumenis dryas SCOPOLI (굴뚝나비)

1) 앞날개 길이의 변이

앞날개 길이 측정표

mm	22	23	24	25	26	27	28	29	30	31	32	33
♂	1	3	8	30	126	478	1788	3661	**6187**	4854	2495	720
♀	–	–	–	–	3	5	21	51	118	277	706	1312

mm	34	35	36	37	38	39	40	41	계	개체수 총계
♂	144	15	–	–	–	–	–	–	20,520	34,235
♀	2616	**3298**	2694	1791	606	183	32	2	13,715	

굴뚝나비의 앞날개 길이는 표에 나타난 것같이 20,520마리를 측정한 ♂은 30mm, 13,715마리를 측정한 우은 35mm 안팎이며 우이 ♂보다 더 큼을 알 수 있다.

2) 게이드Gaede가 인정한 굴뚝나비에 대한 삼명식三名式의 여러 가지 명칭은 나의 '조선산 굴뚝나비의 변이 연구'(⟨동물학 잡지⟩ 제49권 제11호)를 참조하면 전부가 무의미하다고 밝혀질 것이다.

Erebia ligea LINNÉ (높은산지옥나비)

1) 높은산지옥나비는 개체에 따라서 등색 띠의 대소·농담大小·濃淡, 뱀눈 모양 무늬의 대소·다소大小·多少, 뒷날개 안쪽 흰띠의 광협·장단廣狹·長短, 뒷날개 아래쪽 흰색 점의 뚜렷함 여부에 차이가 있어 마쓰무라 등이 명명한 *E. L. ajanensis* MÉNÉTRIÉS, *E. L. sachaliensis* MATSUMURA, *E. L. takanosis* MATSUMURA 세 학명은 *E. L.* LINNÉ 하나로 하여야겠다.

2) *E. L. meridionalis* GOLTZ, *E. L. alticola* GOLTZ, *E. L. caeca* KOLISKO 등도 평범한 개체변이 범위 안에 드는 것이지 굴뚝나비(*E. L.* LINNÉ)의 아종이 아니다.

3) 뱀눈 모양 무늬의 변이

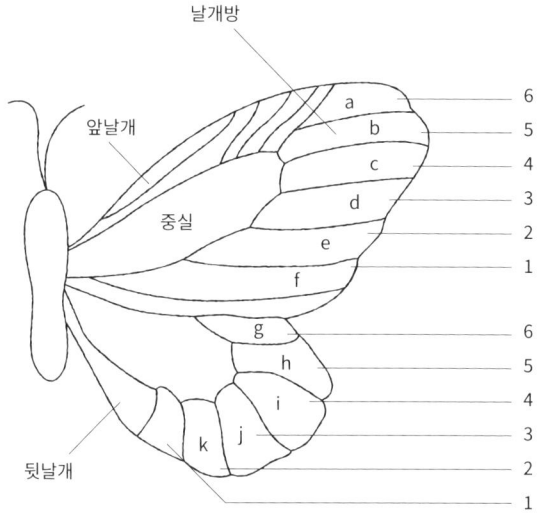

* 나비의 날개는 날개맥(翅脈)에 의해서 많은 날개방(翅室)으로 구분되며, 이방과 맥에는 편의상 일련번호로 된 명칭을 붙인다. 날개 표면의 날개방은 위 그림처럼 a, b, c…로 표시하고 날개 이면의 날개방은 a´, b´, c´…로 표시한다.

―필자 주

다음 페이지 〈표 1〉에 의하면,

① 앞날개 안팎의 b, c, e 세 무늬와 뒷날개 안팎의 i, j, k 세 무늬는 결정적 반문(班紋)임을 알겠다. 즉 모든 높은산지옥나비의 b, c, e, i, j, k에는 다 반문이 나타난다. 단 뒷날개 안쪽(裏面)의 j´ 무늬만은 15형, 22형, 25형에서 보듯이 대단히 드물게 소멸하는 수가 있다.

⟨표 1⟩ 뱀눈 모양 무늬에 의한 분류표

	날개 바깥쪽											날개 안쪽											뱀눈 모양 무늬 수	♂	♀
	a	b	c	d	e	f	g	h	i	j	k	a'	b'	c'	d'	e'	f'	g'	h'	i'	j'	k'			
1	○	○	○	○	○		○	○	○	○		○	○	○	○			○	○	○	○	○	18	–	1
2	○	○	○	○	○		○	○	○			○	○	○	○			○	○	○	○	○	17	3	–
3	○	○	○	○	○		○	○	○	○		○	○		○			○	○	○	○	○	17	1	–
4	○	○	○	○	○		○	○	○	○		○		○				○	○	○	○	○	16	2	–
5	○	○	○	○	○		○	○	○	○		○		○				○	○	○	○		15	–	1
6	○	○	○	○	○		○	○	○	○		○	○	○	○	○		○	○	○	○		18	1	–
7	○	○	○	○	○		○	○	○	○		○	○	○				○	○	○	○	○	17	–	1
8	○	○	○	○	○		○	○	○			○	○					○	○	○	○		14	2	–
9	○	○	○	○	○		○	○	○	○	○	○	○	○				○	○	○	○	○	18	3	1
10	○	○	○	○	○		○	○	○	○		○	○	○				○	○	○	○	○	17	11	3
11	○	○	○	○	○		○	○	○	○		○	○	○				○	○	○	○		**16**	**112**	**29**
12	○	○	○	○	○		○	○	○	○		○	○					○	○	○	○		15	2	–
13	○	○	○	○	○		○	○	○	○		○	○					○	○	○	○	○	16	6	2
14	○	○	○	○	○		○	○	○	○		○	○					○	○	○	○		15	96	7
15	○	○	○	○	○		○	○	○	○		○	○	○				○	○				14	1	–
16	○	○	○	○	○		○	○	○	○		○	○	○				○	○				14	5	2
17	○	○	○	○	○		○	○	○	○		○	○	○				○	○	○	○		16	1	–
18	○	○	○	○	○		○	○	○			○	○	○				○	○	○	○		15	12	7
19	○	○	○	○	○		○	○	○			○	○	○				○	○	○			14	13	11
20	○	○	○	○	○		○	○	○			○	○	○				○	○	○			14	17	4
21	○	○	○	○	○		○	○	○			○	○					○	○	○			13	16	7
22	○	○	○	○			○	○	○			○	○					○	○	○			12	1	–
23	○	○	○				○	○	○	○		○	○	○	○			○	○	○	○		15	1	–
24	○	○	○				○	○	○	○		○	○	○				○	○	○	○		14	38	1
25	○	○	○				○	○	○	○		○	○	○				○	○	○			13	2	–
26	○	○	○				○	○	○	○		○	○	○				○	○	○			13	6	1
27	○	○	○				○	○	○			○	○	○				○	○	○			12	12	1
총계																									364	79
♂·♀계																									443	

② 가장 많은 것은 ♂♀ 똑같이 11형이다.

③ ♂ 364마리는 24개 형(型)으로, ♀ 79마리는 16개 형으로 분류되니 도합 443마리인 높은산지옥나비가 27개 형으로 분류된다.

〈표 2〉 앞서 〈표 1〉의 모양을 변경한 뱀눈 모양 무늬의 수 분류표

뱀눈 무늬 수	12	13	14	15	16	17	18	계	총계
♂의 수	13	24	76	111	**121**	15	4	364	443
♀의 수	1	8	18	15	**31**	4	2	79	

〈표 2〉에 의하면,

① 뱀눈 모양 무늬 수 분포는 ♂♀ 간에 차이를 발견할 수 없다.

② 양쪽 앞뒤 날개의 안팎을 모두 합치면 뱀눈 모양 무늬는 24~36개 인데, 그중 제일 흔한 것이 〈표 2〉에 고딕체로 표시한 숫자(뱀눈 모양 무늬 안팎 16개)로서 〈표 1〉의 11형과 일치한다.

* ②항의 내용을 독자가 알기 쉽도록 그림으로 표시하면 높은산지옥나비의 날개에 나타나는 뱀눈 모양 무늬는 옆의 그림과 같은 것(날개 한쪽에 8개씩 모두 16개)이 가장 많다. – 필자 주

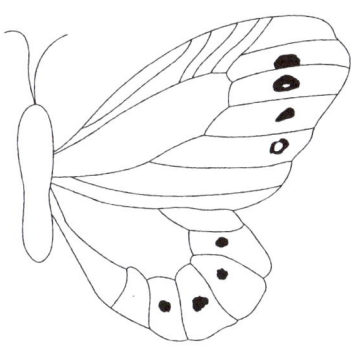

4) 앞날개 길이의 변이

〈표 3〉을 보면 높은산지옥나비의 앞날개 길이는 ♂이 25mm, ♀은 24mm가 가장 많으나 측정표 전체로 보아서는 ♂♀ 간에 크기의 차이를 판정하기가 어렵다.

〈표 3〉 앞날개 길이 측정표

mm	20	21	22	23	24	25	26	27	계	총계
♂의 수	2	3	16	56	142	**163**	61	10	453	536
♀의 수	–	–	3	13	**27**	24	12	4	83	

Papilio xuthus LINNÉ (호랑나비)

1) 호랑나비 뒷날개의 꼬리 모양 돌기는 개체에 따라 상당히 짧고 끝이 뾰족한 것이 있다. 그러나 그 변이는 연속된 것이고 이 경향은 봄형(春型)에서 뚜렷하기 때문에 그러한 것을 이종으로 명명한 *Papilio xuthus xuthulus ab.osakensis* HIROSE라는 명칭도 무의미해진다.

2) 앞날개 길이의 변이

〈표 1〉 **앞날개 길이 측정표**

mm	25~26	27~28	29~30	31~32	33~34	35~36	37~38	39~40	41~42	43~44	45~46	47~48
봄형 ♂	4	5	26	185	645	2253	**3844**	1791	315	26	6	—
봄형 ♀	—	1	5	16	53	338	934	**1583**	1272	410	62	17
여름형 ♂						1	8	16	57	207	525	1328
여름형 ♀						—	—	—	7	18	60	155

mm	49~50	51~52	53~54	55~56	57~58	59~60	61~62	63~64	65~66	계	총계
봄형 ♂										9,099	29,730
봄형 ♀										4,691	
여름형 ♂	2284	**2612**	2079	1254	369	54	6	—	—	10,800	
여름형 ♀	401	694	973	**1124**	938	546	185	37	2	5,140	

〈표 1〉을 보면 봄에 나오는 호랑나비의 앞날개 길이 평균치는 ♂이 37~38mm, ♀이 39~40mm이며, 여름에 나오는 나비의 날개 길이 평균치는 ♂이 51~52mm, ♀이 55~56mm다. 따라서 여름에 우화羽化(번데기가 날개 달린 나비로 변함)하는 호랑나비가 훨씬 크다.

석주명은 그 많은 나비를 한 마리도 소홀히 다루지 않았다. 아무리 병신 나비일지라도 잘 관찰해, 그것이 날 때부터 기형인지 혹은 채집할 때

실수로 상하게 했는지를 잘 판별해서, 날 때부터 잘못된 것만 따로 모아 기형 나비에 대한 논문을 발표한 것도 꽤 많다. 한 예로 그가 호랑나비과에 속하는 기형 나비 11종 53개체를 연구한 '조선산 기형접 집보畸形蝶集報'에서는 ① 모시나비에 기형이 많고 ② 일반적으로 수놈에 기형이 많으며 ③ 기형과 이형異形은 동규 동류同規同類로서 변이성과 관계가 있음을 알아냈다. 이상형 나비가 통계상 1만 개체에 하나 정도 나온다는 것을 감안하면, 이형 나비나 기형 나비만을 다룬 석주명의 수많은 논문은 그였기 때문에 가능한 일이었다고 해도 틀림이 없으리라.

세계가 인정한 식민지 학자

석주명이 국제 무대에 오르게 된 사연은 아주 우연한 일에서 비롯되었다. 그 시절에는 만주의 안동에서 조선의 경성京城(서울)에 오려면 압록강을 건너 신의주에서 경의선을 타고 평양과 개성을 거치게 되어 있었다. 그런데 일본어로는 평양을 헤이조Heijo, 개성을 가이조Kaijo, 경성을 게이조Keijo라고 불렀기 때문에 이따금 '게이조'에서 내릴 사람이 실수로 '가이조'에서 내리는 일이 생겼다.

1930년 늦가을 어느 날, 지질학자이며 앤드루스R. C. Andrews 탐험대원인 미국인 모리스F. K. Morris가 고비사막에서 공룡 화석을 찾고 일행과 떨어져 경성으로 오다가 이런 실수를 저질렀다. 그가 잘못 내렸다고 알게 된 때는 벌써 열차가 역 구내를 빠져나간 뒤였다. 그는 하릴없이 역 근처를 거닐다가 볼거리를 찾아 나섰다. 개성 전도단이 모리스를 안내한 곳은 개성의 명물인 송도고보의 박물관 표본실. 이런 것이 이른바 '운명의 만남'이라는 것인지, 그곳에 있던 원홍구의 조류 표본과 그밖의 포유류 표본들이 모리스의 눈에 번쩍 띄었다.

모리스는 송도고보 교장인 신도애申道愛(미국 이름 L. H. Snyder)에게 미국 박물관들과 표본을 교환하라고 권유했다. 그리하여 1931년부터 송도고보 박물관과 미국의 여러 박물관 사이에 표본 교환이 시작되었고, 1931년 송도고보에 취임한 석주명도 수집하는 나비의 개체 수가 많아지자 표본 교환에 동참하게 되었다. 이 일은 훗날 석주명이 한국산 나비의 국외 분포 지도를 만드는 대작업의 시발점이 되었을 뿐만 아니라, 그의 학문이 국외에 알려지는 결정적인 계기가 되었다.

1933년에는 하버드대학의 비교동물학관 관장인 바버T. Barbour 박사로부터 백두산 채집 여행을 할 재정 지원을 얻었고, 1936년에는 미국 자연사박물관으로부터 제주도산 인시류 채집 여행비를 지원받았다. 그 밖에 뉴욕의 아메리칸 박물관, 워싱턴의 스미스소니언 협회, 다트머스의 윌슨 박물관, 클리블랜드 박물관과 조류 연구 재단, 시카고의 필드 박물관 등 박물관과 학술 단체 여러 군데로부터 연구비를 얻거나 표본을 교환했다. 석주명은 그때부터 돈 걱정을 덜고 본격적인 채집 여행을 할 수 있게 됨은 물론 조수들을 이곳저곳에 파견할 수도 있게 되었다. 만약 이런 행운이 찾아오지 않았더라면 그가 그처럼 짧은 시일에 뛰어난 학문 성과를 이룰 수는 없었으리라.

그때 석주명은 교원 봉급 외에 평양에서 부쳐 오는 돈까지 나비 연구에 충당했지만, 자신과 조수들의 채집 여행을 비롯한 엄청난 표본 관리 비용 및 연구 비용을 대기에 몹시 힘겨운 상태였다. 그는 연구비를 지원받는 대가로 조선산 나비 표본과 연구 결과를 각 박물관에 보내 주었고, 클리블랜드 조류 연구 재단에는 새들을 시장에서 수집해 반半 박제 상태로 보내 주기도 하였다. 이러한 일에는 특히 그의 조수 장재순이 조류 박제 전문가인 데다가 나비 표본까지 곧잘 만들어서 도움이 많이 되었다. 간혹 그 무렵에 석주명이 원홍구의 조류 표본들을 빼내어 외국에 팔았다고 말하는 사람이 있었는데, 이것은 그러한 사실이 잘못 전해진 탓이다. 날개가 활짝 펴진 채로 박제된 솔개나 독수리의 완제품 표본을 포장해서 몰래 배편으로 미국에 보내기란 매우 어려운 시절이었기 때문이다.

어쨌든 석주명은 신바람이 절로 났다. 호랑이에게 날개가 돋친 격이었고, 용이 비를 만난 형상이었다. 나비에 관한 그의 논문은 대부분이 광복 이전에 발표되었는데(1945년 이후에는 나비 관계 논문이 4편밖에 없다), 광복 이후 외국 재단들의 재정 지원이 중단된 것과 아주 무관하지는 않은 듯하다(물론 가장 큰 이유는 그가 '변이 연구'와 '한국산 나비 분류'를 일단락 짓고 '분포 지도' 쪽에 온 힘을 기울였기 때문이다). 당시 박물관에서 보내온 편지를 보자.

> 나비는 조금도 훼손되지 않고 매우 훌륭한 상태로 도착했습니다. 산지産地를 나타내는 스케치 지도는 훌륭한 아이디어입니다. 우리는 표본을 다루는 데 보여 준 귀하의 조심성과 치밀함을 높이 평가합니다.
> — 하버드 비교동물학관 마슨 베이츠 Dr. Marson Bates

> 조선으로부터 나비 상자가 무사히 도착했습니다. 채집 날짜와 산지가 정확하게 기록되어 있는 데다 지도까지 그려 보내 주셔서 많은 도움이 되었습니다.
> — 아메리칸 박물관 프랭크 왓슨 Mr. Frank E. Watson

> 방금 조선으로부터 아름다운 나비 표본들이 완벽한 상태로 도착했습니다. 이것은 오래도록 우리 박물관의 가장 훌륭한 컬렉션으로 자랑거리가 될 것입니다.
> — 프린스턴 박물관 차스 로저스 Chas. H. Rogers

물론 외국 재단의 도움 말고도 석주명은 봉급과 형님의 도움 그리고 국고 연구비 등 할 수 있는 모든 수입원을 총동원해 연구 비용으로 썼다. 1938년 11월 19일자 조선일보 조간 2면에 난 기사를 보자(당시 신문 기사를 현재 문법에 맞게 고치지 않고 그대로 싣고, 한자 위의 작은 한글은 필자가 달았음. - 필자 주).

나비 學^학者^자 石^석宙^주明^명氏^씨
日^일本^본學^학術^술振^진興^흥會^회에 論^논文^문이 通^통過^과되여
國^국庫^고에서 硏^연究^구費^비支^지給^급을 決^결定^정

【開城】현재 개성송도중학교(松都中學校)에서 교편을 잡고 잇는 석주명(石宙明)씨는 한달에 한번 머리깍는 외에 별로 세상박글 나서는 일이 업시 오직 동교 박물연구실에 파무처 조선산 『나븨』의 분포상태를 연구하는 독실한 곤충학자인데 씨는 일즉이 동경제대(東京帝大) 동물학회 기관지를 비롯하야 각종 과학연구 잡지에 백오십편이란 거량의 론문을 발표한바 잇섯고 또는 작년 오월경에는 영국왕닙협회(王立協會)의 청탁을 바더 아세아지부회보(亞世亞支部會報)란 권위잇는 기관지에 조선산접류(朝鮮産蝶類)에 관한 특별론문을 집필한 사실도 잇서 과학조선의 세계적진출과 함께 곤충학게의 큰 파문을 일으킨바 잇섯다 그런데 이번 씨는 다시 조선산나비의 변이(變異)와 분포(分布) 상태에 대한 체계잇는 연구론문 삼편을 작성해가지고 일본학술진흥회(日本學術振興會)에 제출 통과되엿다 한다 이 심의회를 통과한다함은 권위잇는 곤충학자로 나라에서 인정함을 의미하는 것으로 금후 씨에게는 국고에서 매년 연구비용을 보조하기로 된것이라 한다

이에 대하야 석주명씨는 아프로 더욱 정진하겟노라고 기쁘게 말하엿다 (사진은 석주명씨) (글 중에 '150편의 론문을 발표했다'고 한 것은 50여 편을 잘못

보도한 것으로 보임.—필자 주)

1938년, 석주명에게 또다시 행운이 찾아왔다. 이미 국제적으로 이름이 알려지고 있던 그에게 송도학교 교장 신도애 박사의 주선으로 영국 왕립 아시아학회가 조선산 나비 총목록을 만들어 달라고 의뢰했다. 그는 학교를 쉬고 넉 달 동안 동경제국대학의 동물학회 도서관에 틀어박혀 일에 몰두했다. 조선산 나비에 관한 책 300여 권과 논문 193편을 모두 뒤지고, 석 주일 동안 숱한 학자들과 토론하는 등 침식을 잊고 눈병을 앓을 정도로 매달린 끝에 마침내 1939년 3월 원고를 탈고했다. 10년 연구를 총결산하고 그를 세계적인 학자로 끌어올린 《조선산 접류 총목록 A Synonymic List of Butterflies of Korea》은 그렇게 탄생했다.

그러나 석주명이 왕립 아시아학회로부터 청탁을 받고서 한국산 나비를 총정리하는 작업을 처음 시작한 것은 아니다. 그는 10여 년간 개체변이 문제를 중점적으로 파고들어 숱한 '동종이명'을 말소하면서 벌써부터 조선산 나비 목록을 확정하겠다고 계획했다. 그 첫 시도가 1937년 왕립 아시아학회의 청탁을 받아 쓴 논문인데, 이 글은 청탁자의 요청에 따라 발표되지 않고, 더욱 보충되어 후에 《조선산 접류 총목록》의 모체가 되었다. 1937년 3월 27일자 조선일보 석간 2면 상자 기사를 보면 그러한 과정을 잘 알 수 있다(당시 신문 기사를 현재 문법에 맞게 고치지 않고 그대로 싣고, 한자 위의 작은 한글을 필자가 달았음.—필자 주).

> 科學朝鮮에 朗報
> (과학조선) (낭보)

英國王立協會機關紙에 朝鮮産蝶類紹介
(영국왕립협회기관지) (조선산접류소개)
昆蟲學者…開成의 石宙明氏 方今 發表論文을 執筆中
(곤충학자) (개성) (석주명씨방금발표논문) (집필중)

【開城】현재 개성송도고등보통학교(松都高等普通學校)에 교편을 잡고잇는 석주명(石宙明)(三○)씨는 영국왕립협회(王立協會)의 청탁을 바더, 아세아지부회보(亞世亞支部會報)란 기관지에 조선산접류(朝鮮産蝶類)에 관한 거량의 특별 론문을(사륙배판 약 백오십페-지) 집필키로 되엿다 한다 탈고(脫稿) 기일은 오월 말일내-이 때문에 방금 침식을 일코 씨는 집필연구하기에 골몰중에 잇다하니 조선 자연과학의 세계적진출도 정히 이때인가 한다 따라 새벽하늘에 별가티 드문 우리 조선곤충학자중 석씨의 이번 혜성적 출현은 결코 우연한 일이 아니다 여기에 씨의 거러온 경로를 간단하나마 소개해 보자.

— ☆ —

씨가 지금 전공으로 연구하는 것은 조선산 "나븨"들의 변이급분류(變異及分類)와 그 분포상태를 전문연구중인데 이를 연구하게 된 동기는 일천구백이십육년 즉 지금부터 약 십 년 전으로 영국 뻐틀러씨의 발표한 단편적 연구가 그 단서로 되여잇다 한다 그런데 이 변이란 것은 가튼 종류의 나븨도 개체에 따라 다른점을 분리시켜 연구하는 것으로 씨가 일본내지 각 과학연구잡지 지상에 발표한 론문은 수십편에 달한다 하니 얼마나 성실돈독(誠實敦篤)한 연구가임을 알수잇다 그중 중요한 론문은 역시 조선산접류 연구인바 이것은 동경제대(東京帝大) 동물학교실에 잇는 『동물학회』 잡지와 구주제대(九州帝大) 동물학교실에 있는 접류동호회(蝶類同好會) 기관지 등에 발표하얏다 한다

— ☆ —

　이런 변이상태에 대한 연구는 일즉이 세계 어느 과학자도 아직 체게잇는 연구론문을 세상에 내여논 일이 업다 하니 이번 씨의 소개론문은 곤충과학계에 큰 파문을 이르키리라고 예측된다 끗흐로 기자는 한달에 한번 머리깍그러 세상박을 나단니는 외에 연구실 문을 떠난 일이 업다는 씨의 말을 듯고 그 학구적 생활에 고심참담한 경로를 물으니 다음과가티 말한다

— ☆ —

　내 아즉 어린 년배로써 고심담이랄 것이 무엇 잇겟습닛가마는 첫재 이 방면에 연구가 되려면 자유로운 시간과 윤택한 경비의 필요성을 절실히 늣깁니다 더욱이 이 자연과학게는 예술연구와도 달러 천재적 재질보다 꾸준한 정진 로력이 성공의 모(母)가 된다고 밋습니다 즉 다시 말하면 정진 로력과 경제적 여유 시간의 자유 - 이 세 가지 조건이 삼위일체(三位一體)로 구비되여야 될줄 압니다 그런데 나는 다행이 집안 형님이 극력 후원해 주시고 학교의 여러 선배들이 편달해 주심을 고맙게 생각하고 잇습니다
(사진은 석주명씨)

　《조선산 접류 총목록》은 한국산 나비를 연구하려는 사람이라면 반드시 갖추어야 할 고전이요 교과서다. 이 책은 영문으로 쓰인 국판 430페이지 역작이다. 당시로서는 좀체 보기 힘든 컬러 나비 사진들이 두 페이지나 아트지에 인쇄되고 본문은 고급 모조지를 썼는데, 일본의 인쇄술로는 여의치 못하여 뉴욕에서 인쇄해 왕립 아시아학회 한국지부 이름으로 조선기독교서회가 발행했다. 이처럼 제작 과정이 까다로워 1939년 탈고된 원고가 1940년에야 출판되었는데, 판권에는 경성 YMCA에서 인쇄했다고 되어 있다.

　장정 또한 청회색 천에 금박으로 제목을 입힌 호화 양장본이어서, 책

값도 한국과 일본이 10원圓, 유럽 1파운드, 미국 5달러라는 비싼 값이었다. 원고를 쓰는 데 사용한 타자기를 황소 판 돈으로 샀음은 이미 말한 바 있지만, 아무튼 원고 집필에서부터 인쇄·제본·판매에 이르기까지 최고 수준으로 장안의 화제를 모은 역저였다.

500부 한정판으로 발행해 300부는 국내와 일본에, 200부는 유럽과 미국에 팔았다. 이 책 출판을 맡았던 왕립 아시아학회 조선지부장 언더우드H. H. Underwood가 각국 박물관에 보낸 판촉 DM을 보자.

00 박물관 귀중
참조: 박물관장

이것은 귀 박물관이 입수하고 싶어 하실 석주명의 《조선산 나비 총목록》에 대한 출판 안내장입니다. 동봉한 이 책의 본문 견본을 보십시오. 귀하께서는 350페이지가 넘는 본문이 단순한 '조선산 나비 목록' 이상의 것임을 아실 수 있을 것입니다. 이 책에 대한 동경제국대학 동물학 교수 다나카씨의 평은 이렇습니다.

"이 책은 조선산 나비의 완벽한 상황을 보여 줄 뿐만 아니라 인접한 만주, 중국, 일본 나비들과의 관계를 확인할 수 있는 중요한 자료를 제공할 것입니다."

가고시마 농림대학 곤충학 명예교수 오카지마 씨는 또 이렇게 말했습니다.

"석주명 씨는 10년 간의 꾸준한 작업을 통해 거의 모든 관련 문헌을 섭렵하고, 수십만 개체의 조선 나비를 채집·조사하여 자료를 수집했습니다. 이 책이 학자들에게 많은 도움이 된다는 것은 그의 정확성과 치밀함에 의해 곧 증명될 것입니다. 저는 이 분야의 저작물 중에서 가장 가치 있는 책으로 이것을 추천합니다."

석주명 씨의 10년 간에 걸친 표본 수집에는 미국의 박물관들(하버드 비교동물학관, 시카고 필드박물관, 다트머스·프린스턴·캘리포니아 대학 등)의 도움이 컸는데, 이 중 일부는 조선의 여러 지역 채집 여행에 재정적인 협조를 하기도 했습니다.

이 안내장은 한정된 수의 박물관에만 보냈습니다. 이 책 출판 작업은 왕립 아시아학회 한국지부의 지도 아래 이루어졌으며 아주 적은 부수를 인쇄했습니다. 귀 박물관이 주문서를 보내는 즉시 1권씩 예약 접수해 4월 중순까지 보내 드리겠습니다. 주문서와 주소가 적힌 봉투를 동봉합니다.

1940. 3. 5

왕립 아시아학회 조선지부장 언더우드 올림

《조선산 접류 총목록》은 조선산 나비 255종에 대하여 각 종류마다 연구사와 학명, 변천 등을 밝히고, 특히 그때까지 발표된 조선산 나비 관련 논문 전부와 저술 300여 권에서 학자들마다 제멋대로 기재한 동종이명synonym 학명들을 총정리해 조선산 나비의 목록을 최종 확정한 책이다. 앞에서 말했듯이 마쓰무라를 비롯해 공명심에 사로잡힌 학자들이 마구잡이로 발표한 신종 발견 논문에는 가치가 없는 것들이 너무나 많았다. 이른바 고전 과학으로서 박물학 시대의 분류학이 범한 오류들이, 현대 과학으로서 생물학 시대의 분류학 기초에 많은 문제점을 던졌는데, 오늘날의 수치분류학 방법을 사용한 석주명에 의해 이러한 병폐가 말끔히 사라졌다.

석주명은 이 책에서 조선산 나비를 255종으로 최종 분류했는데, 많은 학명이 수정·말살되었으며 그가 발견한 신아종이나 조선산 미기록종들이 추가되었다(뒷날 개정판에서는 238종으로 분류했고, 유고인《한국산 접류 분포도》에서는 252종으로 최종 분류했다). 물론 오늘날에는 한국산 나비가 251

종으로 분류되고 더러 고쳐진 학명도 있지만, 그가 타계한 뒤 지금까지의 연구는 모두가 이 책에 바탕을 두고 이루어진 것이며, 한국산 나비에 관해 지금까지 발표된 어떤 논문도 반드시 이 책을 기본 텍스트로 삼는다.

1940년, 이 책이 출간되자 석주명은 나비 연구 분야에 끼친 획기적인 공로를 인정받아 세계에 30여 명밖에 안 되는 만국인시류학회 정회원이 되는 영광을 얻었다. 조선의 중학 교사는 명실공히 세계적인 대학자로 올라섰다.

오늘날에는 나날이 발전하는 대한민국의 국력을 업고 세계에 이름을 떨치는 한국인들이 여러 분야에 있지만, 민족사의 암흑기인 일제 치하에서 이처럼 한국인의 이름으로 국제적인 명사가 된 경우를 달리 찾아볼 수 없다(뒤의 얘기지만, 한국전쟁이 일어나기 전 국립과학관 시절 석주명은 내심 노벨상 생리학상 부문을 겨냥해 연구했다. 그는 '변이' 문제를 유전학에까지 연계해 발전시키려는 야심을 품었다).

석주명에게는 사후인 1964년 정부가 건국공로훈장을 추서했다. 1970년에는 동아일보사가 각계 인사에게 의뢰해 선정한 '한국 근대 인물 100인'에 석주명이 과학 분야 공로자로 뽑혔다. 그의 학문 업적을 돌이켜 볼 때 지극히 당연한 일이라고 생각된다.

《조선산 접류 총목록》에 실린 다나카와 오카지마의 서문 내용은 언더우드가 쓴 DM에 요약되어 있으므로 생략하고, 에자키 교수가 쓴 후기를 인용함으로써 이 책에 대한 평을 일단락 짓고자 한다.

최근 십 몇 년 간에 걸쳐 이루어진 나비 분류학에 관한 연구의 진전은 실로 엄청난 것이어서, 다른 동물군에 관한 연구와 완전히 분리될 정도에 이르렀다. 따라서 최신 학문을 섭렵해야 하는 나비 연구가나 아마추어들

에게는 더욱 많은 어려움이 뒤따르게 되었다. 종種은 때로는 무척 많은 아종과 변종들로 나뉘므로, 전문가들조차 가장 평범해 보이는 한 마리 나비가 어떤 종에 속하는지 알아맞히기 어렵다. 이것은 물론 지식이 발달해 감에 따른 당연한 결과이기는 하지만, 한편으로는 과학에 공헌하기보다는 오히려 많은 혼란을 야기한 수많은 연구 업적(?) 때문이기도 하다. 이런 형편 때문에 어느 일정 지역 내에 분포하는 나비들에 관한 완전한 목록을 만들기란, 저자가 실제로 그 동물군을 모두 접하고 그에 관한 참고문헌을 깊이 이해하지 않고는 불가능하다.

석주명에 의해 이룩된 이 《조선산 접류 총목록》은 지금까지 이 분야에서 이룩된 어떤 저작물보다 이해하기 쉽고 누구에게나 추천할 만한 책이다. 저자는 지난 10여 년간에 쏟은 지칠 줄 모르는 노력에 대해 높은 찬사와 평가를 받아 마땅하다. 그는 자신이 직접 반도의 남쪽 끝에서 북쪽 끝까지, 그리고 거기에 딸린 대부분의 섬들에 이르기까지 전 국토를 몇 번씩 답사하여 표본을 채집했으니, 지금까지의 어느 나비 연구가보다도 가장 뛰어난 인물이라 하겠다.

조선산 나비의 변이와 분포에 관한 석주명의 연구는 극동 지역 나비 연구가들에게 높이 평가되고 있다. 비록 몇몇 종에 대한 연구 결과에서는 서로의 의견이 일치된 상태가 아니지만, 참으로 많은 시간과 고통을 감내하며 이룩한 이 유례 없이 완벽한 목록에 대해서는 누구나 높이 인정하지 않을 수 없을 것이다.

이 책의 놀랍고도 반가운 출현은, 점차 늘고 있는 조선 나비 연구가는 물론 곤충학도나 동물·지리 학도들에게도 매우 유용한 책이 되리라고 확신한다.

1939. 5. 20. 후쿠오카에서
규슈제국대학 곤충학과 에자키 데이조

취재 뒷이야기
(석주명 탄생 103주년 기념 학술대회 기조발표문 중 '석주명 취재 뒷이야기'에서 발췌)

《조선산 접류 총목록》은 전시·보관용인가

필자가 석주선에게 갖는 섭섭한 마음은 또 있다. 그녀는 《A Synonymic List of Butterflies of Korea》를 두 권 가지고 있었는데, 그중 한 권을 필자에게 주겠다고 한 약속을 끝내 지키지 않았다. 세상에! 자기가 가장 자랑스럽게 생각하던 오빠의 생애와 학문을 후세에 전하는 일을 했고, 앞으로도 계속할 사람에게 여분이 있는 책조차 주지 않다니.

석윤희도 이 책을 가지고 있다. 필자는 1998년 4월 석윤희 부부와 충무로에서 함께 식사하면서 간절한 바람을 담아 '석주선 씨가 그 책을 주겠다고 한 약속을 지키지 않았는데, 내게는 그 책이 참 필요하다'고 얘기한 적이 있다. 2009년 과천국립과학관 포럼에서 만났을 때 석윤희가 뜬금없이 '그때 그 말을 기억한다'고 먼저 말하기에 필자가 더 놀랐다. 그녀는 어떻게 하겠다는 말은 없었다. 필자가 책을 빌려 달라고 정식으로 청했지만 답은 얻지 못했다.

필자는 이 책을 석주선에게 빌려 사진을 찍고 돌려주었다. 며칠 가지고 있었는데 돌려 달라고 재촉해 충분히 살펴보지 못했다. 다른 사람은 더할 것이다. 책이나 세미나에서 석주명에 관한 글을 발표한 사람들 중에 이 책의 실물을 본 사람이 몇이나 될까. 이것이 석주명 연구의 현주소이다. 석주명의 혈육에게 남겨진 세 권. 이 땅의 석주명 연구가 중 과연 누가 이 책을 옆에 두고 석주명을 연구하는 복을 누릴지 두고 볼 일이다.

《A Synonymic List of Butterflies of Korea》(조선산 접류 총목록). 이 책은 석주명을 연구하는 사람이라면 당연히 닳도록 보아야 할 책이지만, 일반에게도 꼭 실물을 보여 주며 영문 제목과 한글 제목이 반대인 이유를 설명할 필요가 있다. 필자가 두어 번 TV 방송의 출연 요청을 거절한 것도 시청자에게 보여 줄 '그림'이 없었기 때문이다. 이 책의 영문 제목은 '조선산 접류의 동종이명同種異名 목록', 즉 '가짜 조선산 접류 목록'이라는 뜻이다. 그런데 석주명은 이 책을 우리말로 표기할 때 언제나 정반대인 《조선산 접류 총목록》이라고 썼다. 그뿐만 아니라 '조선산 접류 총목록'이라고 했으니 석주명이 이 책에서 확정했다는 한국 나비 255종의 목록이라고 생각하기 쉬운데 책에는 1000종이 넘는 학명이 나열되어 있다. 사람들을 헷갈리게 하는 이 두 가지가 바로 석주명의 진면목을 확연히 드러내는 포인트이다.

《A Synonymic List of Butterflies of Korea》는 동종이명同種異名·synonym이 생겨난 원인과 변이곡선 이론을 설명한 책이 아니다. 변이곡선 이론의 최종 목표는 가짜(동종이명)를 없애고 진짜를 내세우는 데 있다. 그래서 그동안 외국 학자들이 조선산 나비라고 발표한, 1000종이 넘는 가짜 목록을 전부 실었다. 그 때문에 영문 제목이 '조선산 접류의 동종이명 목록'이 되었다. 말하자면 ① 세계 동물학계를 향해 그동안 외국 학자들이 명명규약을 얼마나 많이 잘못 적용해 왔는지를 엄중히 지적하는 뜻을 담은 제목이다. 석주명은 이 책에서 나비 한 종 한 종마다 진짜 조선산 나비인지 가짜(동종이명)인지를 밝혔다. 그러므로 ② 가짜와 진짜를 밝혀 구분한 목록, 즉 진짜 조선산 나비가 몇 종인지 확정한 '조선산 접류 총목록'이다. ①과 ②를 합치면, 외국 학자들이 잘못 분류한 조선산 나비를 개체변이 이론에 따라 정리해 진짜를 확정한 목록이라는 뜻이니 과연 《조선산 접류 총목록》이 아니고 무엇이랴. 그것은 조선 나비의 종種을 확정하는 대작업이 마침내 이루어졌음을 조선과 일본에 고한 선언이다.

분류 지리학을 개척하다

개체 변이 범위를 규명해 '분류' 문제를 어느 정도 해결한 석주명은 1940년 무렵부터 그의 연구 주제를 '분포' 쪽으로 넓혔다. 1939년 '조선산 봄처녀나비의 변이 연구'를 발표할 때부터 변이를 다룬 논문 뒤에 분포 지도를 덧붙이기 시작한 그는, 1940년《조선산 접류 총목록》을 발간한 이후 본격적으로 분포 연구에 치중했다. 변이를 연구한 논문도 1940년을 고비로 크게 줄었다. 1941년 세 편, 1942년 한 편, 1947년 한 편을 발표했을 뿐이다. 그의 곤충 연구가 이때부터 형질에 치중하는 분류학에서 벗어나 "한국 나비의 유연類緣 관계와 분포 상태를 계통 세우는 일, 즉 지역을 통해서 땅과 나비의 관계를 아는 것과, 나비의 분포와 활약을 알아내는 것"(광복 후 주간서울과의 인터뷰에서)을 과업으로 삼았음을 알 수 있다.

분포 연구가 위에 말한 목표를 달성하기 전에 석주명은 세상을 떠났지만, 유연 관계를 밝히고 계통을 세우기 위한 분포 지도 만들기는 다행히 끝을 보았다. 맨 앞에서 소개했듯이, 누이동생 석주선이 한국전쟁 피난 시절 배낭에 넣고 다니다가 1973년에 발간한《한국산 접류 분포도 The Distribution Maps of Butterflies in Korea》는, 한국 나비 252종이 분포하는 지역을 종마다 각각 한국 지도와 세계 지도 한 장씩에 붉은 점으로 표시한 지도 504장으로 편집되어 있다. 변이 연구 10년에 걸친 자료 축적과, 발길이 미치지 않은 곳이 없다고 할 만큼 전 국토를 답사한 채집 여행이 낳은 결과였다. 생물지리학 분야에서 세계적 걸작으로 꼽히는 이 책은, 한반도의 복잡하고 험한 지형과 여러 가지 기후에서 생겨난 다양한 접상 蝶相(한 지역에 발생하는 나비 종류)을 단시일에 규명해 분포 한계선을 곁들인 지도를 만들었다는 점에서 대단한 성과라고 하겠다.

그것을 가능하게 한 원동력은 무엇이었을까? 그것은 첫째도, 둘째도, 셋째도 석주명의 학구열이었다. 학문을 연구하는 그의 열정은 '열심'이라는 말로는 충분히 표현했다고 할 수 없다. 그는 늘 주위 사람들에게 '토막 시간'을 활용하라고 입버릇처럼 말했으며, 그 자신도 주어진 시간을 빈틈없이 활용하는 습성을 몸에 지녔다.

정말로 산 공부를 하려면 시간을 아껴야 한다. 부스러기 시간, 토막 시간을 활용하지 못하면 공부는 하나마나다.

이것이 그의 지론이었다. 그는 아무리 짧은 시간이라도 낭비하는 법이 없었다. 아주 가까운 친구가 찾아와도 10분 이상 시간을 낸 일이 별로 없었다. 1950년 무렵 그에게서 에스페란토를 배우던 대학생들은, 미리 약속을 하고 찾아갔는데도 10분쯤 얘기하다가는 "그럼 자네들끼리 놀다 가게" 하며 서재로 가 버리는 그의 태도에 야박함과 존경심을 아울러 느꼈다고 말한다.

석주명은 평생 오전 2시 전에 잠자리에 든 일이 없는 사람이다. 결혼을 하고서도 그는 집에 있는 시간을 자기 서재에서 보내기 위한 수단으로, 방문을 안에서 걸어 잠그고 안방과 연결되는 벨을 달아 놓았다. 이

벨은 그가 용무가 있어 무엇을 요구할 때에만 쓰이는 일방통행 수단이었다. 이를테면 물을 달라는 벨을 울리면 부인이 물그릇을 방문 앞에 가져다 놓고, 그가 방문을 열고 그것을 들여다가 마신 후 방문 밖에 내놓는 식으로 철두철미했다. 툭하면 식사 시간을 잊고 연구에 몰두하는 그를 부인은 절대 재촉해서는 안 되었다. 그저 조용히 방문 밖에 밥상을 차려다 놓으면 석주명은 하던 일이 일단락되고 시장기를 느꼈을 때 비로소 밥상을 안으로 들여다가 혼자 먹었다. 이처럼 식구와 함께 보내는 시간마저도 아까워하리만큼 지독한 학구열이었다.

광복 후 국립과학박물관 시절에도 그는 점심 먹는 시간을 따로 내기가 아까워 길을 걸으며 땅콩을 먹는 일이 많았다. 한국전쟁 때 일이다. 9·28 서울 수복 전인 1950년 7월 중순에 그의 에스페란토 제자인 이계순(전 정무2장관)이 석주명의 안부가 궁금해 상도동에서 한강 부교浮橋를 건너 동대문 옆 석주일 집에 찾아갔다. 석주명은 타자기 소리가 밖으로 새어 나가면 무전기 치는 소리로 들릴까 봐 무더운 여름에도 담요로 커튼을 치고 타자를 치고 있었다. 이계순은 원고지를 수북이 쌓아 놓은 석주명이 자기를 보자 "이럴 때일수록 더 시간을 아껴 열심히 공부하고 글 써야 해" 하더라고 회고했다. 그의 철저하다 못해 독한 시간관념을 이렇게 몇 가지 예를 드는 외에는 달리 표현할 방법이 없다. 김병철 교수의 회고담 하나를 더 보자.

그때가 아마 5월이었던 것 같다. 어느 날 어머님이 풋김치를 담그시고는 "병철아. 너 숙부님 댁에 좀 갖다 드리고 오련?" 하며 항아리를 주셨다. 우리 집은 학교 근처에 있었는데 숙부님 댁은 학교 박물관 앞을 지나가는 것이 지름길이었다. 나는 컴컴한 곳을 지나기가 좀 무서웠지만 그 길을 택하기로 했다. 밤 9시경이었다. 박물관 앞은 큰 느티나무들이 우거져 꼭 도

깨비가 나올 것 같이 인적이 두절되고 으쓱할 정도로 고요한 곳이었다. 나는 걸음을 재촉하여 그 앞을 지나다 나도 몰래 흘깃 석 선생님의 연구실 쪽을 바라보았다. 보라! 암흑 속에서 그 방만이 아련하게 불이 켜져 있고, 가운을 입은 더부룩한 머리의 석 선생님이 선 채로 약간 허리를 구부리고 무엇을 하시는 모습이 보이지 않는가! 어린 나는 가슴이 뭉클해짐을 느끼며 무서움도 잊어버리고 돌처럼 그 자리에 우뚝 서 버렸다. 혈관 속에서 피가 부글부글 끓는 것만 같았다. 풋김치 항아리가 무거운 것도 잊고 있었다.

불 꺼진 겨울에도 그는 밤늦게까지 연구했다. 스팀 난방 시설이 되어 있던 송도고보였지만 어느 한 사람을 위해 난방을 해 줄 처지는 못 되었기 때문에 그는 혹한에도 불기 하나 없는 연구실에서 지내야만 했다. 석주명은 어느 때 "나는 단 한 줄의 논문을 쓰기 위해 나비 3만 마리를 만졌다"라고 술회한 적이 있는데, 얼어붙는 듯한 연구실에서 나비 3만 마리의 날개를 자로 재어 가며 연구한 그의 집념에는 저절로 머리가 숙여질 뿐이다. 도대체 연구할 일이 얼마나 많았기에 그 많은 날을 그렇게 연구실에서만 보내야 했을까. 왜 조수들마저도 다 퇴근한 방에 홀로 남았다가 제일 늦게 밤이 깊어서야 퇴근했을까?

석주명이 가능한 한 많은 나비를 채집해 연구하면서 세운 원칙은, 같은 종 나비들을 암컷과 수컷별로 한 마리 한 마리 앞날개와 뒷날개에 나타난 무늬의 숫자를 세고, 크기와 모양을 비교하거나 앞날개의 길이를 일일이 자로 측정하는 일이었다. 생각만 해도 아찔할 만큼 엄청난 작업이었다. 평생 75만 개체에 달하는 나비를 이런 방법으로 연구했다고 하니, 전율을 느낄 정도다.

석주명의 송도고보 제자인 우리나라 생물학계의 원로 학자 김○민 씨는 필자에게 "그까짓 것 자로 날개 길이를 재는 일은 초등학생도 할 수 있지 않겠느냐. 일천 여든 세 개체만 있으면 생물 측정학상 완벽한 통계를 낼 수 있는데 공연히 시간과 노력을 낭비했을 뿐이다"라고 비웃는 태도를 보였다. 그러나 1,083마리를 측정한다는 것은 편의상의 숫자이지 결코 완벽한 연구 결과를 보장하는 것이 아님은 석주명 같은 학자들의 연구 방법에 의해 오래전에 입증되었다.

석주명은 당시의 비과학적이고 통계를 무시한 학문 풍토에서 아무도 생각하지 못한 고지식한 방법으로, 그러나 가장 과학적인 통계를 이용해 진실을 밝혀냈다. 그뿐만 아니라 그는 그러한 방법을 통해서 뜻밖에도 변이곡선 이론을 발견했고, 그것을 이용해 숱한 동종이명을 찾아내 말소하는 업적을 남겼다. 앞서도 설명했지만, 이 이론은 오늘날까지 생물 분류학의 기초 이론으로 되어 있다. 석주명이 1만 마리가 넘게 개체를 실험하지 않았더라면 여태까지 아무도 알아내지 못했을 수도 있는 이론이다.

과연 석주명이 말한 대로 '누구의 지도도 받음이 없이 홀로 원시적 방법으로 연구한 것이 사실은 가장 과학적이고 합리적인 방법'이었다. 많은 개체의 평균치를 그 종의 전형으로 삼자는 그의 태도는, 그가 살았을 당시에 이미 그를 국제적인 나비 연구의 권위자로 만들었고, 다른 분야의 학자들로부터도 폭넓은 지지를 얻었으며, 지금은 이미 상식이 되었다. 에자키 박사말고도 그때 석주명을 지지한 대표적인 학자는, 40여 년간 일본 어류를 연구한 동경제국대학 다나카田中茂穗 교수, 서류鼠類 연구의 권위인 대북臺北제국대학 아오키靑木文一郎 교수, 경도京都제국대학 도쿠다德田御稔 교수이다.

여기서 독자들은 한 가지 점에 의문을 품으리라. 나비도 생물이므로 자꾸만 자랄 것이고 따라서 날개도 점점 커질 터인데 날개의 길이를 재어 통계를 내는 일은 애초부터 말이 안 되지 않는가.

여기에 대한 해답은 이렇다. 날아다니는 나비는 그 이상 크지 않는다. 즉 같은 호랑나비 중에 A는 크고 B는 좀 작더라도 B는 A만큼 더 자라지 않는다. 일단 번데기에서 날개 달린 성충成蟲(나비)으로 변하면 죽을 때까지 그 크기를 그대로 유지한다. 마치 사람의 키가 어른이 된 다음에는 더 크지 않음과 같다. 다시 말하면, 날아다니는 나비는 어른이고 기어다니는 유충幼蟲(애벌레)은 어린이에 해당한다.

200만을 넘으리라고 추산되는 세계 곤충 중에서 인시류鱗翅類(날개에 비늘 가루가 있는 무리)로 불리는 나방과 나비는 두 번째로 많으며, 우리나라에서도 세 번째로 많은 곤충 종류이다. 인시류는 매미나 여치처럼 울 줄 모르며, 딱정벌레처럼 질긴 날개를 갖지도 않았다. 메뚜기처럼 뛰지도 못하며 벌처럼 쏠 줄도 모른다. 다만, 꽃이나 나무에서 꿀이나 진물을 빨아먹기 좋은 용수철 모양 긴 주둥이가 있다는 것과, 날개에 아름다운 날개 가루鱗粉가 있다는 것이 특징이다.

인시류에 속하는 나비와 나방 두 무리가 본질적으로 다른 것은 없다. 대개 밤에 활동하고 불빛에 모여들어 앉을 때 날개를 펴고 앉는 습성을 가진 것을 나방, 낮에 활동하고 날개를 접으며 앉는 것을 나비로 구분한다. 또 나비는 몸통이 나방보다 가늘며, 나방의 촉각이 실 또는 빗 모양인 데 견주어 나비는 곤봉 모양을 한 것 따위로 대충 구별할 수 있다. 세계 나비는 약 2만 종으로 나방의 10분의 1에 불과하며 한국에는 약 250종이 알려져 있다.

나비의 일생은 알→애벌레→번데기→성충 네 단계를 통틀어 말하는

데, 수명은 종류와 계절에 따라 다르지만 대부분 1~10개월이고 1년 이상 사는 것은 아주 드물다. 다른 곤충처럼 나비도 몇 종류를 빼고는 1년에 한 번 발생한다. 번데기로 겨울을 나는 것은 4~6월에, 애벌레로 나는 것은 6~7월에, 알로 겨울을 나는 것은 7~8월에 각각 나비가 된다. 나비로 겨울을 지낸 것은 이듬해 봄에 알을 낳고, 그 알은 늦은 여름부터 가을 사이에 나비가 된다.

사람들은 나비가 꽃·풀·나뭇잎에서 산다고 안다. 실상 대부분이 그렇지만 습성에 따라 사는 장소가 서로 다르다. 날개 빛깔이 흑갈색인 뱀눈나비 종류는 항상 나무 그늘의 어둠침침한 곳에 살며, 호랑나비와 표범나비류는 양지바른 곳을 찾아 난다. 자그마한 부전나비 무리는 잔디밭에서 사랑을 속삭이며, 노랑나비는 언제나 꽃을 찾아다닌다. 그런가 하면 오색나비와 신선나비 무리는 나무 줄기에 흐르는 진물을 먹고 살기 때문에 숲속에서 자주 발견된다. 또 뿔나비·유리창나비 따위는 강가의 모래밭에서, 제비나비·푸른부전나비류는 이따금 강가 습지에 와서 물을 빨아먹는 모습을 볼 수 있다. 평지의 양배추밭이나 무밭 또는 배추밭에서는 언제나 배추흰나비를 볼 수 있고, 줄흰나비는 산기슭에서 많이 발견된다.

'수직 분포'로 따져볼 때, 평지에서 사는 것과 산에서 사는 것으로도 나눌 수 있는데, 왕붉은점모시나비는 백두산을 비롯한 함경도의 고산지대에만 있고, 지옥나비 무리는 높은 산에서만 산다. 호랑나비와 제비나비는 평지에, 산호랑나비와 산제비나비는 산에만 있다. 평지에서 사는 나비가 어느 정도 높은 산에서도 살고 있으며, 고산성 나비가 어느 정도 낮은 산에서도 산다. 평지·고산 어디에나 사는 종류로는 표범나비족속을 들 수 있다. 그러나 대체로 보아 평지에서 사는 나비가 제일 흔이 더 아름답다.

사람들은 쌍쌍이 노니는 나비를 무척 로맨틱하게 바라보지만, 막상 나비들의 처지에서 보면 그들의 사랑 행위야말로 자기 생명의 마지막을 장식하는 처절하고도 거룩한 의식이다. 수컷은 교미가 끝나면 얼마 안 가서 죽으며, 암컷은 알을 낳고 몇 시간 혹은 며칠밖에 더 살지 못한다.

나비는 꿀이나 진물을 빨아먹거나 어떤 경우에는 물을 먹지만, 사실은 나비가 된 뒤에는 먹지 않는 것이 원칙이다. 꿀을 먹는 것은 일종의 군것질일 뿐이다. 그것은 나비가 성충이 된 뒤에 워낙 조금밖에 살지 못하는 데다 먹지 않고도 자기 수명을 다할 수 있기 때문이다. 그 대신 나비는 애벌레 시절에 아주 왕성한 식욕을 발휘해 사람에게까지 해를 끼치는 일이 많다. 나비는 흔히 식물의 잎·줄기·가지·눈·꽃봉오리에 알을 낳는데, 거기서 깨어난 애벌레가 그 식물의 풀잎이나 나뭇잎을 먹고 자라기 때문이다.

일단 성충이 된 뒤에는 오직 아름다움만을 보이면서 꽃가루를 날라 식물을 번식시키는 나비가, 애벌레 시절에는 간혹 진딧물을 잡아먹는 것도 있기는 하지만 해충인 경우가 더 많다. 산호랑나비의 애벌레는 아스파라거스에, 호랑나비는 귤나무에, 남방 C-알붐은 마麻에 해를 끼친다. 그중에서도 가장 심한 것은 배추흰나비이다. 언젠가 평안도 어느 지방 배추밭을 모조리 결딴낸 일도 있었다고 한다.

나방은 나비보다 훨씬 심하다. 솔나방 애벌레인 송충이는 소나무에 가장 큰 천적이며, 양배추 뿌리를 땅속에서 잘라 먹는 야도충夜盜蟲은 배추밤나방 애벌레이고, 벼 줄기에 파고들어 벼를 말라 죽게 하는 이화명나방 애벌레도 농민한테는 적이다.

오늘날 한국 나비는 8과 251종으로 알려져 있는데, 희귀한 종류도 많은데다 자기들이 살기에 알맞은 고장에만 있는 것도 많기 때문에, 개인이 한국산 나비를 모두 채집하기는 불가능하다. 국토까지 남북으로 잘린 형편이고 보니 더 말할 나위가 없다. 이렇게 볼 때, 민족적으로 가장 어려운 시기에 태어나 과학적인 학문 연구 방법이 확립되지 못한 어려움을 무릅쓰고 한국산 나비의 학명과 분포 상황 등 분류의 기초를 확립한 석주명이야말로, 우리 생물학계에 미친 공적은 물론 세계 동물 분류학계로 보아서도 가장 뛰어난 학자 중의 한 사람으로 기억될 것이 틀림없다.

그는 남다른 집념과 연구 방법으로 일본 학자들에게 30년이나 선수를 빼앗겼던 한국 나비 분야를 오히려 일본 본토보다 먼저 자세히 구명究明하였으며, 특히 그가 남긴 《한국산 접류 분포도 The Distribution Maps of Butterflies in Korea》는 생물지리학 분야 세계 최고 걸작으로 꼽힌다.

세계에서 그 나라의 나비 종류가 소상하게 밝혀진 나라는 영국·프랑스 등 생물지리학적으로 단조로운 몇 나라에 지나지 않는다(영국은 60여 종으로 우리나라의 4분의 1 정도이다). 미국과 소련처럼 국토가 광대한 나라는 물론 일본같이 크지 않은 나라도 지역의 복잡성과 분류학 방법론의 미비점 때문에 완전히 밝혀지지 못했으며, 중국은 넓은 땅과 다양한 기후로 나비 종류가 풍부한 데 비해 그 방면의 학자는 거의 전무하다. 게다가 중국 나비 원기재原記載는 모두 외국인들이 발표했으므로 그 표본들이 다 외국에 보관되어 있어 설사 학자들이 배출된다 해도 연구하는 데 어려움이 많다. 거기에 비하면 한국은 국토가 아주 작지도 않으며, 그것이 남북으로 긴 데다 대부분이 산악 지대이고 3천 개가 넘는 섬까지 딸려 있어, 곤충학상 아주 복잡하고 재미있는 곳이다.

곤충의 지리적 분포로 볼 때 우리나라는 구북구舊北區와 동양구東洋區 두 군데나 속하며, 국내적으로도 북한·서한·중한·남한·제주도·울릉도 여섯 구역으로 복잡하게 나뉜다. 그러다 보니 우리나라의 나비 분포 상태는 전국에서 나는 것, 북한 혹은 남한에서만 나는 것, 개마고대에서만 나는 것, 연평균 기온선에 일치해 나는 것, 최저 온도에 지배받는 것 등 여러 가지 특이한 모습을 보인다. 특히 붉은색 큰주홍부전나비처럼 38도선 이북에만 나는 것과 푸른색 남방부전나비처럼 38도선 이남에만 나는 나비의 경우는 마치 현재의 대한민국과 북한을 상징하는 듯하여 신기하기까지 하다. 이렇듯 복잡하고 험한 지형과 다양한 기후에서 생긴 풍부한 나비 종류를 단시일에 구명하여 분포 한계선을 곁들인 분포 지도를 만들었다는 것은 아무리 칭찬해도 모자랄 자랑스런 업적이다.

석주명은 자기의 나비 채집 여행을 거미가 실을 뽑으며 집을 짓는 것에 비유한 적이 있다.

내가 돌아다닌 곳을 지도 위에 표시한다면 꽤 복잡할 것이다. 사실 나는 100만분의 1 조선지도에 내가 다닌 길을 붉은 금으로 표시하고 있는데, 거의 거미집 모양으로 되어 가고 있다. 아직 몇 군데가 파손된 거미집 모양이나 몇 해 뒤에는 아마 숭하지 않은 거미집이 될 거다. 그러니 몇 해 후 나비 종류 수대로 적선赤線 거미집이 완성되면 이 '나비 분포 지도'를 보고 채집지를 택하여 여행을 떠나게 될 거다.

처음엔 전국 어디서나 쉽게 잡을 수 있는 종류의 지도를 보고 아직 기록되지 않은 지역을 택할 것이고, 그 뒤에는 현저한 종류들의 분포 경계선을 추궁하여 채집 여행을 하게 될 것이니, 나의 채집 여행은 체력이 허락하는 날까지 계속될 것이며, 설령 체력이 부족해진다 해도 조수를 써서라도 내가 죽는 날까지 계속하겠다.

석주명은 자기가 채집한 행로를 거미줄에 비유했을 뿐만 아니라, 그가 평생을 바친 나비 연구도 곧잘 거미집에 비유하곤 했다. 광복 후 국립과학관에서 같이 일한 정영호 교수가 들려 준 말로는, 석주명은 거미줄에 의해 하나하나 나뉜 거미집의 구획들은 이미 하나님이 정해 놓으신 전문 영역이라고 보았다. 그는 학자들이 그중 한 연구 테마(구획)에 평생을 바쳐 연구함으로써 그가 이룩한 업적이 하나님이 정해 놓으신 것과 꼭 들어맞게 해야 진정으로 학문을 전공했다고 할 수 있다고 말했다고 한다.

이토록 경건한 자세로 죽는 날까지 최선을 다해 신의 소명을 완수하려 했던 학문 영역. 이 영역을 자기 것으로 만들기 위해 석주명은 1931년부터 1950년까지 20년간 헤아릴 수 없이 많은 산고産苦 속에 실을 뽑으며 나비들의 뒤를 쫓았다. 그가 뽑아낸 수십만 킬로미터 붉은 줄을 좇아 그중 인상적인 나비 채집 회고담 몇 가지를 추려 보았다.

북계수北溪水

우리나라에서 철도가 지나가는 제일 높은 곳이 북계수역으로 해발 1,701m에 위치한다. 고원 지대여서 여름철에 고산식물 꽃밭에서 나비잡이를 하는 것은 실로 호화판이다. 계절만 맞춰 가면 우리나라의 고산 나비는 거의 다 잡을 수 있다.

풍서동豊西洞

우리나라의 북극은 온성군이고 거기서도 유포면 풍서동이 두만강에 포위된 제일 북쪽 끝이다. 내가 이곳에 간 때는 1934년 8월 15일이었고 6과 33종을 채집하고 일박하였다. 채집품 중에는 미기록 아종인 은점어리표범 1종이 있었다. 밤에는 벼룩으로 잠을 못 이룰 형편이라, 다음날 아침엔 벼룩을 100여 마리나 채집할 수 있었다.

난도 卵島

우리나라에 난도라는 섬은 많지만 여기서 말하는 난도는 함경북도 북단 소련 접경에 있는 등대가 있는 섬이다. 이 섬은 특히 괭이갈매기의 산란 장소로, 산란기인 5월에는 섬 전체가 알로 덮일 정도다. 아침 식사 전에 산책을 나가면 1시간에 600개 정도 알을 주울 수 있으며, 어찌나 새들이 많은지 서로 충돌해서 추락하거나 바위에 부딪혀서 떨어지기도 한다. 달걀과 비슷한 괭이갈매기 알을 맞은편의 웅기 사람들이 주우러 오기 때문에 나는 당국에 진언해서 천연기념물로 지정하고 보호케 했다. 내가 그곳에 갔던 때는 1934년 8월 8일이었고 하루 동안의 채집품은 5과 12종 53개체였다. 작은멋장이나비가 풍부하였고 엘알붐의 날개 조각을 길에서 주웠다.

관모봉

우리나라에서 두 번째로 높은(2,541m) 이 산은 해안에서 100리 안에 있는데, 말을 탄 채로 오를 수 있는 백두산과는 맛이 달라 등산가들이 가장 찬양하는 산이다. 이 산을 대표하는 나비로는 관모산지옥나비를 들어야겠다. 특기할 사실은 1940년 7월 24일, 관모봉 북쪽 도정산에서 잡은 우리나라 최초 자웅형 雌雄型(암수한몸)인 줄흰나비이다. 이 표본은 오른쪽 날개가 암, 왼쪽 날개가 수인데 체구는 암놈이었다.

백두산

내가 백두산에 오른 날은 1933년 7월 30일인데, 정상에서 하룻밤 묵고 하산했다. 산정에서 본 종류는 줄흰나비 일화형 一化型·쐐기풀나비·공작나비·은판나비·꼬마부전나비·사향제비나비들인데, 그중 줄흰나비는 1년 1회 발생형으로, 수천 수만 마리가 천지 상공을 비상하는 광경은 참으로 장관이었다. 그 나비 무리가 짙은 안개에 습격되어 떨어져 천지의 물결에 밀린 시체가 못가에 여러 층으로 쌓여 있었다. 백두산을 대표하는 나비로는 아무래도 줄흰나비를 들어야겠다.

원산 부근

그동안 조선산뱀눈나비와 함경산뱀눈나비는 별종으로 취급되어 왔다. 최근 내가 한라산에서 채집하여 그 중간형을 많이 발견하고서는 그것이 동종이형同種異型임을 알게 되어 조선산은 1종 감소하게 되었다. 이 두 가지 형은 주로 기후 관계로 분리된 모양으로. 전국적으로 볼 때 원산 부근에만 이 두 가지가 섞여 있는 것이 재미있다.

평안남도

평안남도산 나비는 8과 160종인데 전국 나비의 5분의 3에 달한다. 그리고 북방계와 남방계의 비는 5 대 1이니 경기도산에 비해 훨씬 북방계가 농후하다. 영원군만은 전연 별계別系의 지대인 양, 이 군에만 나는 것이 전체의 21%이고, 꼬리명주나비 같은 것은 여기에만 없으니 생물지리학에서 평안남도는 영원군과 기타 두 지대로 구분할 수 있다.

묘향산

내가 묘향산에 간 때는 1938년 8월 초순이었다. 조선에서는 몇 곳에서밖에 못 잡고, 더욱이 지금까지 그 암컷은 두 마리밖에 알려지지 않은 산은줄표범나비가 날아가는 것을 보고도 잡지 못한 일이 가장 인상에 남는다.

개성

개성 지방은 내가 10여 년 동안 수천 학도를 동원하여 채집한 곳이니 세계적으로 한 지방에서 여기만큼 자세히 알려진 곳은 또 없으리라. 이 지방에서 채집한 것이 7과 132종이니 전국 나비의 반 이상이요, 또 그것을 자료로 하여 조사한 분포론 같은 것도 이상적이다. 그중에서도 가장 유명한 것은 내가 신아종으로 명명하여 발표한 유리창나비일 것이다.

서울 부근

서울 부근은 우리나라에서 자연이 제일 많이 파괴된 곳이니 여기에 살고 있는 약간의 나비는 번식력이 강한 종류뿐이다. 그러나 100년 전만 하더라도 서울 부근의 자연은 그리 파괴가 심하지 않았던 모양으로, 남계우가 남긴 100년 전 그림을 통해서 살피면, 남방공작나비나 붉은점모시나비 같은 종류도 있었던 것으로 짐작된다. 붉은점모시나비는 아직도 서울서 가까운 용문산에만 가면 잡을 수 있지만, 남방공작나비는 경상남도 구포에서 잡은 표본이 내게 단 한 마리 있을 뿐이다.

덕적군도

이 군도의 나비는 29종이 내게 알려졌는데 더 자세히 조사하면 약 35종쯤 될 것 같다. 35종이라면 울릉도의 24종에 비해 10종이나 많아지니 그것은 덕적군도가 울릉도같이 절해고도가 아닌 때문이겠다. 이 군도를 대표할 나비로는 어느 섬에서나 볼 수 있는 홍점알락나비를 들 수밖에 없다.

금강산

금강산에는 여러 번 갔고 고 우종인 군이 장기간 머무르면서 철저히 채집한 곳이다. 나비가 풍부하여 채집품이 7과 124종에 달하였고. 신종 긴지부전나비도 우 군이 잡은 것이다. 이 표본은 나의 제자가 잡았고 이름은 나의 스승의 이름을 따서 지었으니 이 종류는 참말로 나와는 관계가 깊다.

태백산

1946년 8월 5일, 정상 공벽암空壁岩에서 일박하고 다음 날 하산하여 채집하였다. 그중, 그 분포가 세계 최남단임을 말하는 표본이 여섯 종이었다. 즉 북방거꾸로여덟팔·큰표범나비·씨-알붐·고운점박이푸른부전·북방기생나비·줄흰나비 일화형一化型인데, 태백산은 나비 분포학상으로 볼 때 세계적으로 유명한 장소가 되겠다.

토함산

유명한 경주 불국사에 올라가는 산 이름이 토함산이다. 내가 이 산에서 그 유명한 붉은점모시나비를 잡은 때는 1937년 6월이었는데, 그것으로 말미암아 이 나비가 개마고원 지대에서 태백산맥을 타고 남하하여 남쪽 지방에까지 분포가 연장된 것을 확인할 수 있었다.

지리산

나는 1935년 7월 23일부터 8월 8일까지 17일간 구례와 같은 평지로부터 2천미터 가까운 천왕봉까지 샅샅이 뒤지며 채집하였다. 성적은 극히 좋아서 7과 91종에다 신종 1, 조선 미기록종 1, 남조선 미기록종 30종이 포함되어 있었다. 그러나 신종이란 것은 뒷날 남방부전나비 봄형이 늦게까지 남아 있던 것임을 알게 되었고, 조선 미기록종은 나중에 지리산팔랑나비라고 명명하였다.

갈두 葛頭

갈두리는 우리나라 반도 최남단 마을 이름이다. 즉 전라남도 해남군 송지면 남단에 있는 반농반어 半農半漁 10여 호로 이루어진 마을이다. 내가 이곳에 간 것은 1935년 8월 12일이었는데 하룻밤 묵으며 나비를 채집했다. 이 동네의 앞은 바다요 뒤는 110m 산이어서 채집하기에 적당하였다. 채집품은 5과 10종이었고 홍줄알락나비가 많은 것이 인상적이었다.

흑산군도

대흑산도·소흑산도(일명 가거도)·홍도·하태도는 우리나라 서남단에 위치한 섬인데, 그중에서도 대흑산도는 옛날의 유배지로 알려져 있고, 소흑산도는 가장 남쪽에 떨어져 교통이 두절된 마도 魔島로 알려져 있다. 하태도는 어찌나 자연이 심하게 파괴되었는지, 산신당 있는 곳에 자연림이 약간 있고 그 흔한 동백나무 한 뿌리 없어 주민들의 땔감이 큰 걱정이라 한다. 흑산군도의 대표종인 청띠제비나비조차 없었고 다른 나비 13종도 장래가 염려되었다. 한 가지 재미있는 사실은 섬 지방에 흔치 않은 배추흰나비가 이곳에만 좀 있는 일이다. 홍도에서는 무늬박이제비나비 수놈 한 마리를 잡았는데, 내가 1944년 제주도 토평리에서 잡은 암컷 한 마리와 더불어 우리나라에서 잡힌 유일한 개체다.

마라도

제주도 남쪽, 우리나라에서 제일 남쪽 끝에 있는 이 섬에서 나는 1943년 5월 29일 하룻밤을 묵었다. 이곳에서 잡은 종류는 큰멋장이·먹부전나비·남방부전나비·노랑나비·배추흰나비뿐이었는데 먹부전나비가 있는 것이 주목할 만했다.

한라산

한라산이자 제주도요 제주도이자 한라산이다. 이 산은 산록山麓이 대단히 넓어서 많은 주민을 포용하고 있는 관계로 산록 지대의 자연이 파괴될 대로 파괴되어 동식물상이 보잘것없었다. 제주도를 통틀어 대표될 만한 나비는 제주왕나비인데, 제일 크고 우아하며 흔치 않고 생존력도 강한 편이다. 백록담 부근에만 있는 가락지장사·산굴뚝나비·산부전나비·꽃부전나비들은 모두 북조선의 개마고대 산産과 공통이니, 우리나라 땅에도 그 옛날에 빙하가 내습하였었다고 해야만 이 사실을 설명할 수 있겠다.

만주리 滿洲里

만주리는 만주의 땅끝이라기보다 시베리아 땅이라는 것이 생물지리학상으로 맞을 것 같다. 내가 그곳에 간 1940년 8월 9일은 중일전쟁 중이어서 일본군의 경계가 삼엄한 가운데 만주국 관리의 감독 아래 이틀간 채집했다. 채집품은 5과 11종으로, 그중에는 그때까지 만주산으로 기록되지 않았던 하일라르부전나비가 있었다. 만주산 나비는 그때까지 230여 종이 알려졌는데, 면적이 훨씬 작은 우리나라보다 적은 것은 ① 위치가 북쪽인 것 ② 자연이 많이 파괴된 것 ③ 조사가 미흡한 것이 원인인 것 같다.

용정龍井 지방

용정은 만주의 간도에 있는 도시로되 우리나라 땅의 연장이었다. 조선 사람의 도시이니 본토의 도시와 거의 다를 바가 없었다. 내가 그곳에서 채집한 날은 1934년 8월 17일로 6과 25종이었는데, 뒷날 다른 사람의 채집품도 얻어서 총 6과 34종을 구명할 수 있었다.

흥안령興安嶺

우리가 어려서 지리 시간에 배운 흥안령은 대단히 험준한 산이었는데 막상 가보니 자동차로 막 넘어다닐 수 있는 얼마 높지 않은 산이었다. 그러나 그 산맥을 넘어가면 분명히 시베리아 기분이 나고. 그곳을 경계로 동식물 분포 상태도 다르니 생물지리학상 중요한 곳이다. 내가 이곳에 간 때는 1940년 여름이었고, 채집품에는 신아종이 하나 있어서 흥안굴뚝나비라고 명명하여 발표한 일이 있다. 우리나라의 굴뚝나비와 비슷하지만 암수 간의 크기 차이가 얼마 안 되고 비상이 대단히 빠른 것이 달랐다.

홋카이도北海道

내가 북해도에 간 것은 1937년 북해도대학에서 열린 일본동물학회 제13회 대회에 참가한 때였다. 북해도대학에는 마쓰무라 씨의 수집품이 있어서 나는 조선 관계 표본을 전부 볼 수 있었고, 그때까지 의문으로 남아 있던 몇 가지 문제를 해결할 수 있었다. 대회 첫날 점심시간에 여럿이 같이 나오다가 대학 넓은 교정에서 내가 우연히 발견한 작은녹색부전나비 두 마리를 쓰고 있던 맥고모자로 기민하게 잡아넣었다. 그것이 재빠른 편집자의 눈에 띄어서 대회 신문 호외에 만화로 실려 고소苦笑한 일이 있었다. 대회가 끝난 뒤 유명한 대설산大雪山에 가는 길에는 산제비나비가 어떻게 많은지 우글우글, 지나가는 버스에 치여서 죽는 놈도 몇 마리씩 되고, 한 번에 10여 마리씩 잡기도 예사였다.

사할린

사할린에서는 꽤 골고루 다니며 채집했는데, 북해도에 그렇게 많던 산제비나비가 한 마리도 없는 것과 동토대凍土帶에서 산호랑나비 한 마리를 잡은 것이 인상적이었다(1937년 8월).

대만

내가 대만에 갔을 때는 학문적 기초가 별로 없을 때인 데다 채집품도 변변치 못했다. 그러나 그 후 친구와 교환하여 많은 표본을 수집하게 되었고, 특히 우종인 군이 나를 위해 1940년 8월 9일부터 14일까지 채집 여행을 해 주어서 나의 대만산 자료는 풍부하다. 우 군은 8과 98종 671개체를 채집하였는데, 그중에는 대만 미기록종이 2종이나 있었다.

취재 뒷이야기

(석주명 탄생 103주년 기념 학술대회 기조발표문 중 '석주명 취재 뒷이야기'에서 발췌)

유통 기한을 한참 넘긴 《한국산 접류 분포도》

석주명의 업적 중 분류학의 《A Synonymic List of Butterflies of Korea》와 쌍벽을 이루는 분포학의 《The Distribution Maps of Butterflies in Korea》(한국산 접류 분포도)가 실상은 전혀 가치를 발휘하지 못했다는 사실은, 앞에서 열거한 학계의 외면이나 폄하보다 더 충격적이다. 이 책은 1973년에 출판되었다고 알려졌지만 사람들 손에 들어간 것은 1984년 초부터이다. 탈고된 지 33년 지나 세상에 나온 책이 과연 그 소임을 다했을까?

석주명이 목숨보다 소중히 여긴 이 책의 원고를 그가 죽은 뒤 피란길에서 지켜낸 석주선의 공은 정말로 크다. 그러나 그녀는 오빠의 유고 중 제주도 총서 세 권과 《한국산 접류의 연구 III》을 먼저 출판하고(1968~1972년), 《한국산 접류 분포도》는 제일 마지막으로 1973년에야 인쇄를 마쳤다. 석주명이 탈고한 지 무려 23년이 지나서였다. 석주선도 이 점이 꺼림칙했는지 '서언序言'에 이렇게 썼다. '지금도 이 책의 문헌적 가치가 상실되었다고 보기는 어려우리라 생각됩니다.'

그러고도 석주선은 또다시 10년을 끌며 1983년까지도 책을 세상에 내어놓지 못하고 있었다. 출판을 맡은 석주명의 친구 ㄱ이 인세를 가로챈 이른바 '배달 사고' 때문이었다. 그러나 아무리 속상해도 그 방면에서 세계적 기념비가 될 저작이요, 오누이가 전쟁통에서 생명처럼 지켜낸 원고가 아니던가. 당연히 책을 세상에 내어놓아 학문 발전에 이바지하게 하고 석주명의 이름을 드높여야 했으나, 석주선은 그러지 못했다.

제본이 끝난 책은 그녀가 출판사와 다투는 동안 보진재 창고에 10년을 처박혀 있었다.

사정을 알게 된 필자가 석주선과 출판사를 오가며 중재해 책을 세상에 내어놓은 지 며칠 지난 어느 날. 석주선의 측근인 ㅂ이 여의도로 필자를 찾아왔다. 그녀는 직원들이 지켜보는 사무실에서 다짜고짜 소리를 지르며 필자를 공격했다. '석주선의 지시를 받아 오랜 세월 출판사 측과 싸워 왔다. 더 끌고 가면 이길 수 있는데 당신이 괜히 끼어드는 바람에 내 노력이 물거품이 되었다. 저쪽의 사과와 배상도 받지 않고 책을 출고하기로 협상한 것은 매우 굴욕적이다'라는 요지였다.

책을 세상에 내어놓는 것이 중요했는지, 자존심 싸움이 중요했는지는 이 글을 읽는 사람들이 판단할 일이지만, 그렇게 해서 책을 내어놓은 1983년 12월 말도 이미 돌이킬 수 없이 늦은 때였음은 앞에서 언급했다. "이제는 아무 소용이 없어졌어요."라는 이승모 씨의 푸념은 내 심장에 비수처럼 꽂힌 말이었다.

여기에 딸린 이야기를 하나 더 밝히자면 이렇다. 사실 석주선은 오랫동안 출판사와 싸우느라 지쳐 있었지만, 그 일을 도맡아 온 ㅂ에게 미안해서라도 출판사와 쉽사리 타협할 수 없는 처지였다. 소곤소곤 그런 속사정을 듣고 필자는 이렇게 제안했다. "제게 협상 전권全權을 주시고 나중에 ㅂ이 문제 삼으면 모두 제 탓으로 돌리십시오."

필자는 두어 주일간 양쪽을 오갔다. 이쪽은 박물관장이자 대학 교수, 저쪽은 굴지의 출판사 겸 인쇄회사 회장. 이쪽이 복식 전문가로 유명하다면, 저쪽은 국무총리를 지낸 거물 인사. 30대 젊은이가 나서서 양쪽의 자존심 싸움을 중재하기란 만만치 않았다. 서로 '내 쪽은 잘못이 없다'로 일관했다. 1983년 12월 26일, 보진재에서 마지막 조율이 시도되었다. 상무이사를 상대하는 필자를 진의종 회장이 의자에 깊숙이 파묻힌 채 뚫어져라 바라보고 있었다. 입이 마르고 가슴이 두근거렸지만, 배에 힘을 주고 할말을 했다. '세계가 놀랄 저작이 아무짝에도 쓸모가 없어질 지경에 이르렀다, 이것은 석주명을 두 번 죽이는 일이다, 어느 쪽도 그 혐의에서 자유로울 수 없다'고.

그날, 필자가 쓰고 양쪽이 서명한 합의서를 읽은 석주선은 만족해했다. 한정판으로 낸 300권 중 저자 증정용으로 받은 열 권을 전달하자 그 자리에서 한 권을 골라 '李炳哲 先生 惠存, 石宙善 1983.12.26'이라고 썼다. 석주선은 두 권을 더 얹어 내게 선물하더니 또 무언가를 쥐여주었다. 10만 원짜리 수표 두 장이었다. 필자가 사양했으나, 여러 날 양쪽을 오가며 애쓴 데 대한 보답으로는 오히려 부끄럽다면서 받기를 강권했다.

며칠 뒤 우리는 석주명 묘소를 찾았다. 석주선은 퍽 홀가분해 보였다. 묘석을 어루만지던 그녀가 불쑥 "오빠"를 불렀다. "여기 당신 아들을 데려왔어요. 이 젊은이가 오빠 얘기를 쓰고 있고, 오빠 책 문제를 해결해 주었어요. 오빠, 이 사람을 아들이라고 생각하세요. 오빠도 좋죠?" 쌀쌀한 바람과 따스한 햇살이 교직交織되던 그 겨울날, 양지바른 무덤 앞에 선 할머니와 청년의 모습이 내 앨범에 있다. 하지만 유통 기한을 넘겨 무용지물이 되다시피 한 책의 운명을 알기에 표정만이 짐짓 밝았음을 필자는 안다.

일본이 자랑한 조선인

　석주명이 우리나라에서 첫 곤충학자는 아니다. 그가 첫 논문 '조선구장 지방산 접류 목록'을 발표한 1932년보다 3년 앞선 1929년에 조선인으로서는 처음으로 조복성이 '울릉도산 인시목鱗翅目'이라는 논문을 〈조선박물학회 잡지〉에 발표했으며, 1934년 12월에는 도이土居寬暢·모리森爲三와 공동으로 《원색 조선의 접류》라는 천연색 도감을 냈다. 이 도감은 그때까지 271종으로 알려진 조선산 나비 중에서 211종의 천연색 도판 284장을 수록한 한국 초유의 도감이다. 그는 광복 후 초대 국립과학관장과 성균관대·고려대 교수를 지낸 곤충학계의 선구자로 특히 그림 솜씨가 뛰어났다. 그는 《원색 조선의 접류》와 1959년에 문교부가 발행한 《한국 동물도감 I, 나비류》의 원색 나비 그림을 모두 그렸는데, 그 방면에서는 세계적인 실력가였다. 조복성은 석주명이 나비 연구가로서 위치를 굳히기 전까지 유일한 조선인 권위자였고, 뒷날 하늘소·풍뎅이 같은 딱정벌레목目 곤충 연구로 일생을 보냈다.

　우리나라의 근대 학문이 모두 그렇듯이 나비에 대한 연구도 초창기에는 서양인과 일본인이 독점했다. 1882년 영국인 버틀러A. G. Buttler가 조선산 나비 15종에 관한 논문을 발표한 이래 근 50년 만인 1929년에야 조복성이 등장했다. 그러나 1934년 석주명의 '조선산 접류의 연구 I'이 나오면서부터 조선산 나비를 연구하는 주도권은 조선인에게로 넘어왔고, 1940년 《조선산 접류 총목록》이 발간됨으로써 그러한 추세를 완전히 굳히게 되었다. 그 뒤 조선인 연구가로서 백갑용 이희태 우종인 왕호 이철순 김장희가 계속 등장해 1950년까지 활발한 연구가 이루어졌다. 그중 이희태 우종인 왕호는 석주명의 조수였으며, 백갑용은 광복 이후 병을 앓다가 1960년대부터 다시 학계에서 활동한 거미 전문가이다.

학계에서 석주명의 학문적 위치와 공헌도를 가늠하기 위해 먼저 '한국 나비 연구사'를 더듬어 보자. 한국 나비에 대한 연구는 대체로 다섯 단계로 나눌 수 있다.

제1단계: 학명으로 기록되기 이전인 1881년까지로, 우리 고전 문헌 열아홉 군데에 단편적인 기록이 나올 뿐이다. 최초 기록은 《조선왕조실록》에 기록된 광해군 9년(1671년)이다.

'咸鏡道甲山府白蝶成群自東北出來向南而去如長蛇之形其多蔽天三日不止 北靑府白蝶成群自北出來南向海邊連二日蔽天而去南兵使玄揖馳啓以聞 (함경도 갑산에서 흰나비가 무리를 지어 긴 뱀과 같은 모양을 하고 동북쪽으로부터 남쪽으로 날아갔는데 사흘이나 하늘을 가렸고, 북청에서도 흰나비 무리가 북쪽에서 와 이틀 동안 하늘을 덮고 남쪽 해변으로 날아가 남병사 현읍이 조정에 보고하였다)'

그 밖의 문헌 기록 20여 편 중에 학술적 가치가 있는 것은 남계우가 그린 접도蝶圖뿐이다.

제2단계: 서양인들이 기록한 시대다. 버틀러가 조선을 여행하고 최초로 조선산 나비 15종의 학명을 발표한 1882년부터 1901년까지인데,

이 기간에 논문 9편이 발표되고 조선산 나비가 123종으로 학계에 보고되었다. 이 시대의 중요한 인물인 픽센C. Fixen은 헤르츠O. Herz의 채집품을 정리하여 'Lepidoptera aus Korea'(1887)라는 논문을 단 한 편 발표했을 뿐이지만, 이 글의 내용이 실로 위대하여 그가 제2기를 대표한다고 해도 지나친 말이 아닐 정도이다. 그는 조선산 나비를 93종 보고했는데, 그중 조선 최초 기록인 것이 70종이나 되어 조선산 나비를 일약 100종이 넘게 했다. 또 한 사람 중요한 인물로 리치J. H. Leech가 있는데, 그의 대작 《Butterflies from China, Japan and Corea》(1893~1894, 런던)는 8년이나 수집하고 연구해서 쓴 역저이다. 텍스트가 두 권이고 도판이 한 권인데, 텍스트 본문이 662페이지, 원색 도판이 43페이지에 이른다. 기재된 종의 수는 650종이고, 종마다 원기재와 당시 문헌을 열거했고, 원기재는 어느 국어를 막론하고 원문대로 실어 편리하고 유익하기 비할 데 없다. 그러나 불행하게도 오류가 많아 픽센의 논문에 비해 훨씬 가치가 떨어진다. 도저히 조선산이라고 볼 수 없는 것들이 조선산으로 보고되었기 때문에 오랫동안 후학들에게 준 폐해가 크다. 아마도 채집 여행을 오래 해서 라벨이 뒤섞인 탓이리라.

제3단계: 주로 일본인들이 기록한 시기로 1905년부터 1929년까지이다. 과학박물관에 근무했던 도이, 수원 농사시험장장이었던 오카모토岡本半次郎, 경성제국대학 예과 동물학 교수 모리 등 조선에 와 있던 일본인들과 마쓰무라·니레仁禮景雄 등이 활발히 연구해 논문 47편에 60종을 더 발표함으로써 조선산 나비는 183종으로 늘어났다. 그러나 마쓰무라의 논문은 한 편도 신뢰할 만한 것이 없는 엉터리들이고, 그가 한 번에 수십 가지씩 발표한 신종이 하나도 살아남지 못하고 모두 동종이명으로 정리된 일이 잦아서, 엄청난 논문과 신종을 발표했지만 그는 거론할 여지가 없다. 모리 또한 논문을 많이 발표했지만 마쓰무라의 축소판일 뿐이고, 니레와 도이가 충실한 학자였다.

제4단계: 조선인이 기록한 시대로, 1929년 조복성이 '울릉도산 인시목'을 발표한 때부터 1939년까지다. 1932년 석주명이 첫 논문을 발표한 이래 '배추흰나비의 날개 길이 변이'(1936), '굴뚝나비의 뱀눈무늬 변이'(1937) 등 논문 70여 편을 발표한 전성기이다. 조복성이 〈원색 조선산 접류〉를 출판했고, 일본에서도 중요한 문헌과 도감이 가장 활발히 쏟아져 나왔다. 논문 179편에 51종이 추가 발표되어 조선산 나비는 234종으로 늘어났다. 이 시기에 질적으로나 양적으로 공헌이 큰 사람은 석주명·도이·스기다니杉谷岩彦 세 사람이다.

제5단계: 이때를 석주명은 정리整理 시기(1940~1950)라고 보았다. 그의 《조선산 접류 총목록》이 1940년에 출판되어 조선산 나비를 255종으로 정리했으며, 이 기간에 계속 개정판을 발행해 다시 238종으로 최종 분류했기 때문이다. 논문 77편이 발표되고 신종 4종이 추가되어 한국산 나비는 모두 238종이 되었다. 1945년과 1948년에는 논문 발표가 없었던 것이 특기할 사항이다.

이 연구사에 따르면, 제2기를 대표하는 학자로는 버틀러와 픽센을 들 수 있고, 제3기를 대표하는 사람은 니레·도이·오카모토이며, 제4기와 제5기는 석주명으로 대표된다.

석주명이 이렇게 선배 대학자들을 제치고 한국 나비 연구의 일인자, 아니 세계적인 나비학자로 떠오른 힘은 과연 어디서 나왔을까? 그것은 한마디로 말해서 실증적인 연구 자세를 뒷받침한 '연구 자료의 풍족함'에서 비롯되었다. 75만 마리에 달하는 풍족한 연구 자료는 그의 끊임없는 채집 여행에서 얻어진 대가였다.

그는 연구실에서 문헌과 적은 표본으로 연구해 논문을 발표하는 경솔한 태도를 배척하고 평생을 산과 들에서 보냈다. 채집 여행에서 돌아오면 밤낮없이 연구실에 파묻혀 그것들을 조사하고, 그 일이 끝나면 또 채집 여행을 떠났다. 포충망을 든 석주명의 발길은 국내는 물론 일본·몽골·만주·대만에까지 미쳤으며, 그의 손길은 단 한 줄의 논문을 쓰기 위해 3만 마리나 나비를 만졌다. '발로 하는 연구' '풍부한 자료에 의한 연구'라야만 완벽한 결과를 얻어 낸다는 것이 석주명의 신념이었고, 그는 이것을 무서운 집념으로 이루어냈다.

1935년, 여름방학이 끝나고 2학기가 시작된 첫 박물 시간. 3학년 교실에 들어선 석주명은 몹시 즐거워 보였다. 방학 동안 채집 여행을 다녀온 그의 얼굴은 아프리카 사람같이 타서 하얀 이만 유난히 반짝거렸지만, 속마음이 그대로 얼굴에 나타나는 순진한 성품이어서, 학생들은 금방 그것을 알아차릴 수 있었다. 석주명은, 오늘은 첫 시간이니 방학 동안 겪은 재미난 얘기나 하자고 하며, 지리산에서 겪은 일을 털어 놓았다.

어느 날 석주명이 혼자서 산속을 헤매고 있는데 처음 보는 나비가 눈에 띄었다. 날개를 편 길이가 4cm 정도밖에 안 되는 것으로 미루어 팔랑나비과 나비 같았는데, 흑갈색 날개 가운데에 흰 무늬가 여러 개 있었다. 날아가는 나비의 암수를 한눈에 구별하는 그의 감식안으로 보아 틀림없이 우리나라에서 아직 발견된 일이 없는 나비 같았다. 석주명과 나비 간에 쫓고 쫓기는 숨가쁜 숨바꼭질이 시작되었다. 나비는 50미터쯤 도망치다가는 3미터 정도 높이 나뭇가지에 앉고, 사람이 다가가면 또 포르륵 날아서 50미터쯤 날아가곤 했다. 나비가 어디론지 사라져 보이지 않을 때마다 석주명은 너무나 안타까워 그 자리에서 통곡하고 싶었지만, 그 나비는 사람을 보면 냅다 뺑소니를 쳐서 사라져 버리는 나비와는 달라서 꾸준히 뒤쫓으면 꼭 잡을 수 있겠다는 생각으로 기운을 차리곤 했다. 숨이 턱에 닿고 수없이 넘어져 온몸이 피투성이가 되었지만, 그런 것을 생각할 겨를이 없었다. 이렇게 뒤쫓기를 무려 3시간, 석주명은 마침내 그 나비를 잡고야 말았다. 우리나라에서 처음 채집된 그 나비를 석주명은 지리산팔랑나비 Isoteinon lamprospilus FELDER라고 명명했다고 한다.

두어 달 지난 가을 어느 날, 느티나무 잎이 수북이 떨어져 쌓인 송도학교 교정에 머리가 하얗게 센 노인 두 사람이 나타났다. 만주로 가는 길에 개성에 내려 석주명을 찾아온 규슈제국대학 에자키 교수와 동경제국대학 다나카 교수였다. 일본 생물학계를 대표하는 이 세계적인 석학들은 석주명이 동경에서 발행되는 〈식물과 동물 Botany and Zoology〉지에 발표한 논문을 보고, 조선에서 처음 채집되어 그 종류로는 최북한지 最北限地로 기록된 지리산팔랑나비를 보려고 조선인 중학교 선생을 찾아왔다고 했다. 그 노인들을 먼발치에서 보고, 그들이 누구인지 나중에 들어 안 학생들은, 비로소 스승의 '자기 자랑'이 헛것이 아니었음을 깨닫고 그의 '미친 행각'을 존경 어린 눈으로 우러르게 되었다.

학생들이 석주명을 자기 자랑만 늘어놓는 얼빠진 사람이라고 오해한 것도 무리는 아니다. 오로지 나비에 미쳐 포충망을 들고 거들먹거리며 (그는 한쪽 다리가 불편해 좌우로 몸을 흔들며 걸었기 때문에 다른 사람들에게 그런 인상을 주었다) 쏘다니는 그의 초라한 행색은 선생이라기보다는 거지에 가까웠고, 정상인으로 보이지 않을 때가 많았다. 그 때문에 그는 남으로부터 오해나 푸대접을 받은 일이 한두 번이 아니다.

어느 해 여름 산속을 헤매던 그는 갑자기 쏟아진 폭우로 나비 채집을 단념하고 하산했다. 제자 ㄱ이 군수로 있는 군청에 찾아갔지만 정문에서 수위에게 제지당했다. 새카맣게 탄 비쩍 마른 사내가 물에 빠진 생쥐처럼 너절한 차림으로, 한 손에 포충망 또 한 손에 떨어진 구두 뒤축을 들고 군수를 만나겠다니 수위가 펄쩍 뛸 수밖에. 한동안 실랑이가 오간 끝에 석주명이 명함을 내밀고…, 수위는 코웃음을 치다가 마지못해 느릿느릿 안으로 들어가고…, 군수가 황급히 뛰어나오고…, 그제서야 석주명은 비로소 사람 대접을 받게 되었지만 수위를 탓할 수는 없는 노릇이었다. 수위가 그의 젖은 옷과 양말을 숯불에 말려 가지고 와서 잘못을 빌자 석주명은 웃으며 이렇게 말했다.

"명수위요. 모든 국민이 그렇게 철저히 자기 할 일을 다하면 우리나라는 좋은 나라가 될 거요."

ㄱ 군수가 자기 구두와 양말을 드리려 했으나 석주명은 끝내 사양하고 자기의 헌 구두를 고쳐 오게 해서 신었다고 한다.

석주명에게는 이와 비슷한 일화가 많이 있었지만, 한 번도 불쾌해하거나 자기 행색을 고쳐야겠다고 마음먹은 적이 없다. 그의 머릿속에는 오직 나비뿐, 남이 자기를 어떤 눈으로 보느냐 하는 문제는 전혀 관심 밖이었다.

산과 들을 미친 듯이 쏘다니다가도 일단 연구실로 돌아가면 석주명은 화장실에 가는 일 말고는 의자에서 일어나는 법이 없었다. 왕호·우종인·장재순 등 그의 조수들은 스승에게 방해가 될까 봐 조용히 나비 표본을 정리하거나 개체를 측정했기 때문에 박물학 연구실은 언제나 침묵에 싸여 있었다. 석주명은 어쩌다 느닷없이 정적을 깨고 이렇게 말하곤 했다.

"스물다섯 살까지는 절대 술 담배를 배워선 안 돼. 기껏 벽돌담을 잘 쌓아가다가 중간에 비뚜로 쌓는 꼴이 되고 말아."

그리고는 또 침묵. 언제 말을 꺼냈었냐는 듯 연구에 빠져들었다. 그러나 석주명은 수업에 들어가면 완전히 딴사람으로 변했다. 박물학 강의를 열심히 함은 물론 인생학에서부터 성교육, 자질구레한 건강 문제에 이르기까지 다양하고 풍부한 화제와 특유의 화술로 학생들을 사로잡는 명물 선생이었다.

그는 학생들에게 양치질은 식사 후에 해야 효과적이며, 특히 자기 전에 이를 닦는 버릇을 들여야 한다고 강조했다. 식사 후의 양치질은 3분 안에 해야지 그렇지 않으면 입안에 있는 음식 찌꺼기가 썩기 때문에 별 효과가 없다고 했다. 오늘날은 '구강 위생'을 얘기할 때, 식사 후 3분 이내 3분씩 하루 세 번이라는 '3·3·3법'이 널리 알려져 있지만, 그때로서는 들어 보기 힘든 말로서, 그의 충고를 따라 지금까지도 건강한 이를 지닌 제자들이 적지 않다고 한다. 또 공중목욕탕에서 욕조의 물을 바가지로 떠서 세수하거나 머리 감는 것을 절대 말렸다. 바가지와 욕조의 물에는 균이 많으니 떨어지는 물을 직접 받아서 하라고 했다. '유전'을 가르칠 때에도 색맹이나 유전 질환이 있는 가계의 여자와는 절대로 결혼하지 말라고 강조하며, 그것을 지키지 않음으로써 불행해진 사례를 많이 들어 학생들을 섬뜩하게 하기도 했다.

석주명은 '국학과 생물학'이라는 글에서도 성교육의 필요성을 강조했지만, 오늘날에야 눈뜨기 시작한 성교육을 당시에 이미 시작하고 있었다. 그는 학생들에게 '인간에게는 성욕이라는 것이 있어서 남녀 관계를 가지게 되는 법인데, 만일 자기 아내가 아닌 거리의 여자와 성관계를 하게 될 때에는 반드시 예방책으로 콘돔을 사용해야 한다'고 강조하고,

그렇게 하지 않으면 성병에 걸려 가정 파탄까지 초래하기 쉽다고 가르쳤다.

당시에는 3학년이 경주, 4학년이 일본이나 만주로 여행을 갈 때였는데, 일본에서는 학생들이 그럴 기회가 거의 없었지만 만주에서는 탈선하는 경우가 종종 있었다. 석주명은 그것을 염두에 두고 이미 자랄 대로 자란 어른 학생들을 보호하기 위해 신경을 썼다. 그는 필요하다고 생각하면 자기 얘기도 솔직하게 털어놓았다. '나는 아직 젊으니까 동경에서 열리는 생물학 학술대회에 논문을 발표하러 갈 때에는 반드시 바지의 시계 주머니에다 콘돔을 두서너 개 넣어 가지고 간다'고 하며 웃었는데, 근엄한 표정으로 하지 말라는 말만 하는 다른 선생들과 달리 학생 신분으로서 성행위를 하는 것은 나쁘지만 일단 잘못을 범할 경우 성병에 걸리지 않도록 해야 한다는 것이 석주명의 지론이었다.

그의 성교육은 여기서 그치지 않고 끝까지 철저했다. "너희들이 이다음에 커서 화류계 여자와 성관계를 가질 경우에 대비해, 콘돔을 사면 한 개만 사지 말고 대여섯 개쯤 사서 불량품이 아닌가를 반드시 조사해 보아야 한다"라며 콘돔에 풍선 불 듯이 담배 연기를 뿜어 연기가 새는 것을 골라내는 방법도 가르쳐 주었다. 또 미처 그것을 준비하지 못하고 성행위를 했다면 끝난 즉시 소변을 보아 소독하라고 말해 주었다. "이다음에 커서…"라는 말이 사실은 철없는 학생들을 빗대서 하는 말임을 학생들이 눈치채지 못할 리 없다. 교육자의 위신보다는 정말 제자를 아끼는 선생의 주책스런 충고를 학생들은 숙연한 자세로 받아들였다.

그러나 석주명 선생은 그때 송도중학교만의 명물이 아니었다. 그는 이미 개성의 석주명, 아니 조선의 석주명이 되어 있었고, 일본인들까지도 세계의 으뜸으로 자랑하는 존재가 되어 있었다. 1941년 10월 7일자 매일신보 조간 3면에는 송도중학교 개교 25주년 기념식 기사가 보도되었는데, 석주명 선생이 근속 10주년 표창을 받은 기사와 함께 일본 학술진흥회와 조선 과학연구회로부터 장학금을 받으며 연구하는 그의 프로필이 자세히 소개되었다. 요즘 사람들로서는 이해하기 힘들지만 당시로서는 충분히 일간 신문의 기삿거리가 될 수 있는 사건(?)이었다. 사학 명문 송도중학교의 25주년도 그렇지만 이미 세계적 학자로서 명성을 얻기 시작한 석주명의 근속 10주년은 충분히 눈길을 끌 수 있었기 때문이다.

1941년 5월 21일자 오사카 매일신문은 5면에 송도중학 박물학 교실을 세계 으뜸이라고 추켜세우고, 사진 3장(석주명과 석윤희·줄흰나비·자웅형 유리창나비)과 함께 석주명에 대한 기사를 4단 10cm로 소개했다.

세계에서 으뜸가는 나비 표본의 전당
송도중학 박물학교실 拜見^{배 견}

지금 독일 비행기의 맹폭을 받고 있는 런던의 대영박물관보다 더 많은 나비 표본으로 세계 제일이라 일컬어지는 경기도 개성 송도중학교 박물학 교실을 소개한다. 이곳의 책임자인 석 주명 씨(34세)는 이 학교에서 교편을 잡은 지 10년인데 최근에 낸 영문판《조선산 접류 총목록》은 세계의 학자들을 깜짝 놀라게 했으며, 신종을 발견하여 명명한 것이 6종이다. 최근에는 또 관모산에서 진귀종인 줄흰나비의 암수한몸형을 발견하여 동경제대〈동물학회보〉에 연구문을 보내서(아직 미발표) 대단히 기염을 토한 나비의 세계적 권위자이다.

그가《조선산 접류 총목록》을 통해 최종 분류한 조선의 나비는 255종인데 그동안 사계의 많은 학자들이 신종이라고 명명, 발표한 것 가운데 대다수가 실은 이 255종 중 한 종의 변이에 불과하다고 한다. 씨가 이것을 지적하고 말살한 것이 지금까지 500여 종이 넘는데, 과학적 근거에 의한 작업이기 때문에 아직까지 단 한 건의 항의도 나오지 않고 있다.

이 박물학교실에서는 한 종에 수만 개의 변이개체를 가지고 있는 것이 많은데 배추흰나비 같은 것은 14만 5천여 개체에 달한다. 그밖에 외국의 학자들과 교류하여 수집한 전 세계의 표본까지 거의 다 갖추고 있어서 그 수가 60만 마리를 넘고 있으니 참으로 놀라운 일이다. 줄흰나비 암수형은 왼쪽 날개가 수컷, 오른쪽 날개가 암컷이고, 생식기는 암컷이라고 한다.

이렇듯 송도중학이 자랑하던 석주명은 1942년 3월 31일, 돌연 만 11년간 근무해 온 송도중학교를 사직했다. 오랫동안 정든 훌륭한 직장을 그만둔 데 대해 많은 사람들이 의아해했지만, 나비 연구에 일생을 건 석주명으로서는 더 이상 학교 생활에 얽매여 연구할 시간을 빼앗길 수 없다는 나름의 속사정이 있었다.

1942년 4월 18일, 송도중학교 교정에서 그는 조수 김홍우·김찬주·남정현과 함께 60만 표본을 화장했다. 표본 상자에 진열된 최상급 표본들과, 전시판과 삼각 유산지에 넣어 서랍에 보관한 것들 그리고 해외에서 수집한 외국 표본들을 제외한 나머지, 표본이 만여 개체씩 담긴 과일 상자 60여 개를 모두 태웠다. 물론 그것들은 측정·조사되고 논문 발표가 끝난 표본들이었지만 막상 태워 버리자니 가슴이 아팠다. 그러나 이어받을 사람이 없는 한 그대로 두면 오히려 해충 번식장이 될 염려가 있어서 어쩔 수 없었다. 석주명과 조수들은 기념촬영을 한 뒤 상자들을 박물관 서쪽 마당에 꺼내다 놓고 간단히 나비 위령제를 지내고 나서 석유를 붓고 불을 당겼다.

나비를 많이 잡았다고 해서 자연 생태계에 지장이 생길 염려는 전혀 없지만, 그것들도 하나의 생명체였으며 자신의 학문 연구에 절대적으로 기여했음을 고맙게 생각하며, 석주명은 잠시 머리를 숙여 나비들의 명복을 빌었다. 60만 마리가 다 타기까지는 2시간이 넘게 걸렸다.

이 사건은 〈식물과 동물 植物及動物〉 10권 10호에 '六十萬の蝶の火葬'이라는 제목으로 기사와 함께 사진 5장이 실리는 등 화제를 불러일으켰는데, 창씨개명 압력에 무언의 반항을 한 것이라는 말이 새어나가 일본 경찰이 눈초리를 번뜩이기도 했다. 두 달 뒤, 잔무를 모두 정리한 석주명은 가벼운 마음으로 벼르고 벼른 개마고원 채집 여행길에 올랐다.

개마고원은 그 넓이가 4만 제곱킬로미터로 함경남북도에 걸쳐 있어 '한국의 지붕'이라고 불리는 곳인데, 해발 고도는 1천~2천 미터에 이른다. 석주명은 26일 동안 2천 미터가 넘는 산과 고개를 숱하게 넘으며 나비들을 쫓았다. 그의 채집 광경을 상상으로나마 그려 보기 위해, 그가 쓴 많은 채집 여행기 중에서 이때 쓴 '북조선 접류 채집기'를 골라 번역했다. 여기서 '북조선'이란 생물지리학상으로 구획한 함경남북도 일대를 가리키는 말이다. 〈조선 박물학회 잡지〉 38호(1941)에 '남조선 접류 채집기'와 함께 실린 글인데, 학명·목록 등을 적은 학술 내용은 생략하고 채집 일기만을 소개한다.

북조선 나비 채집기

서언 序言

과거 10년간 내가 해 온 조선산 접류 연구는 중학교 박물학 교원 생활을 하면서 틈틈이 이루어졌으므로 마음먹은 대로 진행되지 않은 점이 많았다. 특히 채집 여행을 할 수 있는 기간이라고는 1년에 한 번씩의 여름방학뿐이고 그나마 기간도 한정되어 있어서 어려움이 많았다. 다행히도 나는 1942년 3월 31일 송도중학을 사직하고 나서야 (6월 중순까지 이것저것 뒤처리를 한 후) 비로소 날짜에 구애 없이 마음속에만 그리던 곳들을 찾아가 볼 수 있게 되었다. 여정은, 청량리→함흥→부전고원→청산령→혜산진→백암→연암→설령→주을→단천→홍군(왕복)→고원→석탕온천→평양→개성이었으나, 주요한 코스는 '부전고원-청산령-혜산진'과 '설령-주을' 둘로 좀 무리한 감이 없지 않았지만, 이 6~7월 좋은 시기란 지금처럼 몸이 자유로운 때가 아니고서는 계획조차 세워 볼 수 없는 일이기에 결행하기로 했다.

'부전고원-청산령-혜산진'과 '연암-설령-주을' 코스는 인가가 아주 드문 함경도 지방에서도 벽지 중의 벽지였다. 이 지역의 생물 분포 상태는 참으로 재미있고도 또 풍부했는데, 이곳을 답사한 생물학자가 아직 없었던 것은, 교통기관이 없어 도보 여행을 할 수밖에 없는 데다 많이 불편하기 때문이었다. 사실 청산령 전후의 140리(능구리－삼덕)와 설령 전후의 145리(상촌－보상)에는 인가가 전혀 없었는데, 설령 코스에서는 텐트마저 갖고 가지 않아 어려움을 겪었다.

이 여행의 채집품은 6과 128종 3천여 개체여서 성적은 만점이었다. 신종과 미기록종은 없었지만, 희귀한 종이어서 많이 채집할 수 없었던 것들을 풍부히 채집했으며, 그중에서도 설령에서 재순지옥나비를 34마리나 채집한 것은 너무나 큰 수확이었다.

도중에 비를 만난 일은 있었지만 그 때문에 쉰 날은 하루도 없었고, 채집이 시작된 6월 20일부터 7월 16일까지 26일 동안 기차 안에서 보낸 날은 7월 14일 하루뿐, 항상 많고 적음을 불구하고 채집을 했다. 덕분에 나 혼자 여행임에도 불구하고 128종이나 채집할 수 있었는데, 나비 종류가 풍부한 지대라는 점과 여행 시기와 날씨가 좋았다는 것도 큰 행운이라고 생각한다.

도보 여행 때에는 짐 때문에 인부를 고용했는데 채집에는 아무런 도움도 되지 않았다. 또 워낙 힘하고 외진 곳이어서 품삯을 비싸게 치러도 행선지가 바뀔 때마다 인부들을 교체할 수밖에 없었다. 이번 여행의 채집 지역은 상당히 넓고 대부분이 생물지리학상 대단히 중요한 개마고원을 형성하고 있다. 신종과 미기록종을 못 잡은 것은 내가 예측한 대로였는데, 그것은 그동안 내가 생각해 온 바를 굳혀 주기도 했다. 내가 채집한 곳을 전부 적기는 어려워 대략을 지도에 표시하기로 하고, 우선 채집 기록만을 적기로 하겠다.

채집일기

6월 17일(수) 맑음

9시 청량리 출발, 18시 3분 함흥 도착. 마중 나온 원홍구 선생 댁에서 이틀간 묵으며 여러 가지 얘기를 나눴다. 6월 18일에는 흥남에 가서 질소비료공장을 견학했다.

6월 19일(금) 맑음

10시 함흥 출발, 19시 30분 부전호赴戰湖에 도착. 1박.

6월 20일(토) 맑음

한대리漢垈里행 배가 없어서 할 수 없이 오전에 부근을 채집했으나 좋은 곳이 못 되었다. 15시 30분 호반 출발. 도중에 발동선이 고장 나 17시 40분에야 한대리에 도착. 질소회사 구락부에서 1박.

6월 21일(일) 맑은 뒤 비

오전에 채집을 하며 알게 된 것이 두 가지 있다. 가뭄 탓으로 날씨가 더워서 여름형을 보면 동시에 봄형도 볼 수 있었다. 예를 들면, 은점팔랑나비 봄형 같은 것이 그것이다. 두 번째는, 붉은점모시나비는 수놈만이 많고 왕붉은점모시나비보다 빨리 발생한다는 점이다. 또 이미 중부 조선에서는 볼 수 없는 함경어리표범나비가 많이 있어 놀라웠고 시기도 한창때인 듯했다. 그밖에 두줄나비·작은홍띠점박이부전나비·꼬마흰점팔랑나비 따위가 많은 것도 놀라웠다. 한대리부터는 도보 여행이었다. 13시경 한대리를 출발해 도중에서 채집을 하며 17시에 서어수리西於水里에 도착했다(30리).

6월 22일(월) 맑은 뒤 비

서어수리에서 20리 떨어진 메물령袂物嶺에서 종일 채집했다. 그 부근은 참으로 양호한 채집지여서 나는 지난해 이곳에 왔을 때 언젠가는 꼭 와서 채집하고 싶었는데 드디어 그것을 실행했다. 예상대로 채집 성적이 아주 좋아 30종 178개체 중에는 진종珍種도 많았다.

그중 황모시나비(♂) 한 마리와 왕줄나비(♂) 한 마리는 보통 채집 방법으로 잡은 것이 아니다. 황모시나비는 아침에 여관을 나서서 얼마 안 갔을 때 길 위에 앉아 있는 것을 발견했는데, 신이 내게 베푸신 은총으로 받아들이고 싶다. 이슬이 채 마르지 않은 이른 아침이었기 때문에 날지 않으리라고 알면서도 조심스럽게 다가가 포충망을 씌웠다. 계속해서 부근을 뒤졌으나 행운은 한 번뿐, 황모시나비를 더 발견하지 못한 채 온몸을 이슬에 적셨다. 왕줄나비도 황모시나비와 비슷한 상태로 잡았으나 시각은 돌아오는 길 수풀 속에서였기 때문에 몹시 조심스럽게 망을 휘둘렀다. 어찌나 흥분해서 망을 흔들었던지 주먹만한 돌멩이가 나비와 함께 들어 있었다. 또 처음으로 까맣게 변한 이상형異常型 산꼬마표범나비(♂) 한 마리를 잡은 일도 즐거웠다(이것 말고도 이번 여행에서 채집한 이상형과 기형 여러 개에 대해서는 다른 기회에 발표하기로 하겠다).

그밖에도 북방알락팔랑나비와 수풀알락팔랑나비를 풍부히 채집한 것도 퍽 즐거웠다. 기후와 시기와 장소와 나비 분포가 더할 나위 없이 좋아 유쾌했지만 등에에게 스타킹 위로 쏘인 것이 그뒤 닷새 후쯤 발 전체가 붓도록 나를 괴롭혔다. 어쨌든 그곳은 평지의 늦봄쯤이어서 라일락과 범부채꽃이 가는 곳마다 활짝 피어 있어 참으로 좋은 곳이었다.

6월 23일(화) 맑은 뒤 비

오늘의 행정은 서어수리에서 능구리陵口里까지의 80리. 20리도 못 가서 파수령坡水嶺에 닿았는데 아침 일찍 출발했기 때문에 파수령에서 채집한 성적은 매우 좋았다. 외눈이사촌나비와 외눈이지옥나비 종류가 많아 옛다지옥나비 Erebia edda도 있지 않을까 생각하고 꽤 많은 개체를 채집했으나 옛다는 확실히 없었다. 이 여행이 끝날 때까지 옛다지옥나비에 신경을 많이 썼으나 끝내 채집하지 못했다. 나는 아직 옛다지옥나비를 채집한 일이 없을 뿐 아니라 실물을 본 적도 없다. 파수령 길 위에서 붉은점모시나비(♂) 한 마리가 양쪽 날개가 거의 없이 기어가고 있는 것을 발견하고 주웠는데, 아마 새에게 쪼여서 그런 것 같다. 파수령을 내려가서 40리 길은 비를 맞으며 걸었지만 다행히 길은 험하지 않았다. 도중에 빗속에서 교미하던 상제나비 한 쌍이 나무 밑에 떨어져 거의 죽게 된 것을 주웠다. 어쨌든 이 부근에는 상제나비가 아주 많았다. 18시 경 능구리 도착.

6월 24일(수) 맑은 뒤 비

오전에 능구리 주변을 채집했는데 그런대로 괜찮은 곳이었다. 그곳에서는 해오라비를 비롯한 새 종류가 많이 번식하고 있는데, 마을 사람들이 미신적으로 이것들을 보호하고 있어서 자연 경관이 참 좋았다.

6월 25일(목) 비 온 뒤 갰다가 흐림

능구리를 출발한 뒤 도중에 비를 만났다. 좋은 채집지로 보이는 대통기령大統氣嶺에서 한때 갠 틈을 타서 약간 채집했다. 오후에는 날씨가 개어서 성적을 올렸는데 성진은점선표범나비가 포함되어 있었다. 진작부터 청산령靑山嶺 아래 있는 단 한 채의 인가가 빈대 소굴이라는 말을 들었기 때문에 15리쯤 전의 부락에서 묵을 작정이었으나, 아무것도 발견하지 못해서 결국 그 집에 가고 말았다. 도중에 한두 집 있었던 산가山家

가 그 마을이었던가 보다. 오늘 행정은 70리. 좋은 채집지를 저녁 때 피곤한 몸으로 지나쳐 가고 있다는 것은 참으로 답답한 일이었다. 나의 목적은 걸어서 혜산진惠山鎭에 가는 일이 아니라, 도중에서 나비를 채집하는 것이 아닌가. 밤에는 역시 빈대와 벼룩의 대부대가 습격해왔다. 그들의 친절한 위문 덕분에 한잠도 잘 수가 없었다. 15리라 하더라도 온 일이 후회되었다. 실내는 덥고 밖은 추웠기 때문에 준비해 온 겨울 내의를 꺼입고 3시간 정도 밖에 나가 있었다. 하늘엔 한 점 구름 없이 보름달에 가까운 밝은 달이 떠 있어 보기 좋았지만 몹시 추웠다. 호랑이가 올 것 같아 들어오고 말았다.

6월 26일(금) 비 온 뒤 맑음

어제 저녁의 맑은 하늘은 어디로 가고 아침이 되니 또 비다. 이 빈대 투성이 외딴집에서 또 자게 되면 큰일이라 생각하고 악천후인데도 출발하기로 했다. 인부를 바꾸는 문제 때문에 곤란했는데 다행히 산적같이 생긴 그 집 주인의 신세를 졌다. 아침 8시 30분, 비가 약간 뜸할 때 출발했다. 청산령 정상(2,084m)에 도착했을 때 비는 그쳤으나 나비가 나오지 않아 재미를 보지 못했다. 기대했던 곳이어서 몹시 섭섭했다. 묵을 곳이 있다면 오늘 하루 이 근처에서 버티고 싶었으나 단념할 수밖에 없었다. 정상에서부터는 죽 내리막길이었는데 오후가 되자 뜻밖에 좋은 성적을 올렸다. 특히 상제나비와 눈나비가 떼를 지어 날고 있어서 나를 즐겁게 해 주었는데, 상제나비는 원래 떼를 지어 나는 습성이 발달해 있다. 17시 30분 삼덕三德에 도착. 오늘 행정은 70리. 오랜만에 숙소 같은 숙소에서 묵으면서 느긋하게 쉬었다.

6월 27일(토) 맑음

9시 30분에 출발해서 13시 30분 삼수三水에 도착할 때까지 25리 길을 4시간 남짓 걸으면서 천천히 채집했다. 비 온 다음날이어서 나비가 많이 나온 데다 시간도 알맞아서 39종 160개체나 채집했다. 그중에 뱀눈그늘나비는 오늘 처음 채집했는데 요새가 이것의 발생 초기인 듯하다. 황세줄나비도 매우 풍부해 놀라웠다. 또 신선한 연주노랑나비(♂)를 여러 개 망 속에 넣었는데 그중에는 상당한 거리를 추격해서 기분 좋게 잡아넣은 것도 있었다. 삼수에 도착해 보니 어제의 비로 도로가 망가져 혜산진행 버스가 움직일 수 없어, 승객들에게 내일 아침에 연락해 주겠다고 한다. 부근을 또 채집했는데 높은산세줄나비를 여러 마리 채집해 흡족했다. 삼수는 금성襟城·금수襟水 따위로도 불리는 곳으로, 워낙 두메여서 옛날부터 갑산甲山과 더불어 귀양지로 유명한 곳이다.

6월 28일(일) 맑음

7시 삼수 출발. 도중에 타이어 펑크 때문에 차가 멈춘 동안 약 20분간 채집했다. 11시 30분 혜산진 도착. 혜산진은 1934년 내가 채집한 일이 있는 곳으로서 오후에 채집해 보니 10여 년 동안 너무나 환경이 파괴되어 있어서 실망이 컸다. 압록강 건너 창빠이부長白府에 가 보니 10여 년 동안 아주 많이 변했는데 모든 것이 만주풍이라기보다는 조선화되어 있었다. 오랜만에 과자가 눈에 띄어 3원어치쯤 샀는데 나중에 강 언덕의 세관에서 10퍼센트나 세금을 물고 보니 결과적으로 비싼 과자가 되었다. 사실 조선에는 이런 과자가 없으니 아주 고급 과자임에 틀림없다. 혜산진은 백두산이 가까워서인지 거리에 '백두'라는 여관이 있어 산사나이임을 자처하는 나는 그곳에 묵기로 했다. 오래간만에 목욕과 이발을 하니 문명인으로 돌아온 것 같았다. 부족한 삼각지를 보충하려고 이곳저곳 다녀 봤으나 유산지가 없어서 반지 半紙를 30장 샀다.

6월 29일(월) 갠 뒤 비

오늘부터는 기차 여행이다. 8시 혜산진 발, 9시 8분 보안 甫案 도착. 보안에서 불쑥 하차한 까닭은, 나의 여행에서는 언제나 그렇듯이 근처가 좋은 채집지로 보였기 때문이다. 역시 그곳은 양호한 채집지였다. 특별한 가치가 있는 것으로는, 여기서 꼬마멧팔랑나비를 한 마리 잡은 사실이다. 11시 32분 보안을 출발, 잠하 岑下역에 내려 남설령 南雪嶺을 걸어서 넘으면서 채집할 생각이었으나 비가 내리기 시작했기 때문에 백암 白岩으로 직행해 13시 26분에 도착했다. 여관에 들자마자 비가 억수같이 쏟아졌다.

6월 30일(화) 맑은 뒤 비 그리고 갬

오전에 어제 기차로 지나온 남설령에 갔다. 남설령은 훌륭한 채집지로서 전에 조수를 파견한 적이 있는 곳인데, 역시 채집 성적이 좋아 노랑지옥나비를 잡을 수 있었다. 여관에 돌아와 점심을 먹고 있는데 소나기가 쏟아졌다. 13시 40분 백암 출발, 14시 13분 대택 大澤역 도착. 근처에서 내가 늘 표본이 부족해 갈망해 오던 높은산뱀눈나비를 약간 채집할 수 있었고 높은산노랑나비(♂)도 한 마리 잡아서 마음이 흡족했다. 대택 역장인 아오타니 靑谷久男 씨의 집에 갔다가 일본인 아라카와 荒川節士 씨 부부를 만나 그날 저녁을 나비 이야기로 보냈다. 아오타니 씨에게서는 나비 표본을, 아라카와 씨에게서는 삼각지를 많이 얻어서 무척 고마웠다.

7월 1일(수) 맑은 뒤 흐림

 9시 19분 대택 발, 9시 46분 북계수北溪水 도착. 근처를 채집하고 도내島內까지 걸으면서 채집했다. 꼬마어리표범나비를 비교적 많이 채집해서 유쾌했다. 15시 25분 도내 출발, 16시 58분 연암延岩 도착. 사와타澤田 기사가 소개한 성진 영림서城津營林署 작업장 주임 오타太田直一 씨를 찾아가 그곳 구락부에서 3일간 묵기로 했다.

7월 2일(목) 맑음

 10시 30분 영림서의 가솔린 차로 연암을 출발해서 45리 들어간 두메 상박천上博川에 도착했다. 북방거꾸로여덟팔나비 봄형과 성진은점선표범나비를 채집할 수 있어서 즐거웠다. 오후에는 최근에 신설된 학술 참고림에서 채집했는데, 여기서도 북방거꾸로여덟팔나비 봄형을 잡았다. 이 상박천 학술 참고림은 참으로 훌륭한 임상林相을 가지고 있어서 동양 제일이라고 한다. 숲이 원시림 그대로여서 인가 근처에 많은 배추흰나비를 전혀 볼 수 없었다. 높은산뱀눈나비와 큰산뱀눈나비를 풍부히 잡아서 좋았다. 학술림에서 일박.

7월 3일(금) 맑음

 부근을 채집하고 가솔린 차로 오전에 연암에 돌아가 12시 15분 연암 출발, 13시 삼사三社 도착. 나비를 채집한 뒤 창평蒼坪국민학교 교장 히라누마平沼鳳五 씨를 방문했다. 삼사에 우정 온 것은, 경성제국대학 고바야시小林晴治 교수에게 부탁받은 나비 채집에 대한 일을 의논하기 위해서였다. 저녁 때 연암으로 돌아왔다.

7월 4일(토) 맑음

9시에 출발해서 설령雪嶺으로 향했다. 20리쯤 채집하며 걸어서 상촌上村에 도착했다. 앞으로는 인가가 없다고 해서 상촌에서 묵기로 하고 부근을 또 채집했다. 이곳은 뜻밖에도 20호가 넘는 큰 부락이었는데 거의가 산판에서 벌목하는 사람들이었다. 제일 큰 집에서 미안할 정도로 환대를 받으며 묵었으나 어찌나 빈대가 많은지 한잠도 잘 수 없었다. 이 지방의 빈대는 유명해서 빈대가 없는 집이 없다고 하니, 이곳을 여행하는 분은 단단히 준비해야 할 터이다.

7월 5일(일) 흐린 뒤 갬

상촌 부락은 참 좋은 곳이었다. 7월인데도 응달에 얼음이 있어서 빈대만 없다면 피서지로서는 일품이었다. 상촌에서 설령 정상까지 40리, 거기서 다시 북수北水까지 30리인데, 설령에서 두 번 채집하려면 상촌을 근거지로 해서 왕복해야겠다. 왜냐하면 상촌-설령은 40리라고 해도 길이 평탄한 데 반해 설령-북수 30리는 대단히 험한 길이기 때문이다. 게다가 북수에는 인가가 한두 채뿐이고, 상북수上北水에서 보상甫上까지 70리에는 쉴 곳이 전혀 없다고 한다. 상촌을 근거지로 하는 데는 빈대에 대한 준비만 하면 될 일이었다. 8시 30분 상촌 출발. 흐린 날씨에 신경이 쓰여 좀 늦게 출발했지만 다행히 나중에 날씨가 개었다.

설령 정상(2,272m)과 인접한 궤상봉櫃床峰 정상(2,333m)에서는 재순지옥나비를 많이 잡고 그밖에 쐐기풀나비도 잡았다. 재순지옥나비에 대해서는 이번 여행 출발 때부터 무척 고대하고 신경을 썼다. 13시 30분, 정상의 널따란 평지 한쪽 끝에 올라 사방을 둘러보고 있는데 까만색 작은 나비가 눈앞을 스쳐 날아갔다. 나는 직감으로 재순지옥나비라 생각하고 단숨에 쫓아가 잡아서 보니 그것 역시 수놈이었다. "과연 맞았구나, 잘 만났다! 잘 만났어!" 쾌재를 부르며 두세 마리 더 잡을 욕심에 부근을 샅샅이 훑었으나 더는 없었다. 그러나 실망하지 않고 계속 전진해 초원 지대 중앙에 다다르니 "있다! 있다! 드디어 나타났구나, 수놈 두서너 마리!" 잡고 보니 한 대여섯 마리 더 잡았으면 좋겠고 암놈도 한 마리 잡고 싶었다(암놈은 나에게 한 마리밖에 없었다). 수놈을 몇 마리 더 채집하는 중에 드디어 암놈 한 마리가 망에 걸렸다. 또 찾으면 있을지도 모른다는 생각에 궤상봉 정상을 한참 뒤지다 보니 바위 틈에서 교미하는 한쌍이 눈에 띄었다. 손을 집어넣어 힘겹게 잡았다. 이렇게 해서 집에 있는 한 개를 보태 암컷 표본은 모두 3마리가 되었다. 수놈은 제법 많이 잡았으니 아쉬운 대로 암놈을 5마리만 더 잡았으면 좋으련만 무던히 찾아다녔는데도 더 소득이 없었다.

 어느새 15시 30분이 되자 인부들이 하산하기를 재촉한다. 다시 오기 힘들 것 같아 좀 더 버텨보고 싶었지만 시간이 너무 늦어서 할 수 없이 하산했다. 인가에 도착하기 전에 날이 저물면 호랑이를 만날 것 같아 상촌 쪽을 포기하고 북수 쪽으로 내려갔다. 천만다행으로 하산길에 암놈을 5마리나 잡을 수 있어서 수놈 27마리, 암놈 7마리, 도합 34마리의 수확을 얻었다. 재순지옥나비는 높은 산 정상의 평원 지대에만 있는 종류이다. 설령에는 곳곳에 아직도 눈이 있고 바람이 세차 나비가 나올 시기로는 이르다고 생각했으나 이만한 수확이 있었으니 정말 행운이다. 나는 이 즐거움을 같이 나누려고 인부들에게 팁을 주겠다고 했더니 만족한 표정들로 해가 저문 것도 불평하지 않았다. "그 나비들을 잡아서 특별한 벌이가 되었는가 보군요" 하고 묻는 인부들의 말도 무리가 아니다. 나는 연신 싱글벙글, 하루에 이틀치 삯을 주고 팁까지 얹어 주고도 아깝지 않은 날이었다.

 설령에서 북수까지 내리막길은 과연 험했다. 30리 길이라고 하지만,

명색이 길일 뿐 얕은 도랑 같은 소로를 따라 잡초 속을 헤치고 나아가야만 했다. 고양이만한 짐승으로 변해서 네 발로 걸어야만 겨우 지나갈 수 있는 그런 길 – 지도에 훌륭한 길로 표시되어 있는 것은 바로 이런 길이었다. 게다가 날까지 저물어 산짐승에 신경이 쓰였다. 곳곳에 곰의 똥과 멧돼지 발자국이 보였다. 이런 정도라면 호랑이도 있을 것이 틀림없었다. 엊저녁 한잠도 못 잔 피곤한 몸으로 이런 산길을 가자니 마음이 약해졌는지 자꾸만 호랑이가 나올 듯한 착각에 빠져 견딜 수 없었다. 나는 애써서 재순지옥나비 많이 잡은 일을 생각해 냈다. 그러니까 마음이 금방 즐거워졌다. 문득 '이솝 이야기' 같은 우화가 머리에 떠올랐다.

호랑이: "자네 몸을 먹고 싶네."
나: "그건 안 돼! 재순지옥나비를 한두 마리 주마. 이거면 하나에 오십 원은 받을 거다. 백 원이면 내 몸뚱이보다 큰 고깃덩어리를 구할 수 있지 않겠냐? 어쩌고"

북수에 도착한 때는 19시였지만 사방이 산으로 둘러싸인 곳이어서 벌써 어둠이 깔려 있었다. 인가 두 채가 뚝 떨어져 있었는데, 첫 집에 들어가 하룻밤 묵기를 청했다. 다행히 빈대가 거의 없다시피 해서 단잠을 잘 수 있었다. 오늘은 무척 고생을 했지만 재순지옥나비를 많이 잡아서 아주 즐거웠다. 조선과 일본을 통틀어 나에게만 35마리가 있는 셈이다. 지난해 유리창나비를 20마리 잡았을 때에는 그 즐거움을 나누기 위해 전국의 나비 친구들에게 무상으로 나누어 주었는데, 결과는 불유쾌한 사건이 생겼을 뿐이다. 이번에는 아무에게도 주지 않고 진희珍稀함을 홀로 만끽해야겠다.

7월 6일(월) 맑음

오늘은 북수에서 보상까지 하산했는데, 도중에 거무덕巨務德 부근이 너무나 평범한 데 놀랐다. 그곳은 지도를 보고 예측한 대로 웅대한 고원 지대였지만 거의 화전민들이 망쳐 놓아서 자연이 심하게 파괴되어 있었고, 황폐한 빈 동네에는 식수도 없었다. 작년까지는 앵속罌粟(양귀비)을 재배하는 인가가 있었으나 장질부사가 번져 사람이 많이 쓰러지는 바람에 다른 곳으로 옮겨 갔다고 한다. 17시 30분에 겨우 보상에 도착했다. 노천 온천에 가서 물속에 들어가 보니 *Ixodes ricinus* LINNÉ 마다니 속屬의 일종인 벌레 2마리가 내 몸에 붙어 피를 빨고 있어서 이것도 채집했다. 온천욕 덕분인지 피부에 염증이 생기지 않아서 다행스러웠다.

7월 7일(화) 맑음

보상에서 충분히 쉬다.

7월 8일(수)

9시 30분 보상 출발. 성정城町 온천까지 오니 어제 채집 때 등에에게 쏘인 왼쪽 팔이 퉁퉁 부어 몹시 불편했다. 예정을 바꿔 성정온천에서 일박하며 휴양하기로 했다. 다행히 지난번 서어수리에서 쏘였을 때보다는 덜했다.

7월 9일(목) 맑음

지금쯤 굴뚝나비가 나올 때가 되었는데 하고 생각했는데 예상대로 성정－주을朱乙 도중에서 그것을 채집했다. 오전 중에 주을에 도착. 여기서부터는 또 기차 여행이다. 16시 20분 주을 출발, 18시 9분 청진淸津 도착.

7월 10일(금) 맑음

아침부터 서둘러서 근교의 고말산高秣山 부근을 채집했다. 이곳은 이미 한 차례 채집한 적이 있는 곳이다. 도회지 근처인데도 채집 성적이 좋았다. 밤에 우연히 안주安州 출신인 장대성이라는 청년의 곤충 컬렉션을 구경하게 되었는데, 7~8년간 모아온 훌륭한 컬렉션이었다. 그의 독지篤志에 감복한 나는 예정을 바꿔 하룻밤을 더 청진에서 묵었다.

7월 11일(토) 맑음

9시 25분 청진 출발, 12시 32분 명천明川 도착. 명천은 벌써 여러 번 지나친 일이 있다. 그때마다 양호한 채집지라고 생각하면서도 채집하려고 하차한 적은 없었기 때문에 이번엔 마음먹고 기차를 내렸으나 뜻밖에도 좋은 채집지는 아니었다.

7월 12일(일) 맑음

8시 28분 명천 출발, 11시 14분 단천端川 도착. 한 시간쯤 근처를 채집하고 13시에 단천을 출발하여 17시 18분 홍군洪君 도착.

7월 13일(월) 맑음

아침에 풍산가도豊山街道 고갯길에서 채집했는데 접상蝶相이 좋아 이 여행에서 처음으로 시골처녀나비와 왕붉은점모시나비를 잡았다. 산길에서 산마을 여자들이 거리로 팔러 가는 산매山苺(나무딸기)를 사서 시식해 보니 보기와 달리 맛이 있었다. 그녀들은 거리에서 6킬로미터 이상 떨어진 산속에서 이 산 과일을 딴다고 하는데, 이틀간은 열매를 따고 하루는 거리에서 판다. 사흘 노동한 대가는 약 2원 70전. 11시 20분 홍군 출발, 12시 10분 고성古城 도착. 부근에서 채집한 뒤 15시 54분 고성 출발, 17시 39분 단천 도착. 이 단풍선端豊線(단천과 풍산 간 철도)은 비탈이기 때문에 올라가는 것보다는 내려가는 것이 빠르다. 오늘 성적은 가뭄에도 불구하고 비교적 좋았지만 표범나비류가 많은 데 비해 부전나비류는 볼 수 없었다.

7월 14일(화) 맑음

7시 단천 출발, 12시 14분 함흥 도착. 마중 나온 원홍구 선생과 두 시간쯤 얘기를 나눈 뒤 14시 10분 함흥 출발, 16시 50분 영흥永興 도착. 왕호 군을 방문해 보니 함흥에서 급히 보낸 전보가 아직 도착하지 않은 듯했다. 저녁때에야 왕 군을 만나 하루 저녁 나비 얘기를 하며 지냈다.

7월 15일(수) 맑음

7시 36분 영흥 출발. 도중 고원高原에서 바꿔 타고 11시 32분 석탕石湯 온천역 도착. 13시 30분 기차를 기다리는 동안 역 근처에서 홍점줄나비(♂) 한 마리와 큰흰줄표범나비를 잡았다. 14시 10분 버스로 온천에 도착해서 주변을 채집했으나 배추흰나비와 암먹부전나비뿐, 역 부근이 훨씬 좋았다.

7월 16일(목) 맑은 뒤 비

9시 30분 출발 시각까지 조금 여유가 있기에 2킬로미터쯤 떨어진 곳에 가보니 채집 장소로 좋은 곳이 있었다. 긴지부전나비를 한 마리 채집하고 돌아와 보니 차가 10분 전에 떠나고 없었다. 16시 발 버스를 타기로 하고 다시 그 장소에 가서 긴지부전나비 2마리와 다른 나비들을 풍부히 잡았다. 전화위복이라고 할까. 성적이 아주 좋았고 채집을 마치자마자 큰비가 쏟아졌다. 오후에 목욕을 하고 18시 3분 석탕온천을 출발했다. 21시 30분쯤 배산점襄山店 역에서 정차했을 때 굴뚝나비(♂) 한 마리가 기차 안 전등으로 날아들어 왔기에 얼른 잡았다. 22시 13분 서평양西平壤에 도착해서 26일간의 채집 여행을 마쳤다.

'제주도 박사'까지

석주명은 북조선 채집 여행을 마치고 개성에 돌아와 열흘쯤 채집품을 정리한 뒤 또다시 8월 2일부터 23일까지 남조선 채집 여행길에 올랐다. 1천~2천 미터 산과 고원을 수없이 오르내리며 나비를 쫓아 뛴 한 달 여독이 채 풀리기도 전에 또 20여 일 걸리는 채집 여행을 떠나는 그의 정력과 열성은 그야말로 초인적이었다.

남조선 여행은, 시기로 보아서도 6, 7월만 못 한 데다, 9월 2일부터 경성에서 열리기로 한 '나비 전시회'를 위해 서둘러 귀경해야 했기 때문에 출발할 때부터 큰 기대는 걸지 않았다. 게다가 그 무렵 우리나라 전역이 심한 가뭄에 시달리고 있었으므로 나비 발생 수가 극히 적었다.

결과는 예상한 대로였다. 석주명은 일정에 쫓겨 북조선 여행 때와 달리 철도선을 연결하는 기차역 중심으로 채집 여행을 할 수밖에 없었는데, 역 주변은 자연 파괴가 심해서 이것도 채집 성적이 별로 좋지 않은 원인이 되었다. 물론 전혀 수확이 없지는 않았지만, 결과는 보잘것없었다. 간단히 그의 여행 코스만을 소개하기로 한다.

8월 2일 청량리역 출발 → 팔당 → 양평 백운산 → 원주 치악산 → 반곡 → 제천 → 단양 → 죽령 → 안동 → 예천 → 함창 → 새재 → 점촌 → 문경 → 상주 → 김천 → 구미 금오산 → 대구 → 삼랑진 → 창원 →

마금산 → 마산 → 산인 → 갈촌 → 진주 → 진영 → 밀양 → 남성현 → 영천 → 봉림 → 의성 → 영주 → 희방사 → 청량리(8월 23일 도착).

석주명은 송도중학을 사직하고 1942년 7월부터 경성제국대학교 미생물학 교실에 촉탁 연구원으로 들어가 개성에 있는 '생약 연구소'에서 근무했다. 아무리 일본 제국주의 시대였지만 대학에 소속된 신분은 비교적 자유로웠고, 게다가 학생을 가르치는 무거운 짐에서도 벗어나 홀가분해진 그는 더욱 정열적으로 활동할 수 있었다.

그는 1943년 4월 제주도로 떠날 때까지 1년도 채 안 되는 기간에 '나남 지방산 접류 목록 제2보' '남계우의 접도蝶圖에 대하여' '만주산 접류 목록 제2보' '조선산 접류 표본 목록' 등을 발표하고, '북조선 접류 채집기'와 '남조선 접류 채집기'를 집필했으며 '나비 전시회'를 열었다. 특히 나비 전시회는, 나비 박사로 널리 알려진 그가 10여 년간 수집한 소장품을 처음 공개한다는 점에서 장안에 화제를 불러일으켰다. 1942년 9월 2일부터 9월 6일까지 경성일보사와 조선박물학회 주최로 경성 미나카이 三中井 백화점(지금의 퇴계로2가에 있었음) 6층에서 열린 '蝶の展覽會'에 석주명은 조선 나비는 물론 다른 나라의 아름답고 진귀한 나비 5천여 종을 엄선해 출품했다. 그 내용은 다음과 같다.

제1부 조선에서 나는 종류

▷ 일반종 ▷ 진희종 ▷ 조선산 나비 연구용 외국 표본(일본 대만 만주 인도차이나 남양군도 유럽 미국 아프리카 호주 등) ▷ 조선산 이형 및 기형 나비

제2부 **조선에 나지 않는 나비**

대만 일본 필리핀 인도 자바 셀레베즈 파푸아 미국 멕시코 브라질 중남미(페루 칠레 콜롬비아 기아나 볼리비아 에과도르…) 아프리카(케냐 로디지아 콩고 카메룬 마다가스카르…), 여러 대륙 공통종

1943년 4월 경성제대가 생약연구소 시험장을 제주도에 개설하자 석주명은 그곳 책임자로 가게 되었다. 그는 자신의 조선산 나비 연구에서 가장 취약한 제주도 지역 나비를 연구하는 데 다시 없는 기회로 생각하고, 누구도 가기를 꺼리는 벽지 근무를 자원했다. '경성제국대학교 부설 생약연구소 제주도 시험장'은 서귀포에서 지금의 5·16 도로를 따라 한라산 쪽으로 올라가다가 오른쪽 수원지 밑의 하효천리에 개설되었는데, 광복 후 서울대학교에 약학대학이 생기자 그 소속으로 되었다가 제주대학이 생기면서 그곳으로 이관되었다.

석주명이 제주도에 부임한 것은 그 자신으로 보나 국가로 보나 대단히 다행스러운 일이었다. 1943년 4월부터 1945년 5월까지 겨우 2년 1개월 동안 근무하면서 어느 누구도 해내지 못할 엄청난 학문 성과를 올렸기 때문이다. 그를 일명 '제주도 박사'로 불리게 한 제주도 연구는 나비 연구와 더불어 쌍벽을 이루는 업적으로, 나비 연구가 십수 년에 걸쳐 끊임없이 노력하고 정진한 결과였다면, 제주도 연구, 특히 방언 연구는 어학에 대한 천재적인 소양이 단시일에 이룩한 위업이었다.

석주명은 제주도에 부임하자 육지와 판이한 여러 가지 현상에 흥미를 느끼고 나비와 더불어 '제주도'를 그의 연구 주제로 삼았다. 그는 곤충 채집부터 사투리, 인구, 제주도에 관한 문헌과 자료 등 제주도의 모든 것을 조사하기 시작했으며, 일상생활에서 보고 듣고 읽는 것 중 제주도에 관한 것이 나오면 즉시 적당한 제목을 붙여 카드에 기록해 쌓아 두

었다. 그 결과가 1948년부터 간행된 '제주도 총서' 여섯 권이다.

제1권 《제주도 방언집》, 제2권 《제주도의 생명 조사서 – 제주도 인구론》, 제3권 《제주도 문헌집》은 석주명 생전에 서울신문사에서 출판되었으며, 제4권 《제주도 수필 – 제주도의 자연과 인문》, 제5권 《제주도 곤충상》, 제6권 《제주도 자료집》은 그가 죽은 뒤 석주선이 출판했다. 석주명은 처음에 제주도 총서를 열 권까지 낼 생각이었으나 여섯 권에 그치고 말았다. 그에 대해 이숭녕 박사는 이렇게 말했다.

"한 사람이 자기 전공 외의 학문 분야에 또다시 일가를 이룬다는 것이 얼마나 힘든 일인가. 그러나 석주명 씨는 그것을 능히 해 냈다. 그는 남이 몇 달 걸릴 일을 며칠 만에 해치우는 천부적인 재질이 있었다. '한 냥 계산법'이라는 글도 불과 몇 시간 만에 씌어진 글이다. 그 사람이 제주도 총서를 열 권까지 내겠다는 말을 하기에 너무 외도하지 말라는 뜻으로 내가 극구 말렸다. 결국 여섯 권으로 끝냈다. 살아 있다면 얼마나 많은 일을 했을지 상상도 못 할 분이다."

'한 냥 계산법'이란, 당시 우리나라에서는 지방마다 한 냥에 대한 계산법이 틀려 경성과 경기도는 2전, 평안도·황해도·충청도·강원도는 10전, 제주도·전라도·경상도는 20전, 함경도는 1원… 하는 식으로 제각각이었으며, 차익을 노려 각 지방을 돌며 돈벌이를 하는 사람까지 있었는데 석주명이 그것을 조사해 발표했다. 그는 어느 날 결혼식에 갔다가, 하객들이 중국 요릿집에서 음식을 기다리는 동안 저마다 다른 사투리로 말하는 것을 보고는 그 자리에서 종이쪽지를 한 장씩 나누어 주고, 한 냥이 몇 전인지와 출신 지방을 적게 하여 금방 각 지역의 계산법을 지도로 만들어 냈다(석주명은 뒷날 방언 구역의 경계선을 정하고 몇 곳을 선택해 방언을 비교 연구했다. 비교 장소를 너무 많이 선택할 수도 없는 형편이어서 편의상 '한 냥'의 구역선을 작성해 활용했는데, 한 냥 계산법에 따라 2전·10전·20전·1원 네 지역으로 방언 구역을 나누었다).

그가 짧은 생애에 그토록 많은 업적을 남긴 것은 바로 이렇게 엉뚱하면서도 급진적이고 추진력이 강한 성격 덕분이라고 이숭녕은 생각했고, 한 번 손을 대면 끝을 보고 마는 그가 한없이 일을 벌일까 봐 제주도 총서를 여섯 권으로 끝내도록 권했다고 했다.

아무튼 이 모든 분야의 연구 결과는 지금도 제주도를 연구하는 데 없어서는 안 될 귀중한 자료인데, 그중에서도 《제주도 방언집》은 학술 면에서 아주 귀중한 문헌이다. 홍종인(언론인)은 이에 대해 이렇게 말했다.

"오늘날 제주도의 생활 조건은 너무 많이 달라져서 그곳의 사투리를 완벽하게 채집하기란 불가능하다. 제주도가 아직 육지의 영향을 많이 받기 이전에 석주명 씨가 해 놓은 방언 채집은, 제주도 사투리 연구뿐만 아니라 우리말과 고어古語, 동남아 지역과 언어 교류 문제 연구에도 아주 중요한 자료가 된다."

홍종인이 말한 대로, 석주명은 《제주도 자료집》과 논문 '제주도 방언과 필리핀어' '제주도 방언과 말레이어' 등을 통해 몽골 중국 만주 인도 차이나 일본 말레이 필리핀 언어와 제주도 방언과의 관계를 상세히 밝혀냈다.

1948년 1월 시중에 나온 《제주도 방언집》은, 1950년의 '《제주도의 생명 조사서》와 《제주도 문헌집》 중간重刊 광고'에 이미 그 중간본이 매진되었다고 나와 있다. 국어학자 방종현은 서울신문 1948년 3월 12일자에 이렇게 썼다(당시 신문 기사를 현재 문법에 맞게 고치지 않고 그대로 실었음. 다만 한자는 한글로 고치고, 꼭 필요한 것은 괄호 안에 넣었음. – 필자 주)

신년 벽두에 조흔 책이 나왓다

방언은 즉 우리말의 일부분이오 다만 한 지방을 중심으로 한 우리말인 것이다 그럼으로 우리말을 공부하고 연구하는 이 반드시 이 방언의 중요함을 느씨는 것이니 사라서 활용되는 실제어를 응용할 수가 잇고 죽어서 이미 문헌화한 고어(古語)를 이것에 의하여 밝힐 수도 있는 것이다

그런데 이번에 전문이 다른 이 동물학자의 손에서 가장 흥미를 쓸고 잇는 제주도의 방언이 집대성된 것은 과연 경탄을 마지안는 일이며 또 이 방면 전문가에게도 크게 충동을 주엇스리라고 밋는다.

이 책은 단순히 방언학자가 꾸민 방언집만이 아니다 그 목차에 나타나 잇는 것으로 알 수 잇거니와 제1편이 방언집이요 제2편이 방언의 고찰이오 제3편이 방언의 수필로 되어 그 방언집에서 우리는 제주도 방언의 사전으로 이것을 인용할 수가 잇스며 그 고찰에서 우리는 타 방언과 비교의 결과를 엿볼수가 잇고 그 수필에서 우리는 흥미잇는 가운데 이 방언의 지식을 자세히 할수가 잇게 되었다

여기서 이 방언집이 우리의 방언학상에 장차 가저오는 여러 가지 문제를 제기하는 것으로 귀하다. 어휘며 음운 방면은 물론이오 제주도 방언의 문법까지도 이것에 의하여 조성될수가 잇는 것이다 그러므로 이와가치 우리에게 학적(學的) 자료를 충실하게 제공하여 일반으로 편익을 주는 점에서 이 책은 실로 귀하다고 할 것이다

씃트로 이 방언집의 맨마지막 페이지에 실려있는 수필단어 한개를 그대로 소개하고 이것을 마추려고 한다

호미. 제주어로 『호미』라면 육지의 『낫(鎌)』을 의미하고 조선농민이 흔

히 쓰는 『호미』는 제주도에는 없다 육지서 쓰는 『호미』와 같이 쓰고 형상도 근사(近似)한 것은 『골개』 혹은 『골갱이』란 것인데 호미의 날이 자루와 같이 좁게 되어 갈고리 비슷이 되어 있다. 돌이 많고 흙이 경송(輕鬆)(가볍고 거침 – 필자 주)한 곳에서 제초하는 데는 이 형상이 유리할 것이므로 자연 이런 변형의 농구가 생겼을 것이다

이와갓틈으로 이 방언수필은 동시에 제주도의 일반을 알려는 이의 조흔 재료도 된다

《제주도 방언집》은 국판 188쪽(정가 250원圓)으로 1947년 6월 탈고되어 1947년 12월 30일 서울신문사 출판부가 발행했다. 석주명은 이 작업을 한 단어 혹은 한 구절을 한 카드에 기록하는 방법으로 2년 동안 카드 만여 장에 기록했다. 그 내용은 방언과 표준어를 대비하여 ㄱ, ㄴ 순서대로 사전식으로 편찬한 '방언집'과, 방언에 대한 '고찰' 그리고 어원 등을 다룬 '수필'로 되어 있다. 여기에 석주명이 쓴 서문과 이 책의 차례를 소개함으로써 오늘날 좀처럼 구해보기 힘든 이 책에 대한 이해를 돕고자 한다.

서序

1943년 4월부터 1945년 5월까지 만 2개년 여를 필자는 제주도에서 생활할 기회를 가졌다. 경성제국대학 부속 생약연구소 제주도시험장에서 근무하였었는데, 전문하는 학문 외에 틈틈이 수집한 제주도 자료의 하나가 이것이고, 일본 제국주의 시대 말기의 일이라 물론 노골적으로는 못 하였으나, 소위 대학의 관리라고 해서 비교적 자유로운 몸이었던 관계로 능률을 내었다. 1945년 5월에 개성에 있는 본소로 전근할 때도 아무 손실 없이 와서, 내면적으로 틈틈이 정리하다가 8월 15일 우리 민족이 해방되자, 먼

저 우리말을 찾고서는, 곧 이것을 표면에 내놓고 정리에 분망하였었다. 그리고 1947년 6월에 들어와서야 탈고하게 되었으니 이 일은 전후(前後) 5개년에 걸쳐 된 것이다.

  이것을 완성하기에는 표준어를 비롯하여 지방어를 교시(敎示)하여 주신 여러 동무들의 도움을 많이 얻었는데, 책임을 분명케 하기 위하여, 그곳마다 그 동무들의 존명을 기록하여 경의를 표하였다. 이제 다시 여기서 감사의 뜻을 표하고 싶다.

  여기서 본서의 내용에 대하여 조금 기록하고 싶다. 제1편 방언집의 내용인 어휘는 좀 더 많은 시간이 주어진다면 더 많이 수집할 수가 있었겠고, 이 제1편을 기초로 한 제2편 고찰은 어학자라면 좀 더 발전시켰을 것이다. 전문가가 아닌 필자로서도 공통 방언을 %로 계산해 보고 싶었으나 자세한 것은 전문가에게 미루기로 하고 필자는 그 경향만 알 수 있는 것으로 만족하기로 하였다.

1947. 6. 25 서울에서 지은이 적음

  석주명은 방언 연구를 단순한 호기심이 아닌 곤충 연구의 한 방편으로 시작했다. 방언 연구와 곤충 연구가 서로 관련이 있고 보완할 수 있는 학문 분야라고 생각했다. 그는, 민족 간의 차이란 대체로 언어의 차이와 일치하므로 언어를 분석함으로써 민족 간의 유연관계類緣關係를 알 수 있으며, 방언 연구를 통해 같은 민족 안에서 각 지방민 간의 유연관계를 알 수 있다고 생각했다. 즉 언어에서 개인 차를 제거하면 방언이 성립되고, 각 방언 간의 차이점을 조절하면 민족어가 되며, 각 민족어 사이의 공통점을 계통 세우면 언어 분화分化의 계통을 밝힐 수 있듯이, 각 지방 간의 곤충상昆蟲相 차이를 밝히면 동물학의 계통을 세울 수 있다고 생각했다. 그는 이 두 가지 테마를 서로 연관 지어 우리의 향토와

민족을 밝히려 했다.

석주명의 조사로는, 제주도 방언은 우리나라의 다른 여러 지역 방언과 전혀 다르고, 가장 가까운 전라도 방언과 공통되는 요소조차 10%가 안 된다. 몽골어와의 공통 요소가 3%, 한어漢語와는 0.7%, 일본어와도 0.7%, 말레이어와는 0.5%로 제주도의 역사적·지리적 상황을 잘 보여 준다.

석주명은 제주도에 부임하여 그곳의 특이한 방언을 대하자 곧 방언과 곤충은 연구 방법과 목적이 같다고 느꼈다. 그는 나비를 종류별로 지도에 기록해 오던 자신의 '접류 분포 지도' 작성 방법을 응용해 방언을 수집해서 그 분포 상황을 지도에 표시하기 시작했다. 그러나 얼마 뒤에 알고 보니 이 방법은 벌써 언어지리학에서 방언 연구에 많이 쓰이고 있었다. 석주명은 이 방법이 머지않아 우리나라의 방언 연구에 널리 쓰이리라 생각하고, 자신의 전공이 아닌 이 분야에 대한 연구를 중지하고 말았다. 그러나 기왕 시작한 일이니 단어라도 많이 모아서 어학자에게 자료로 제공하는 일도 뜻깊다고 여겨 방언 수집에 열을 올렸다.

일단 시작하면 끝을 보고야 마는 그의 성미는 1년을 예정했던 제주도 근무를 1년 더 연장해 단어 수집에 온 힘을 쏟아붓기에 이르렀다. 영문을 모르는 대학 본부의 총장이나 의학부장 그리고 교수들은 벽지 근무 연장을 자청한 그에게 고맙다는 사연을 보내기도 했다. 7,000 어휘가 넘는 귀중한 제주도 사투리는 이렇게 하여 고스란히 전해지게 되었는데, 다음에 소개하는 《제주도 방언집》의 차례를 보면 석주명이 어휘 수집은 물론 다른 지방, 다른 민족과 유연관계를 밝히는 일에까지도 힘을 많이 쏟았음을 알 수 있다.

서언

제1편 **제주도 방언집**

제2편 **고찰**

    제1장 **제주도 방언과 전라도 방언의 공통어**

    제2장 **제주도 방언과 경상도 방언의 공통어**

    제3장 **제주도 방언과 함경도 방언의 공통어**

    제4장 **제주도 방언과 평안도 방언의 공통어**

    제5장 **제주도 방언과 반도를 대표하는 4방언**

    제6장 **제주도 방언 중 전라도·경상도·함경도·평안도 등 여러 지역 방언과 일치하고 소위 표준어와는 상이한 언어**

    제7장 **제주도 방언과 전라도 방언과 경상도 방언의 공통어**

    제8장 **제주도 방언과 경상도 방언과 함경도 방언의 공통어**

    제9장 **제주도 방언과 전라도 방언과 함경도 방언의 공통어**

    제10장 **제주도·함경도·평안도 방언의 공통어**

    제11장 **제주도·경상도·평안도 방언의 공통어**

    제12장 **제주도·전라도·평안도 방언의 공통어**

    제13장 **제주도 방언과 다른 4방언의 상관도**

    제14장 **제주도 방언과 반도 방언 3씩을 조합해서 음미함**

        가. 제주도 방언과 전라도·경상도·함경도 방언의 공통어

        나. 제주도 방언과 경상도·함경도·평안도 방언의 공통어

        다. 제주도 방언과 전라도·함경도·평안도 방언의 공통어

        라. 제주도 방언과 전라도·경상도·평안도 방언의 공통어

        마. 총괄

    제15장 **제주도의 북부어 및 남부어와 반도 각 지방어의 관계**

        가. 북부어와 각 지방어의 공통어

나. 남부어와 각 지방어의 공통어

다. 총괄

제16장 **제주도 방언 중 조선 고어**古語**인 것**

제17장 **외국어에서 유래한 제주도 방언**

가. 제주도 방언 중 몽골어와 관계있는 것

나. 제주도 방언 중 중국어와 관계있는 것

다. 제주도 방언 중 만주어와 관계있는 것

라. 제주도 방언 중 일본어 와 관계있는 것

마. 총괄

제18장 **참고문헌**

후기

제3편 **수필**

《제주도의 생명 조사서》는 국판 190쪽(정가 400원)으로 1949년 3월 30일 역시 서울신문사 출판부가 발행했다. 이 책은 제주도내 16개 마을의 인구 동태를 생물학적으로 조사해, 그 마을들의 생명의 양量을 측정하고 인구에 대한 각종 통계를 낸 것인데, 학술 가치가 《제주도 방언집》에 못지않은 책이다.

불행하게도 제주도는 1948년 4월 3일에 일어난 '4·3사건'으로 도내 400개 마을 중 295개 마을이 불타 없어지고 가옥 12,250호가 불에 타 10만여 이재민이 생기는 엄청난 재해를 입었는데, 이 책은 사건이 일어나기 전의 제주도 인구 상황을 조사한 것이어서 제주도 연구에 귀중한 고전적 가치를 지니게 되었다. 이 점은 석주명도 서문에서 언급했다.

서序

내가 이 연구에 착수한 때는 1944년 2월이니 지금으로부터 꼭 만 5년 전이었다. 이 5년이라는 세월은 지구 위에서 일어난 인간 생활에서의 가장 큰 변동을 포함하여서 그 영향은 우리 제주도에도 미쳤다는 것보다 제주도에야말로 예기치 못하였던 큰 영향을 미쳤고 현재도 그 안정성을 찾기에는 까마득하다.

지금 제주도의 형편은 해안 일주 도로 상부의 인가가 모두 폐허로 되었다니 이 책에서 다룬 토평리吐坪里 교래리橋來里 송당리松堂里 성읍리城邑里 오라리吾羅里 명월리明月里 의귀리衣貴里와 토산리兎山里의 반쪽 제1구 저지리楮旨里 등 8.5 마을의 기록은 벌써 역사적 기록으로 되고 만다. 뿐만 아니라 거기 따라 해안 여러 마을의 인구 동태도 격변했으니 이 책은 출판과 동시에 고전古典으로 되어서 더욱 의의가 있다. 이 원고는 과거에 일본어로 조판까지 끝났었던 것을 우리말로 다시 고쳤기 때문에 일본어 냄새가 아직 남아 있을 것을 자인하며 관용을 구하는 바이다.

1949. 2. 19 서울에서

《제주도 문헌집》도 1949년 11월 1일 서울신문사 출판국이 발행했다. 국판 252쪽에 정가는 500원. 제주도에 관해 쓰인 그때까지의 문헌 자료를 총망라해 제주도의 자연과 인문을 저자·내용 별로 밝혔다.

《제주도 수필》은 석주명이 1949년 5월에 탈고했으나 그가 죽은 뒤인 1968년 11월 10일에야 석주선이 출판했다. 국판 232쪽, 정가 1,000원. 역시 기상 해양 지질 동식물… 등 제주도의 자연과, 건설 역사 의식주 촌락 농축산… 등 인문 전반에 걸친 연구서이다.

《제주도 곤충상》역시 석주명 사후 1970년 8월 31일 석주선이 출판했다. 국판 186쪽, 정가 1,000원. 제1장 연구사, 제2장 총목록, 제3장 총괄로 짜인 이 책은, 제주도에 서식하는 곤충 2강 19목 141과 737종을 다루었다.

《제주도 자료집》은 1971년 9월 10일 출판되었다. 국판 240쪽, 정가 1,000원. 제1집~제5집에 들지 않은 여러 자료를 모은 책으로, 특히 제주도 방언을 말레이·필리핀·인도차이나 지역 언어와 비교 연구한 내용이 돋보인다.

이밖에도 석주명은 그의 음악 재질을 십분 발휘해 입으로만 전해지던 민요 '오돌똑'을 악보로 옮겨 보급했으며, 당시 같이 근무하던 토평리 출신 김남운(서귀포시 토평동 거주)을 일본 경도대학에 보내어 유채와 겨자씨를 1~2홉씩 가져다가 시험 재배했는데, 제주도의 봄철을 상징하는 유채는 여기서 비롯되었다고 한다.

석주명은 1945년 5월 개성의 생약연구소로 귀임했다가 다시 수원에 있는 경성제대 농사시험장의 병리곤충학 부장으로 부임했고, 8·15 후 1946년 9월 국립과학관 동물학 부장으로 자리를 옮겼다. 그러나 또 하나의 연구 테마인 '제주도'에 대한 관심은 조금도 식을 줄 몰라서, 그 뒤로도 계속 제주도에 관한 논문들, 그러니까 '제주도의 나비류' '탐라 고사古史' '제주도의 상피병象皮病' '제주도 통계(남녀 수의 지배선의 위치)에 관하여' '대한민국의 여다女多 지역'을 발표했으며, 수필 '신문 기사로 본 해방 후 1년간의 제주도'(1949) '신문 기사로 본 해방 후 둘째 해의 제주도'(1949) '신문 기사로 본 해방 후 셋째 해의 제주도'(1949) '신문 기사로 본 해방 후 넷째 후의 제주도'(1950)도 발표했다.

취재 뒷이야기
(석주명 탄생 103주년 기념 학술대회 기조발표문 중 '석주명 취재 뒷이야기'에서 발췌)

석주명과 제주도에 대한 단상斷想

《석주명》에서 필자가 제일 소홀했던 곳을 자백하자면 제주도에 관한 부분이다. 1980년대 초는 서울에서 월급쟁이 생활을 하는 젊은이가 사사로이 제주도에 가서 며칠씩 묵으며 취재할 여건이 못 되었다. 그래서 부산의 정봉주 씨 인터뷰는 고속버스를 타고 하루에 다녀온 적이 있지만, 제주도 쪽 얘기는 자료만 가지고 쓸 수밖에 없었다. 그것을 늘 아쉽게 생각해 온 필자는 근래 제주도에서 석주명과 제주도를 놓고 논의되는 수준이 깊이와 넓이를 더해 가는 것을 지켜보며 한편 부럽고 한편 부끄러웠다.

분야별로 세밀하게 나뉜 이번 학술대회의 발표문 제목들에서도 그런 인상을 받았다. 이런 연유로 제주대학 측이 제안한 제목 '제주도에서 본 석주명'을 감히 받아들일 수 없었다. 다만, 이른바 설說이라고 할 몇 가지 검증되지 않은 취재 뒷이야기는 '단상斷想'이라는 부담 없는 제목으로 털어놓아도 될 듯하다. 필자가 인터뷰한 사람들은 30년 전에 이미 60~80대 노년이었으니 이제는 거의가 세상을 뜨셨다. 그분들로부터 육성 증언을 들은 유일한 사람으로서 증언들을 혼자 취사선택하여 걸러냈다는 부담에서 벗어나려는 얄팍한 속셈도 있다.

석주명은 왜 제주도에 갔으며, 왜 제주도학을 하게 되었을까?

겨우 2년을 머물렀을 뿐인데 그토록 많은 결과를 얻다니! 석주명의 학문과는 상관없지만, 제주도 총서를 볼 때마다 누구나 으레 품게 되는 의문이니 한번 거론해 보자. 결론부터 말하자면, 석주명이 제주도학을 하려고 작심하고 제주도에 간 것은 아니다. 어쩌다 보니 나비 연구의 취약점을 보완할 기회라고 생각해서 갔다. 그러나 십수 년간 토막 시간을 활용하는 버릇이 몸에 배어 무엇에든 쉽게 접근하고 깊이 빠지는 그의 성향이 제주도의 색다른 점들에 자극되어 소중한 자료들을 남기게 했다고 본다. 그가 나비뿐만 아니라 꿩·살모사·유혈목이·노린재·송충이·적송赤松을 다룬 논문들도 쓴 사실을 보면 그 왕성한 탐구심과 열정을 짐작할 수 있겠다.

석주명의 제주도행에 앞서 송도중학 사직이라는 사건이 먼저 있었다. 그 뜻밖의 사건이 없었더라면 석주명은 제주도에 가지 않았으리라. 그래서 석주명이 제주도로 가게 된 직접 원인原因은 아닐지라도 원인遠因이 된 송도중학 사직 사건을 짚어 볼 필요가 있다.

석주명의 생애에서 송도중학 교사 시절은 매우 중요하다. 그는 뜨거운 학구열로 그 기간에 논문을 70편 넘게 발표하고 세계적인 학자로 발돋움했다. 송도중학은 석주명의 모교이자 직장이고, 자부심이었다. 그런데 근속 10주년 표창을 받은 지 반 년 만에 느닷없이 사직해 버렸다. 사직하고 나서 충격적인 퍼포먼스도 벌였다. 애지중지하던 60만 표본을 교정에 내다 놓고 불을 질렀다. 그가 송도중학을 사직했다는 '사건'은 신문에 보도되었고, 나비 표본을 불태운 일은 일본 학계에까지 알려졌다.

여기에 대해 참으로 설왕설래가 많았다. 하나는, 채집 여행 경비 등 돈에 쪼들린 석주명이 송도중학교 박물관 조류표본실에서 조류 박제를 빼내어 팔다가 들켰다는 설이다. 필자는 음해라고 추정하지만, 어쨌든 이 설은 교묘하게 포장되어 사람들을 현혹했다. 그러나 석주명은 그럴 사람이 아니다.

평전에 밝혔듯이 송도중학교 조류표본실은 서양 학자들도 감탄한 수준이었다. 개성의 명물로 꼽힌 이곳을 만든 이는 석주명의 송도고보 은사이자 나중에 동료 교사가 된 원홍구이다. 그는 함흥 영생고보에서 교사 생활을 하던 석주명을 송도고보로 스카우트한 은인이기도 하다. 미국인 모리스가 조류 표본에 감동해 미국 박물관들과 표본 교환 및 재정 지원을 주선했고, 그것이 나중에 석주명의 나비 쪽에 연결되어 그를 세계 무대로 이끌어 냈다.

이러한 앞뒤 사정을 헤아릴 때 석주명이 조류 박제들을 암시장에 팔았다는 것은 너무 가혹한 음해가 아닐까. 만약 원홍구의 표본이 도난된 것이 사실이고 석주명이 이 때문에 사직했다면, 그것은 표본을 빼돌렸기 때문이 아니라 억울한 누명을 쓴 데 대한 항의와 분노의 표출로 보아야 옳다.

또 하나는, 창씨개명 압박을 견디다 못한 석주명이 일제에 항의하는 표시로 학교를 그만두고 나비를 불태웠다는 설이다. 석주선 등 석주명과 가까운 사람들의 주장인데, 그럴듯하지만 선뜻 받아들이기 어려운 구석이 있다. 유명 인사인 석주명이 어디를 간들 창씨개명 압력을 피할 수 없었을 터이니 사직해서 해결할 문제가 아니지 않은가. 나비를 불태운 것은, 자기가 그만두면 표본을 관리할 사람이 없다는 점 때문이었다. 그 엄청난 표본이 부패하면서 병충해가 들끓을까 염려한 석주명의 피할 수 없는 선택이었다. 그렇게 드러내 놓고 항의하는 짓을 눈감아줄 일제日帝도 아니었다. 표본 태우기가 사직한 지 18일 지나서 위령제까지 치르면서 꼼꼼하고 차분하게 진행된 사실도 '항의'가 아니라 뒤늦게 병충해 문제에 생각이 미쳤다는 점을 뒷받침한다.

세 번째 설은, 석주명이 뒷날 언급했지만, 나비 연구(분류)가 어느 정도 단락을 지었으므로 새로운 단계(분포)로 나아가고자 사직했다는 내용이다. 개체변이 범위를 규명해 '분류' 문제를 어느 정도 해결한 석주명은 1940년 무렵부터 연구 테마를 '분포' 쪽으로 넓혔다. 1939년 '조선산 봄처녀나비의 변이 연구'를 발표할 때부터 논문 뒤에 분포 지도를 덧붙여서 1940년 《조선산 접류 총목록》을 발간한 뒤로는 분포 연구에 치중했다. 변이를 연구한 논문은 이때부터 현저히 줄어들었다.

분포 지도를 만들려면 채집 여행을 자주 다녀야 하지만 석주명은 그렇게 할 수가 없었다. '북조선 나비 채집기'의 서언에 보면 어려운 사정이 잘 드러나 있다. "과거 10년간 내가 해온 조선산 접류 연구는 중학교 박물학 교원 생활을 하면서 틈틈이 이루어졌으므로 마음먹은 대로 진행되지 않은 점이 많았다. 특히 채집 여행을 할 수 있는 기간이라고는 1년에 한 번씩의 여름방학뿐이고 그나마 기간도 한정되어 있어서 어려움이 많았던 것이다. 다행히도 나는 1942년 송도중학을 사직하고 나서야 비로소 날짜에 구애 없이 마음속에만 그리던 곳들을 찾아가 볼 수 있게 되었다." 실제로 그는 송도중학을 사직하고 각각 30일(개마고원 일대), 21일(경기·강원·경상남북도)이나 걸리는 긴 채집 여행을 연거푸 다녀왔다.

세 가지 설 중에 어느 것이 진실인지는 아무도 모른다. 필자 사견私見으로는, 첫 번째와 세 번째 설이 합쳐져 사직한 이유가 되었을 개연성이 높다. 어쨌든 석주명은 얼마 뒤 개성에 있는 경성제국대학 의학부 소속 생약연구소의 촉탁 자리를 두 번째 직업으로 삼았다. 그렇다면 제주도로 간 근인近因, 혹은 직접적인 동기는 무엇일까? 왜 집이 있는 개성에서 그대로 지내지 않고 몇 달도 안 되어 머나먼 제주도의 신설 시험장 파견을 자원했을까.

인터뷰한 인사들의 증언에서 언뜻언뜻 비쳤듯이, 경성제국대학이라는 조직의 분위기가 학구파 석주명에게 맞지 않았을 수도 있다. 경성제국대학이나 국립과학관은 뒷날 사회주의자들의 온상이 되어 정치색을 짙게 띠었는데, 국립과학관 시절 석주명이 연구에만 몰두하기 어려웠던 점을 감안하면 수긍할 만한 얘기이다. 그러나 그보다는 역시 나비가 그를 제주도로 이끌었음이 틀림없어 보인다. 남해안 일대와 제주도를 묶어 짧은 기간에 딱 한 번 채집 여행을 다녀온 석주명으로서는 제주도 1년 근무야말로 자기 연구에서 가장 취약했던 제주도의 접상蝶相을 확실히 규명할 기회라고 여겼음이 분명하다.

그런데 제주도에 상주하게 되자 나비는 물론이거니와 다른 것들까지 눈에 들어왔다. 허둥지둥 일정과 비용에 쫓겨 나비밖에 보이는 것이 없던 채집 여행과 달리 육지와 다른 온갖 것이 흥미롭게 다가왔다. 석주명은 보이는 족족 묻고 듣는 즉시 적어서 카드화했다. 그러다가 어느덧 '제주도학'까지 염두에 두게 되니 1년은 너무 짧았다. 그리하여 남들이 모두 꺼리는 제주도 근무를 1년 연장하겠다고 신청했다.

석주명이 나비 외에 제일 먼저 관심을 쏟은 것은 제주도 방언이다. 그는 나비 연구하던 방법을 응용했다. 즉 나비를 종류별로 지도에 기록해 분포지도를 만들듯이 방언 수집한 곳을 지도에 표시했다. 그런데 알고 보니 지도에 표시하기는 언어지리학에서 방언 연구에 자주 쓰이고 있었다. 그는 이 방법이 우리나라에서도 방언 연구에 널리 쓰이리라고 생각하자, 전공 아닌 분야에 대한 연구를 중단했다. 하지만 기왕 시작한 일이니 어휘라도 많이 모아서 어학자에게 제공하면 좋겠다고 여겨 방언 수집을 계속했다.

한번 시작하면 끝을 보는 그가 제주도학을 완결하지 않은 채 제주도 근무를 더 연장하지 않은 이유는 이 일에서 힌트를 얻을 수 있을 것 같다. 게다가 그에게는 나비학자로서 절박하고도 원대한 목표가 있었다. 석주명이 개성으로 복귀한 뒤 죽는 날까지 가장 열정을 쏟은 일은 바로 분포지도 만들기였다.

사족蛇足

　함평이 나비 축제를 성공시킨 것을 보고, 석주명을 내세운 나비 축제를 제주도에서 하고 싶어 하는 사람을 더러 보았다. 필자는 이렇게 생각한다. 석주명은 나비학자이고, 그의 나비 연구는 개성에서 시작해서 개성에서 꽃을 피웠다. 중부지방인 개성은 석주명이 밝혔듯이 우리나라에서 가장 접상蝶相이 풍부한 반면 한반도 남단에 있는 제주도의 접상은 그렇지 못하다. 석주명이 제주도에서 꽃피운 것은 제주도학이지 나비 연구가 아니다. 제주도가 정말로 석주명을 기리고 싶다면, 억지춘향격인 나비 축제보다는 제주도 사람들의 지혜와 열정을 모아 세상이 놀랄 만한 수준 높은 제주도 총서를 내고, 우리나라 어디에도 없는 '인문학' 축제, 즉 석주명을 내세운 제주학 축제를 하면 어떨까.

백두대간을 밝히다

산과 들에서 시간을 많이 보낸 석주명은 등산가가 될 수밖에 없었다. 그는 광복 후 한국산악회에 가입해 '국토 구명 학술탐험'을 비롯한 여러 가지 활동을 하게 되지만, 이미 나비를 전공으로 삼은 1930년대 초부터 우리나라의 산과 석주명은 떼려야 뗄 수 없는 관계를 맺었다. 나비와 석주명을 떼어 놓고 생각할 수 없듯이 산과 석주명도 떼어 놓을 수 없었다. 나비가 석주명에게 일생의 동반자였다면 산은 포근한 안식처요 일터였다.

대동여지도를 만든 조선 시대 김정호를 제외하고는 한국의 등산가 중에서 석주명만큼 우리나라 산을 샅샅이 훑은 사람은 아마 없으리라. 조선 시대는 물론이고 일제 강점기에도 우리나라에서는 산악 활동이 거의 없다시피 해 태백산맥이나 소백산맥도 광복 뒤에야 한국산악회가 학술탐험대를 파견해 그 실상을 밝혀낼 정도였다. 게다가 남북마저 분단되어, 2천 미터가 넘는 산이 즐비한 북한 지역을 가 볼 수 없게 되었으니, 석주명의 전조선 全朝鮮 산악 등반 기록은 한동안 깨지지 않는 기록이 될 듯하다.

석주명은 송도중학교(1939년 학제 변경으로 송도고등보통학교가 송도중학교로 바뀌었다) 교사 시절에도 그의 학문과 특별 활동 지도를 자연스럽게 연결해 1936년 송도고보에 산악부가 생길 때부터 줄곧 산악부장(산악부 지도 교사)을 맡았다. 모든 것을 자기 학문과 연결한 사람다웠다. 1940년 송도중학교 교지 〈송우松友〉에 쓴 '등산 취미'라는 글에서도 석주명은, 비록 전공 학문을 위해 시작한 등산 취미이지만 이제 그것이 생활화했음을 실토하고, 백두산의 지의대地衣帶와 북계수 일대의 장엄 화려한 고산 꽃밭이 눈앞에 펼쳐질 때 자기는 도저히 속세에서 더럽힌 발로 그곳을 최초로 밟기가 두려웠다고 말하면서, 고통을 감내하고 정상에 올랐을 때의 환희와 대자연을 접하면서 얻는 호연지기를 등산을 통해 얻으라고 학생들에게 권했다.

1940년 2월 22일자 조선일보 조간 3면에는 '학창 미담'이라는 제목으로 다음과 같은 기사가 실려 세인의 눈길을 끌었는데, 바로 송도중학교 산악부가 동사 직전인 행인을 구출한 미담 기사였다(당시 신문 기사를 현재 문법에 맞게 고치지 않고 그대로 싣고, 작은 한글은 필자가 달았음. - 필자 주).

박연산성설중
朴淵山城雪中에서
빈사　행인구출
瀕死의 行人救出
송도중학산악부대원　　의 거
松都中學山岳部隊員의 義擧

【開成】박연산성(朴淵山城) 기픈 눈사태에 파무처 오도가도 못하고 얼어죽어가던 생명이 설악을 탐험하는 개성송도중학(松都中學) 산악부대의 손에 구출되어 기적가치 살아난 소설가튼 사실이 있다.

부내 원정(元町) 사백사십삼번지 우상원(禹相源) 씨 방에 잇는 오수동(吳洙東)(三三)은 구두수선업을 해서 넉넉지 못한 살림일망정 부부간에 안락하게 지내는데 그 후 사랑하던 자식을 세명이나 나서 죽인 것이 항상 원

통한 슬픔이엇다 따라서 지금 하나 남은 세살된 아들 재순(在順)(三)이마저 불행히 되지나 안흘까하고 가슴을 조리며 살어오던 나머지에 지난 십륙일밤 자식이 죽게된 꿈을 꾸웠다한다 악몽에 깨여난 그는 의술로써 구할수 업는 인명을 대자대비하신 부처님의 은덕으로 구해보겟다 결심하고 박연산성에 잇는 개성암(開成庵)이란 고찰을 차저서 불공을 드리고저 십칠일 오전 열한시경 『공양미』를 채롱에 걸머지고 사십리길을 떠낫섯다한다 그런데 박연은 눈이 세자 이상이 내려싸혀 전혀 통행이 두절된 형편이다 그는 무릎까지 빠지는 눈싸힌 산골을 약 삼십리나 걸어 남문(南門) 고개를 간신이 넘어왓다 이때는 오후 일곱시나 되어 날도 저물고 눈에 홀려 길조차 분간할수 업는데 점심도 못먹은 주린 몸이 하반신(下半身)은 눈속에 얼어서 뼈속까지 엄습하는 치움은 촌보를 옴겨드질 힘조차 일코 말엇다 그래서 그는 모자와 채롱을 모두 집어내던지고 길엽 바위우에 두루막이를 뒤집어쓰고 주저안젓슬 때는 의식조차 일코만 때엿섯다한다 때는 바로 이때다 석주명(石宙明) 선생의 인솔하에 겨울의 박연을 탐험 온 송도중학생도 삼십명의 산악부대가 이곳을 지나다가 기지사경에 빠진 그를 발견하자 서로들 번거러가며 두팔을 껴안어가지고 그곳에서 오리나 되는 대흥사(大興寺) 부근 어떤 촌가까지 간신히 다려와 구원을 청하엿다 그런데 이집은 단지 방한간인데 안해는 만삭된 몸이 해산이 임박한 경우에 잇스니 거리에 송장을 바더드릴수 업다고 주인은 사절하는 것이엇다 그래 그들 산악부대는 돈과 쌀을 주어가며 간곡히 구원을 청한 결과 주인도 학생들의 순정에 감복해서 결국 얼어죽게된 생명은 그집 온돌에서 다시 소생시켜 지난 십구일 무사히 집으로 돌아오게 되엇다 한다 이말을 들은 기자는 전기 원정 오수동 씨를 차즈니 그는 품팔러나가 업고 부인 조씨는 감격에 넘치는 어조로 다음과가치 말한다

오 수 동 씨 부 인 조 씨 담
吳沫東氏夫人趙氏談

『나는 그이튼날 오마 하던 남편이 사흘이 되도록 안드러오기에 호랑이에게 물려간줄만 알엇습니다 그런데 어제 저녁 무사히 돌아왓기에 웬일로 그가치 느젓느냐 물으니까 가다가 눈속에 파무처 꼭 얼어죽게된 것을 뜻박게 송도중학교 학생들에게 구원을 바더 살엇다는 말을 하겟지요 그때는 구원을 바덧는지조차 정신이 업서 알지 못햇다니 만일 그분들이 아니엇스면 내 남편은 거리에 송장이 되엇슬 것이며 우리 모자는 거지가 되엇슬 것입니다 이점을 생각할때 그 학생들은 내남편을 구하러 갓섯다고해도 과언이 아니오며 따라서 송도중학교의 은혜를 영원히 이즐수 업습니다 운운』

이어 조선일보는 3월 25일자 석간 4면에 송도중학교 산악부가 찍은 박연폭포 사진을 4단 10cm 크기로 싣고 다음과 같은 사진 설명을 붙였다.

朴淵氷瀑

지난 二月十六日에 開成松都中學 山岳部員 一同은 그 학교 石宙明先生의 引率 아래 白雪에 더핀 天摩山의 峻險을 突破하고 人跡이 끈어진 朴淵瀑布를 차즌 일이 잇다. 山谷을 震動하던 轟音도 銀河에 걸렷던 飛瀑도 한가지로 싸늘한 힌어름기둥으로 化石이 되엇드라고 한다. 寫眞은 天摩山河에 뜻아닌 氷河를 이룬 朴淵의 겨울 景致로서 同山岳部『카메라』의 收穫의 하나다.

석주명은 1946년 6월 조선산악회(정부 수립 후 한국산악회로 이름을 바꿈)에 가입했다. 당시는 조국 광복의 기쁨을 안고 출발한 조선산악회가, 등반 활동에 학술 탐험까지도 겸해 산악회를 공익성을 띤 기관으로 육성하려는 기운이 막 움틀 때였다.

애초에 조선산악회는 일제 때 산악 활동을 해온 백령회(白嶺會) 멤버들이 주축이 되어 1945년 9월 15일 창립총회를 열었다. 초대 임원진을 보면, 회장 송석하(진단학회장, 국립민속박물관장) 부회장 최승만(군정청 문화교육국장) 김상용(시인) 이사에 현동완(YMCA 총무) 김교철(한성은행 전무) 금철(자유신문 상무) 조병학(의사) 박용덕(세브란스의전 교수) 이응렬(세브란스의전 교수) 김용구(조선체육동지회 상임위원) 송석하 최승만 김상용, 간사에 김정태(삼화연료 경성공장장)를 비롯한 백령회 멤버가 대부분이었다. 그러나 1946년 2월 26일~3월 17일 한라산 학술 등반을 계기로 조선산악회의 활동 방향은 큰 변화를 맞게 되었다. 제주도는 일본이 전쟁 수행을 위한 육해공군 기지로 삼아 1936년부터 10년간이나 한라산 등반을 금해 왔다. 그 때문에 광복을 맞아 조선산악회가 첫 등반지로 택했던 것인데, 학자 출신인 송석하 회장이 학술 탐험도 겸하자고 제의해 학술 등반대로 바뀌었다.

제1회 국토 구명 한라산 학술등반대는 인문계 학자 5명(조명기, 김수경, Kerr, Mason, Knethvich)과 촬영·녹음 인원 6명을 포함한 19명으로 구성되어 성공적으로 끝마쳤고, 3월 29일 남산의 국립과학관 강당에서 가진 귀환 보고 강연회를 통해 여러 가지 학술적인 내용과 기록 영화를 상영했다. 이를 계기로 1946년 6월 28일 열린 조선산악회 제1회 정기총회는 이사진을 사회 저명인사에서 언론·문화·학계의 중진 인사들로 바꾸어 본격적인 국토 구명 사업을 벌이기로 했다. 이때 석주명도 이사에 선출되어 이후 학술 탐험과 국토 녹화 사업에 본격 참여하게 되었다.

제1회 정기총회에서 개선된 임원진을 보면, 회장 송석하, 부회장 홍종인 도봉섭, 이사 조복성 석주명 심학진 김정태 금철 유하준 유홍렬 송석하 홍종인 도봉섭으로 자유신문사 상무인 금철을 제외하고는 창립 때의 이사가 전부 학자(도봉섭 조복성 석주명 심학진)와 언론인(유홍렬 홍종인)으로 바뀌었다. 특히 학자 4명은 모두 생물학자(도·심은 식물, 조·석은 동물)였으므로 초창기 조선산악회에서 생물학자들의 비중이 얼마나 컸는지를 알 수 있다. 석주명은 이에 대해 뒷날 '산악 취미'라는 글에 이렇게 썼다.

산악 취미 내지 사상을 더욱 넓히며 강하게 하기 위해 동지들은 모여서 산악회를 조직하게 되는 것이며, 이 산악회는 조직적 행동으로 산악을 다각적으로 연구하며 이 연구를 확대하여 국토 혹은 지구상의 미개척 지역까지를 대상으로 해서 국토 계영計營 내지는 인류 문화에까지 이바지하는 것이다.

그러나 이 취미는 대개는 산을 대상으로 하는 관계로 지질·광물·동물·식물 등의 박물학에 관한 인사가 많이 관계하여 공헌하였으며, 다른 분야의 인사들도 산에 관계하는 동안에 박물학 방면에 직접 간접으로 공헌한 바가 많았었다.

해방 후에 활발히 진전하는 우리 조선산악회에 더욱 박물학자가 많이 관계하였으며 기타 인사들까지도 많이 박물학 방면에 공헌한 것은 그 때문이었고 당연도 한 일이다. 산이란 자연물을 대상으로 하니 같은 자연과학 범위 내에서도 물리·화학 방면의 인사들은 특수한 분을 제외하고는 지질·광물·생물학 방면의 인사들만큼 공헌하지 못하였다. 여기 한 재미있는 예가 있다. 일본산악회와 일본곤충학회는 똑같이 1905년에 창립되었는데 그 발기인 중에 일본의 초창기 나비학자 야마카와·다카노 두 사람이 들어 있었다는 사실이다.

산을 대상으로 할 때 주로 박물학자들, 그중에서도 생물계통의 인사, 또 그중에서도 나비 학자들이 많이 활약했다는 것이 설명이 되는 것이요, 나비를 전공하는 나는 이 점에서 유쾌를 느낀다.

석주명이 조선산악회에 가입할 때 상황을 김정태(한국산악회 부회장)는 이렇게 말했다.

"석주명 씨는 일본에서 공부할 때 북알프스와 후지산을 비롯한 일본의 유명한 산들을 모두 등정했고, 국내에서도 나비 채집을 위해 백두산·묘향산·금강산 등 안 가본 산이 없는 인연으로 우리 산악회에 들어오게 되었다. 광복 전에는 일본인들이 우리 지하자원을 착취하려고 주로 북한지역에만 댐·발전소·중공업 시설을 세웠기 때문에 교통은 의외로 북한의 산악 지대가 훨씬 더 발달했다. 그때 총독부 철도국이 북조선 관광 유치 사업까지 벌이기도 했다. 그래서 북한 쪽은 많이 밝혀져 있었지만 남한 지역은 총독부 정책으로 교통도 좋지 않았고 밝혀진 것이 거의 없었다. 또 북한에는 이천 미터를 넘는 산이 많아 산악회도 그쪽으로만 갔지, 남쪽은 별로 간 곳이 없었다. 그래서 광복과 동시에 우리 손으로 돌아온 산과 국토를 찾고 알아보기 위해 국토 구명 사업을 벌이게 되었는데, 이런 산악회의 사정이 석주명 씨의 학술 탐구욕과 딱 맞아 그가 이 일에 적극 뛰어들게 된 것 같다."

한국전쟁으로 중단될 때까지 석주명은 1946~1949년 국토 구명 학술 조사 활동에 여섯 번 참여했다. 제2회 오대산·태백산맥, 제3회 소백산맥, 제4회 울릉도·독도, 제5회 차령산맥, 제6회 선갑도·덕적군도, 제7회 다도해 총해叢海.

그밖에도 그는 1947년부터 1950년까지 조선산악회가 주관한 국토녹화운동 및 자연보호운동, 식목등산회 등에 참가해 그때마다 강연을 통해 '자연 사랑'을 호소했다.

산악회도 석주명 홍종인 같은 학자·언론인 출신 산악회 집행진을 동원해 조선일보 동아일보 같은 일간지에 국토 녹화 운동과 식목 행사에 관한 글을 싣게 함으로써 국민들에게 자연 보호 정신을 심어 주는 데에 힘썼으니, 초창기 우리나라의 산악 활동은 동호인 등산 활동에 그치지 않고 신생 독립 국가가 발전하는 데 여러 모로 기여한 바가 컸다. 제2회 오대산·태백산맥에서부터 제7회 다도해 총해에 이르기까지 석주명이 활동한 내용을 중심으로 국토 구명 학술조사 활동을 살펴보자.

오대산·태백산맥 학술 조사(1946. 7. 25 ~ 8. 12)

총 53명으로 짜인 대규모 조사대였다. 편성은 대장에 송석하, 등반이 주목적인 본부반이 김정태 외 11명, 학술반이 최상수(역사·민속) 김수경(언어) 석주명(동물) 심학진(식물) 외 15명, 오대산 일반 답사 대원 현기창 외 20명이었다. 등산 거리 총 360킬로미터, 산정山頂 등산 14개를 방사선형 집중식으로 탐사해, 그때까지 알려지지 않았던 태백산맥의 자연상을 널리 소개한 이 학술 조사는, 학술·경제·문화 분야에서 우리 사회에 끼친 영향이 매우 컸다.

대규모로 시도된 본격적인 탐사이다 보니 여러 가지 어려운 문제도 많았는데 그중에서도 심각한 문제는 등반대와 학술 조사대 간의 알력이었다. 젊은 산악인들로 구성된 등반대는 행동이 빨랐으나 학술대는 채집·관찰·기록 때문에 언제나 늦었다. 이 때문에 등반대가 '계획된 일정에 맞추기 위해서는 학술대가 더 빨리 따라와야 한다'는 주장을 폈고, 이에 맞서 학술대는 '일정에 쫓겨서는 성과를 기대할 수 없다'는 반론을 펴 양쪽이 팽팽하게 맞섰다.

대립이 아주 심각한 지경에 이르자 석주명이 조정에 나섰다. 그는 늘 명랑 소탈한 성격이어서 학술조사대를 이끌면서도 젊은 산악인들로부터 존경받고 있었는데, 그가 반반씩 양보하자는 절충안을 내놓고 설득하자 마침내 양쪽이 서로 화합하기에 이르렀다.

석주명은 언제나 걸걸한 목소리로 농담을 해서 분위기를 돋우곤 했으며, 정상에 오를 때마다 바지를 무릎까지 훌떡 내리고는 하체에 바람을 쐬는 행동으로 일행을 웃기도 했다. 신입 회원들의 신고식 때마다 옷을 벗기고 볼기를 치는 관행을 만든 사람도 그였는데, 태백산맥 조사 때에도 이 일로 한바탕 유쾌한 소란이 벌어졌다.

식물학자인 이규원은 그때 처음 참가한 신입 회원이었는데 유도 4단에다 거구였다. 순순히 말로 해서는 그의 볼기를 칠 수 없다고 판단한 석주명은 젊은 대원들과 작전을 짠 뒤 그를 불렀다. 아무 생각 없이 석주명에게 다가온 이규원을 젊은이 여섯이 일시에 덮쳤으니 아무리 천하장사라 한들 속수무책이었다. 결국 이규원은 석주명에게 발가벗기고 볼기를 맞는 신고식을 할 수밖에 없었다.

석주명은 이처럼 활달한 성격과 리더십으로 이후 학술 탐험대에서는 부대장 또는 대장으로 팀을 이끌었고 학자들 인선人選도 맡아 하여, 평소에 손발이 잘 맞지 않던 아홉 학회를 화기애애하게 규합했다.

학술 조사가 끝나고 귀경한 조사대는 10월 16일부터 23일까지 동화백화점(지금의 신세계백화점 자리에 있었음) 2층 화랑에서 사진·표본·광물·민속구民俗具 등을 보고하는 전람회를 열어 7일 동안 4만여 관람객을 동원했다. 또 그 기간에 남산 국립과학관 강당에서 송석하(인문·생활) 심학진(식물) 석주명(동물) 김정태(산악) 유하준(오대산) 등이 학술 보고 강연회를 열었는데, 가리왕산에서 화전민들이 초근목피로 연명하는 참상을 목격한 보고는 청중으로 하여금 일제 35년 학정에 울분을 터뜨

리게 하기도 했다.

태백산맥 학술 조사는 석주명 개인으로서도 성과가 많았다. 1932년 모리森爲三가 오대산의 나비를 부분적으로 기록한 일이 있으나 제일 중요한 점을 잘못 기록해 오히려 하지 않음만 못했으며, 석주명도 십수 년 동안 이 지대 답사를 원했으나 그 주변 지역을 조사하면서도 막상 태백산맥에는 가볼 기회가 없었던 까닭이다. 석주명은 그동안 이 지대의 접상蝶相(한 지역에 발생하는 나비 종류)을 늘 다른 지방의 자료를 기초로 하여 유추해 왔다. 그러니 이 여행이 그로서는 절호의 기회가 아닐 수 없었다.

오랫동안 별러온 때문인지 성적은 100여 종 1,500개체로 만점이었다. 18일 동안 비가 오는 날도 있었고 무리한 강행군 코스도 있었지만, 그의 나비 채집은 하루도 공친 날이 없었을 뿐만 아니라 눈으로 보고서 놓친 종류 또한 하나도 없었다. 여기에는 물론 운도 따랐다. 비는 대개 밤이나 오후 늦게 왔으며 나비를 채집하기 적절한 오전에는 늘 날씨가 맑았다. 또 지대가 넓다 보니 한 지점에서 놓친 종류를 다른 지점에 가면 잡을 수 있었다.

그러나 예상 밖으로 신종이나 조선 미기록종은 하나도 없었다. 석주명은 출발 전에, 이 여행에서 신종이나 미기록종을 잡으면 태백산을 기념하는 이름을 붙이거나 조선어로 원기재하려는 부푼 희망을 품었으나 한낱 꿈으로 돌아가고 말았다. 그러나 바꾸어 생각하면, 신종이나 미기록종이 없다는 사실은 그동안 그가 다른 자료에 의지해 온 연구가 확실했음을 증명하는 것이기도 했으므로 그것만으로도 충분히 만족할 수 있었다.

이 여행에서 특기할 일로는, 왕줄나비(계방산)와 흰줄오색나비(정선읍)를 잡은 일과, 스기다니팔랑나비가 태백산까지 남하해 있는 사실, 계방산에서 잡은 번개오색나비 암컷이 원형原型인 것, 제주왕나비와 먹그늘나비가 풍부함을 알았다는 사실이다. 요컨대 태백산맥을 따라서 남하한 북방 계통 나비와 북상한 남방 계통 나비가 이 지대에서 뒤섞여 발생해 서울 부근보다도 생물학상으로는 훨씬 복잡하고 더 북방적인 모습을 띠고 있음을 확인했다.

조선산악회가 국토 구명 사업과 함께 벌인 국토 녹화운동은 태백산맥 학술 조사 때 우연히 발의되었다. 일행이 경기 도계 용두리에 이르렀을 때, 헐벗은 경기도의 산과 울창한 강원도 산을 비교하고는 절실히 느낀 바가 있어 1947년 4월 6일 제1회 '시민 식목 등산회'를 열었다. 북한산에 묘목 500주를 식목한 그날, 식수하기 전에 심학진이 '식목과 인상', 석주명이 '흥미로운 생물계'라는 제목으로 강연했다. 그 뒤 산악회는 해마다 500명이 넘는 시민을 동원해 한국전쟁 3년을 빼고 지금까지 이 운동을 계속 해오고 있다.

소백산맥 학술 조사(1947. 7. 12 ~ 7. 25)

소백산맥 학술 조사는 석주명이 발의했다. 대장에 홍종인, 부대장에 석주명, 본부반 김정태 외 6명, 혁술반 최기철 이민재 등 9명으로 짰다.

청주 – 속리산(1,057m) – 용유리 – 희양산 – 백화산(1,063m) – 문경 – 수안보 – 월악산(1,093m) – 문수산(1,162m) – 도솔산(1,316m) – 죽령 – 단양을 답사하는 열나흘 내내 비가 쏟아졌는데, 이틀을 빼고는 계속 행군했다. 연일 산꼭대기와 계곡을 오르내리고 하천과 계류를 건너는 고행이었지만 누구 하나 불평하는 사람이 없었다. 등반대는 희양산 정면벽을 최초로 등반한 데다 영남 지경의 신라 유적까지 발견했고, 학술반 또한 많은 자료를 얻을 수 있어 하루하루가 보람의 연속이었기 때문이다.

태백산맥과 마찬가지로 소백산맥도 석주명의 발길이 미치지 못한 곳이었다. 이 지역 역시 속리산의 동식물과 나비류 약간을 일본인 모리와 스기다니가 조사한 적이 있을 뿐이다. 그래서 석주명은 1947년 초 조선산악회 역원 회의에서 제3차 학술 탐험지를 소백산맥으로 하자고 발의 했는데 그것이 받아들여졌다.

7월 13일 경성을 출발한 일행이 25일 도착할 때까지 13일간은 연일 비가 쏟아져 곤충 채집에 최악의 조건이었다. 그러나 석주명은 모처럼의 기회를 놓칠세라 때때로 비가 멎은 틈을 타 열심히 뛰어다녔다. 덕분에 면목을 세울 정도의 수확은 올렸다.

채집한 나비는 6과 72종. 개체수는 적었지만 다행히 학술적으로 귀중한 나비를 일곱 개체나 채집했다. 즉 제천군 월악산에서 잡은 밤오색나비, 괴산-문경 경계에 있는 백화산에서 잡은 북방거꾸로여덟팔나비, 문경군 서북단 비계치飛鷄峙에서 잡은 큰표범나비, 제천-문경 경계 문수봉에서 잡은 꼬마까마귀부전나비, 월악산에서 잡은 북방기생나비, 월악산과 단양-영주 경계 도솔봉에서 잡은 수풀떠들썩팔랑나비 원형은 모두 그 종류들의 산지産地로는 남방 한계를 말함이고, 문수봉 아래서 잡은 지리산팔랑나비는 그가 1935년 지리산에서 처음 잡은 이래 조선에서 잡히기로는 두 번째 기록이었다. 이 종류의 산지로는 그곳이 북방 한계였다.

위에 말한 지명들은 상당히 큰 지도에나 표기될 정도로 벽지이지만, 학문적으로는 그 종류들의 분포를 말할 때 세계적 극한지極限地들이니, 소백산맥 탐사는 석주명에게 너무나 귀한 여행이 되었다.

울릉도·독도 학술 조사(1947. 8. 16~8. 28)

울릉도·독도 학술 조사는 갑작스럽게 이루어졌다. 내내 우중 강행군을 한 소백산맥 탐사가 끝난 지 겨우 20일 만에 또다시 울릉도·독도행을 강행한 데에는 대단히 큰 정치적 사회적 배경이 깔려 있었다.

지금도 독도 영유권 문제는 심심치 않게 한·일 간에 분쟁을 일으키고 있지만, 광복 2년 만인 1947년 8월 처음으로 일본 신문들에 의해 시작되었다. 1947년 8월 들어서 우리 어민들이 독도에 출어하자 일본 신문들이 일제히 이를 '일본 영토 침범'이라고 대서특필하고 독도 영유권을 주장했다. 이에 우리나라 신문들이 즉각 반박 기사를 싣고 여론을 조성하자 전국이 분노하는 함성으로 들끓게 되었다. 이때 조선산악회가 재빨리 학술조사대를 파견하기로 했다.

학술조사대는 처음으로 울릉도와 독도의 험준한 자연상과 주민 실태를 밝히고, 역사적인 근거와 학술적인 사실을 통해 독도가 한국 영토임을 과학적으로 실증하려는 사명을 띠고 1947년 8월 16일 장도에 올랐다. 대원 편성도 각계의 권위 있는 중진 인사들을 망라해 대장 송석하, 부대장 홍종인, 본부반 13명, 학술반 41명(사회과학 13, 동식물 13, 농림 4, 지질·광물 3, 의학 8), 보도사진반 7명, 전기통신반 2명 등 65명이나 되는 대부대였다.

군정청을 비롯한 사회 각계의 관심 속에 온 국민의 호응을 얻으며 해군 통위부가 제공한 경비정 대전호를 타고 포항을 떠난 조사대는, 거센 풍랑을 헤치고 울릉도 도동항에 도착하자 A·B 두 대로 나누어 울릉도와 독도를 샅샅이 조사했다(A대: 성인봉-나리동-천부동, 대하동-남양동, B대: 남양동-대하동-나리동, 성인봉-천부동-도동-저동-독도 왕복). 조사대는 또 도민들에게 위문품과 운동용구, 책을 선물하고 강연과 무료 진료 활동을 했다.

울릉도·독도 학술 조사 성과는 전국적으로 신문 보도, 보고문, 화보 특집, 그밖에 각 학회와 대학의 학보를 통해 홍보되었다. 이로써 한국 사회에 처음으로 울릉도·독도의 험준한 화산성火山性 자연상과 오징어 잡이를 비롯한 도민 생활이 소개되고, 국민들로 하여금 독도 영유권 문제를 깊이 인식하게 하였다.

석주명은 개인으로서는 두 번 다시 얻기 힘든 이 여행 기회를 하마터면 놓칠 뻔했다. 그의 아내가 몹시 아팠기 때문이다. 그러나 그는 주위 사람들의 만류를 뿌리치고 떠났다. 고열로 신음하던 부인은, 남편이 "공적인 일로 학문을 위해 가는 것이니 포기할 수 없다"라고 말하고 일어서자 몹시 원망스러운 눈초리로 바라보았지만 그의 고집을 꺾을 수는 없었다. '학문'이라는 대명제 앞에서는 어떠한 일도 그를 설득할 수 없음을 부인은 잘 알고 있었다. 육지와 완전히 격리된 제주도 생활 2년도 어쩔 수 없이 참아낸 그녀였다. 그저 묵묵히 떠나보내는 수밖에 다른 길이 없었다. 그런데 정작 사단은 앓아 누운 부인이 아니라 석주명에게서 일어났.

울릉도 조사를 마치고 다음 날 새벽 경비정을 타고 독도로 떠나기 위해 일찍 잠자리에 든 일행은 늦게서야 석주명이 행방불명된 사실을 알게 되었다. 조교 김희호와 함께 나비 채집을 나간 그는 새벽이 되어도 돌아오지 않았다. 조사대는 예정대로 해군 함정에 오를 수밖에 없었다. B대가 울릉도를 떠난 지 3시간 지나 막 독도 동도東島에 상륙하려 할 때에야 석주명이 무사히 돌아왔다는 무전 연락이 왔다. 결국 석주명은 독도에 가지 못하고 말았다. 나중에 들어보니 그날의 소동은 참으로 어처구니없는 촌극이었다.

해가 지는 줄도 모르고 나비를 쫓아 정신없이 뛰던 석주명은 주위가 완전히 어두워지자 비로소 길을 잃었음을 깨달았다. 산속을 헤매던 그가 어느 바위 위에 더듬더듬 기어 올라가자 바로 밑에서 파도치는 소리가 크게 들려왔다. 그는 자기 발밑이 벼랑이라고 알자 한 발짝도 더 떼어 놓지 못한 채 그대로 바위 위에서 밤을 새웠다. 그런데 아침에 일어나 보니 바다는 먼 곳에 있었고 자기는 산속의 어느 평평한 바위 꼭대기에 웅크리고 있더라고 했다.

사람들은 그 이야기를 듣고 박장대소했지만 석주명으로서는 충분히 그럴만한 까닭이 있었다. 언제인가 그는 한라산에서도 나비를 쫓다가 길을 잃었다. 어둠 속을 더듬더듬 기어 내려오다가 이상한 예감에 돌을 굴려 보니 감감한 소리만이 들려왔다. 그는 로프로 자기 몸을 나무에 묶고 절벽가에서 밤을 새우고 다음 날 구조되었다.

하여튼 석주명은 울릉도에서 6과 24종을 채집했고, 제주도에 없는 대만흰나비가 많다는 사실과, 섬 전체에 북방계 나비가 많지만 위도緯度에 비해 남방계 나비도 많이 섞여 있음을 알아내는 성과를 올렸다.

차령산맥 학술 조사(1948. 8. 17~8. 29)

차령산맥 학술 조사는 석주명을 대장으로 본부반 7명과 학술반 15명이 참가했다. 서울을 출발해 원주-신림-상원사上院寺-남대봉(1,181m)-백운산 향로봉(1,046m)-치악산 비로봉(1,228m)-법흥사法興寺-백덕산(1,350m)-평창-영월-영춘-소백산(1,439m)-풍기-단양-충주-조치원을 거쳐 서울로 돌아왔는데, 단양과 충주 사이의 남한강은 뗏목을 타고 갔다. 차령산맥은 태백산맥의 오대산에서 갈라져 충청북도 북부를 거쳐 충청남도 중앙까지 뻗은 산맥인데, 분맥分脈 주봉인 계방산(1,577m)은 태백산맥 조사 때 등반했으므로, 그 대신 소백산맥 조사 때 오르지 않은 소백산을 포함해 차령산맥 동북부를 탐사했다. 소백산에서 조사대는 남한에서 최초로 에델바이스꽃을 발견했다.

선갑도仙甲島·덕적군도德積群島 학술 조사(1949. 6. 11~6. 17)

선갑도·덕적군도 학술 조사에는 석주명 대장을 비롯해 지휘 김정태, 본부반 4명, 학술반 11명, 의학반 7명, 보도반 4명, 문화반 17명, 등산반 7명 등 52명이 참가했다. 이레 동안 덕적도·소야도·가도·백아도 . 굴업도·선갑도·문갑도 일곱 섬을 답사했는데, 인원 구성이 다채로워 수확이 많았다. 특히 여의사 4명이 낀 의학반 7명의 무료 진료는 성과가 매우 커서, 도서 지방 무료 진료 사업의 효시가 되었다. 보고 강연회는 7월 15일 국립과학관 강당에서 열렸다.

다도해 총해 학술 조사(1949. 8. 9~8. 24)

열엿새 동안 이루어진 다도해 총해 학술 조사는 대장 석주명, 지휘 김정태, 본부반 3명, 학술반 8명, 의학반 6명, 보도반 5명 등 24명으로 구성되었는데, 다른 때와 마찬가지로 학술 조사 위주로 편성되었다. '다도해 총해'라는 명칭은 한반도 서남의 3천여 개에 이르는 다도해에 대하여 우선 그 외곽선의 변두리 섬들을 선정해 조사하고, 장차는 그 내해內海 도서 지역까지 조사한다는 뜻으로 붙인 말이다. 조사 지역은, 목포를 출발해 대흑산도-매가도梅加島(홍도)-상태도-중태도-하태도-소흑산도-거차군도-하조도下鳥島-상추자도-하추자도-횡간도-거문도군도-완도-우수영-목포까지의 13개 섬으로, 해상 항해 446해리, 육상 행로 128킬로미터에 이르렀다.

외딴섬에 정기 항로가 없던 그때 조사대는 다행히 목포 수산시험장에서 조양환朝洋丸(39톤)을 빌려 이 섬들을 순항할 수 있었다. 절해 고도 소흑산도에서는, 장티푸스로 날마다 두세 명씩 죽어가는 처참한 실상을 목격하고 의료반 6명이 눈물겨운 의료 활동을 벌이다가, 때마침 내습한 태풍을 피해 한밤중에 아슬아슬하게 탈출해 거차군도로 피항하는

드라마틱한 일도 있었다.

이때의 기록 영화 '다도해'는 전국 극장에서 상영되었으며, 보고 강연회가 국립과학관에서, 동행했던 김영기 화백의 유화 전시회가 미국문화연구소(지금의 롯데백화점 본점 영플라자 자리)에서 열렸다. 석주명은 '다도해 답사기'를 9월 3일과 4일 국도신문國都新聞에 실었고, 9월 13일자 연합신문 4면은 전면이 한국산악회 학술조사대의 '다도해 종합 보고'로 채워졌다. 지면 관계로 석주명 이민재 이영로 김정태 이희태의 학술 보고는 소개하지 못하고, 당시 섬 주민들의 생활상을 엿볼 수 있는 의학반 조중삼의 글만을 일부 뽑아서 싣는다.

대체로 대양에 고립 산재한 낙도로 풍치가 매우 아름다워 홍도·소흑산도의 경치는 해금강에 비할 바가 아니나, 경작지는 극소해서 손바닥만한 경지를 다 털어 모아 근근이 생산되는 잡곡·감자들을 모두 합해도 1년 식량의 2~3할 정도 자급이 곤란한 형편이요, 소채 자족 역시 아주 어렵다. 따라서 그들에게는 해산물과 식량을 교환하는 것이 생활의 근본 방식이 되고 있다. 그들 환경의 모든 문제가 다른 지방에서 식량을 구하지 못하면 굶주림을 면할 도리가 없다는 심각한 전제에서 출발된다. 도민의 8할 이상이 종사하고 있는 수산업만 하더라도 자재 결핍, 자본 고갈로 말미암아 무진장으로 떠도는 고기떼를 눈앞에 두고도 건지지 못하는 형편이다. 시들어 가는 그들의 경제가 생활환경을 지배하게 되고 그 여파가 직접 간접으로 보건 상태에 반영될 것은 물론이다. 같은 어촌이라 해도 덕적도나 울릉도에 비해 생활환경이 너무도 불리함을 느꼈다. 흑산군도에서 더욱 그런 감이 짙었다.

같은 우리나라에서 의식주에 근본적 차이는 없을 것이 당연한 일이겠지만 본토에 비해서 특이한 점은 식생활에서도 몇 가지 발견된다. 이것도 근본적으로 식량 부족에서 오는 결과라고 할 수 있겠지만, 여하튼 식탁을 보면, 주식은 잡곡이나 감자이고 찬은 해초나 조개 등을 간단히 조리한 것이다. 김치 같은 것은 극히 드물고, 가거도·소흑산도에서는 간장, 된장, 고추장이 없고 순전히 멸치젓이나 소금만을 쓰고 있었다.

주택은 어촌에서 많이 볼 수 있는 조선식과 일본식을 절충한 소위 겹집 모양이고 해풍을 막기 위해 지붕을 낮추고 주위를 지붕 높이 돌담으로 들렀다. 볏짚이 없는 까닭에 띠 또는 비옷이라는 풀로 지붕을 이고 그 위를 그물같이 줄로 종종 엮는다. 농가가 드문 곳에서는, 비료가 필요치 않아서 그런지 위생 관념이 희박해서인지는 모르지만 일정한 변소가 없는 집도 상당히 많다. 추자도·거문도에는 훌륭한 적산敵産 가옥이 상당히 많은데, 일본 어부들의 전성 시대에는 요릿집으로 불야성을 이루었다고 한다.

도민의 노동은 겨울 한철 어한기漁閑期를 빼놓고서는 1년을 계속해서 과격한 노동으로 보낸다. 남자는 출어하고 여자는 여자대로 주부의 일과 잠수 작업에 종사하는 이가 상당히 많다. 이곳에서 생산되는 해초와 조개류는 대부분이 잠수부潛水婦들의 손으로 취급되는 것이다. 이곳에서 흔히 보는 신경통·류머티즘과 같은 병증은 이렇게 과도한 노동으로부터 온 피로가 축적되었기 때문이라고 보인다.

또 이곳에서 많이 보는 위장병은 식량 사정에서 오는 식생활의 여러 가지 악조건 탓인데, 이들이 '가슴애피'라고 하는 위염 증세는 특히 중년 이상 부인들에게 많았다. 그밖에 이 지방 말로 '수충다리'라고 하는 상피병 환자가 상당히 많았다. 또 결핵 환자도 무척 많았다. (…) 불리한 생활환경에서 그래도 내일을 위해서 바다와 싸우는 그들 도민의 용기는 장하다. 그들의 투지에는 머리가 숙여진다. 그러나 환경의 압력만도 짐이 크거늘 설상가상으로 병마의 위협조차 막을 도리가 없는 그들의 처지는 너무도 안타깝다. 우리가 본 이 지역의 인구만 해도 3만이 가까운데 개업의가 단지

두 사람, 면허 조수가 하는 진료소가 한 개라고 하니 너무나 한심한 일이다. 우리가 소흑산도에 갔을 때 마침 그곳에 장티푸스가 유행해 백여 명이 신음하고 있었다. 이 섬은 다른 섬과 또 달라 의사가 없음은 물론, 정기선조차 오는 때가 드문 곳이다. 우리들은 이틀 동안 치료에 전력을 기울였으나 사흘도 못 있고 일정 관계로 참상을 바라보고 한탄만 하며 그 섬을 떠나게 되었다. 신음하는 병자를 눈앞에 두고 약을 구하자니 약방이 없고 의사도 없는 그 마당에서 그들이 생각하다 못해 무당이나 판수를 불러 굿을 하고 경을 읽는다고 해서 미신에 빠졌다고 비난할 수 있을까? 천기 天氣 예보도 없고 무전 연락도 안 되는 손바닥만한 돛단배를 타고 서해의 풍랑과 동중국해의 태풍과 싸우며 출어하는 그들이 무사히 돌아오기를 기도하는 가지가지 행사를 비웃을 수 있을까?

1950년 6월 9일, 한국산악회는 종로 YMCA 강당에서 제5회 정기총회를 열고 작고한 송석하 회장 후임에 현동완, 부회장에 석주명과 홍종인을 선출했다. 그러나 보름 만에 한국전쟁이 터졌고 그해 10월에 석주명은 짧은 생애를 비통하게 끝마쳤으니 산악인 석주명의 업적은 여기서 끝나고 말았다.

에스페란토의 별

석주명의 저술 활동은 1947년에 들어서면서부터 나비에 관한 학술 논문보다는 신문 잡지에 잡문을 발표하는 횟수가 부쩍 늘어난 현상이 두드러진다. 1947년에는 논문 11편에 잡문 32편, 1948년에는 논문 4편에 잡문 20편(그는 이 해에 이혼에 얽힌 법정 시비로 글을 많이 쓸 수 없었다), 1949년에는 논문 5편에 잡문 44편, 1950년(6월까지)에는 논문 3편에 잡문 20편으로, 1932~1946년에 비해 잡문의 비율이 매우 높다.

잡문은 대개가 과학(주로 생물학) 관계, 언어(어문 정책 및 에스페란토) 관계, 산림 및 산악 관계 그리고 기타 내용인데 대부분 계몽 성격을 띤 수필이다. 그것은 당시 우리 사회가 광복-정부 수립-한국전쟁에 이르는 혼란기였던 탓에, 지식인이라면 누구나 신생 대한민국 정부와 국민들에게 '할 말'이 많은 시기였기 때문으로 볼 수 있다. 석주명의 글은, 정부에 대해서는 '한자 사용 수를 줄이고 한글 맞춤법을 확립하자'는 등 어문 정책에 대한 것과 '대학에 법과나 문과보다는 자연과학 계통 학과를 늘리라'는 과학 정책 수립에 대한 조언을, 국민들에게는 우리나라의 자연을 사랑하자는 내용이다. 여기서 어문 정책에 대한 주장이란 언뜻 이상하게 보일지 모르지만 어학에 대한 그의 남다른 애착을 보면 오히려 지극히 당연한 일로 생각된다.

1947년에 발표된 석주명의 글을 보면 재미있는 현상이 있다. 그는 그해에 책을 다섯 권 냈는데, 《중등 동물 교과서》와 《중등과학, 제 4·5학년용 생물 교과서》를 뺀 나머지 세 권이 어학 관련 책이다. 1947년 12월 30일 출판된 《제주도 방언집》은 앞에서 자세히 소개했지만, 《국제어 에스페란토 교과서, 부록 소사전》과 《조선 나비 이름의 유래기》도 뛰어난 재능의 결과로서, 각각 다른 분야를 다룬 어학 관련 책 세 권이 6월부터 12월 사이 반년 동안에 출판되었다는 것은 참으로 놀라운 일이다.

《조선 나비 이름의 유래기》는 1947년 2월 27일 탈고해 12월 5일 백양당白楊堂에서 간행되었다. 사륙판 61쪽, 정가 70원. 오늘날 불리는 우리말 나비 이름의 유래를 적은 책인데, 그동안 일본어로 불리던 나비 이름을(조선 시대에는 범나비·흰나비·노랑나비라는 일반적인 명칭 외에 우리말 나비 이름이 없었다) 거의 대부분 석주명이 우리말로 고치거나 새로 지어 1947년 4월 5일 조선생물학회에서 통과시켰다.

248종에 달하는 나비에 제각각 알맞은 이름을 붙이기는 대단히 어려운 일이다. 이 작업은 우리말에 대한 애정은 물론 어학을 비롯한 다방면의 넓은 지식, 기지와 센스와 유머를 갖춘 풍부한 감성을 갖추지 않고서는 해낼 수 없다. 실제로 이 책에 적힌 나비 이름들을 보면, 어떤 것은 학술적인 근거에 의해, 또 어떤 것은 유머러스하게, 또는 미적인 감각에 따라 적절히 이름이 지어져 우리로 하여금 절로 고개를 끄덕이게 하는 것이 많다. 몇 가지 예를 보자.

굴뚝나비 우리나라에서는 배추흰나비에 못지않게 많이 나는데 굴뚝처럼 까만색이라는 데서 유래했다.

배추흰나비 양배추·배추·무에 가장 큰 해충이다. 북한에서는 어쩌다 이것의 유충에게 양배추밭이 전멸하는 수도 있다. 이 종류는 북반구 온대 지방에는 어디나 있는데 배추에 해를 주니 배추흰나비라 부르기로 한다.

처녀나비 한국에는 봄처녀·도시처녀·시골처녀 세 종류가 있다. 봄처녀는 봄에 30일도 못 되게 나왔다가 없어지는데 수줍은 처녀처럼 난다. 도시처녀는 날개 안쪽에 있는 흰띠가 도시 처녀들의 흰 리본과 같다. 시골처녀는 그 노랑색이 시골 처녀의 노랑 저고리를 연상케 하며 전국을 통해서 시골에만 드문드문 있다.

모시나비 이 계통 나비의 날개는 비늘 가루가 적어서 반투명하므로 모시를 연상시킨다.

표범나비 붉은색이 도는 황색 바탕에 검은 얼룩점이 있는 이 나비는 누구나 곧 표범을 연상하게 된다. 학명에는 '은반銀班'이라는 뜻이 있으나 '표범'이 훨씬 알맞다고 생각된다.

풀흰나비 날개 안쪽, 특히 뒷날개 안쪽에 풀색 얼룩이 충만하여 즉각 이런 이름이 떠오른다. 영어로는 목욕탕나비라고 하니 그 신선한 맛을 표현한 듯하고, 일본어로는 조선흰나비라고 하니 자기 나라에 없기 때문에 지은 이름이며, 라틴어 속명屬名은 흑해黑海를 뜻하는데 별 뜻은 없다.

줄흰나비 일본어로는 줄검은나비, 영어로는 푸른줄흰나비이니 줄흰나비야말로 줄이 있는 흰나비라는 뜻으로 가장 간략한 이름이 되겠다.

유리창나비 앞날개 앞 모서리에 있는 투명한 둥근 막膜이 마치 유리창과 같다.

이른봄애호랑나비 '早春兒虎(조춘아호)'라는 뜻으로, 이른봄에 잠깐 나왔다 곧 없어지므로 열성적인 채집가가 아니면 잡기 힘들다. 몸이 작고 호랑이 무늬를 연상시킨다.

산제비나비 제비나비가 평지에 많은 데 비해 이것은 산에 많다. 이 종류는 전국에 골고루 분포되어 있고 번식력이 강하며 강대하다. 또 산에 있으므로 속세에 섞이지 않고 아름다우며 해로움을 끼치지 않는다(이런 까닭으로 석주명은 1940년에 조선일보를 통해 '나라 나비'로 정하자고 제창했다. 필자 주).

범나비(호랑나비) 중국에서는 이 계통 나비를 모두 '봉접鳳蝶'이라고 하는데 그것이 우리나라에 들어와 '봉접 → 봉나비 → 범나비 → 호랑접 → 호랑나비'로 변한 듯하다. 애벌레는 감귤나무에 해충이다.

지옥나비 여기에 속하는 나비는 대개 고산 지대에서 산다. 지옥에 간 것처럼 몸이 오싹해지는 험준한 고산에 올라야 겨우 볼 수 있다.

산지옥나비 함경도 고산 지대에 많다. 곤충 채집을 가서 고원 지대에서 쉬노라면 이 나비 무리가 얼굴이나 손에 날아와 앉아서 땀을 빨아먹는 일을 늘 겪는다. 어떤 곳에서는 한 군데에 수백 마리가 앉아 있고, 포충망으로 한 번에 50여 마리를 잡은 적도 있다.

상제나비 그저 흰나비라고 불러서는 만족하지 못할 만큼 흰색이어서 상제喪制나비라 했다.

시가도귤빛부전나비 날개 안쪽 무늬가 지도에 그려진 시가도市街圖 모양이다.

씨-알붐나비 뒷날개 안쪽 가운뎃점이 정확한 C자 모양이다.

신부나비 까만 날개에 흰색 줄이 있어서 천주교 신부의 로만 칼라 복장을 연상시킨다.

암고운부전나비 대체로 나비는 수컷이 고운데 이 종류는 암컷이 더 곱다.

어리표범나비 표범나비와 비슷하면서도 진짜 표범나비가 아니라는 뜻이다.

팔랑나비 나는 모양이나 행동이 몹시 까불어대는 데서 지은 이름인데, 영어명 Skipper와도 일치한다.

부전나비 여러 가지 색깔의 작은 나비들을 말하는데 선배의 명작이다. '부전'이란 사진을 앨범에 붙일 때 네 귀에 끼우는 색깔 있는 작은 세모꼴 장식물이다.

이상에서 본 것처럼 학명, 지명, 행태, 생태 등을 응용해 지은 이름이 대부분이지만 사람 이름을 넣어 지은 이름도 꽤 있다. 긴지부전나비는 그의 스승 오카지마 긴지에게 바치는 뜻으로, 재순지옥나비는 이 나비를 관모봉에서 처음 채집한 그의 조수 장재순을 기념해 지었다. 스기다니은점선표범나비는 이 나비를 최초로 채집하고 조선 나비 연구에 공이 많은 스기다니를 기념하려고 지었으며, 스나이더어리표범은 1926~1932년 송도중학 교장이었으며 석주명의 연구 생활에 힘이 되어 준 미국인 스나이더에게 바친 이름이다. 헤르츠까마귀부전나비는 조선에 처음으로 나비를 채집하러 온 서양인인 헤르츠가 1884년 이 나비를 강원도에서 채집한 일을 기념하려고 붙였다.

《국제어 에스페란토 교과서, 부록 소사전》은 1947년 1월 4일 탈고해 6월 6일 '조선에스페란토학회' 이름으로 선문서관宣文書館이 발행한 사륙판 75쪽짜리 소책자이다. 이 책은 1923년에 김억이 편집한 《에스페란토 독학》이 대중적 독학용인 데 비해, 강습용으로서 설명이 적고 예문이 풍부해 수준이 높았다. 여기에 인용된 원전은 자멘호프·마리 한클 등의 문장과 그라보스키가 번역한 롱펠로의 시에서 뽑았고, 소사전은 기본 단어 2,270개로 편집되었다. 이 책이 나오게 된 배경을 알 겸 당시의 우리나라 에스페란토 운동 형편을 알아보자.

일제 암흑기에 석주명에 의해 명맥이 유지되어 온 한국의 에스페란토 운동은 광복을 맞아 더 자유롭고 광범위하게 펼쳐졌다. 8·15 이전의 에스페란티스토들은 그들이 가진 에스페란토(이하 '에스'라는 약칭을 사용하기로 한다) 책자들을 모두 땅속에 묻어서 보전했다. 그 당시 에스 책자를 가졌다가 발각되면 일경이 반反 정부라고 단정해서 탄압했기 때문이다. 많은 에스페란티스토가 1945년 11월 11일 경성원예학교(지금의 장충고등학교 자리)에 모여 약소 민족어 해방과 에스 건설을 경축하는 '에스 정치 선언'을 채택했다. 프린트로 된 이 선언은 그때의 잡지 〈혁명〉에 사륙배판 전면으로 실리기도 했다.

이날 일꾼으로는 위원장에 홍 B.C., 부위원장에 이원철(당시 기상대장, 이학박사) 이정복(의학박사) 서기장에 홍형의, 위원에 석주명 이민재 윤병헌 홍숙희(의학박사) 송교 김교영 이정모가 선출되었고, 통제위원장에는 민족어와 세계어와의 관련이 깊다고 논의되어 동호인으로 출석했던 조선어학회 인사를 추대했다.

이 회합을 시발로 그해 12월 15일 조선에스페란토학회 창립 대회가 열렸다. 여기에는 앞서 든 인사들 말고도 에스페란티스토 김창숙 이재현 김억 이균 서병택 신봉조 백남규와 에스에 호의를 가진 인사들이 참석하였다. 이날 서기장으로 홍형의가 선출되었으며, 참석자들은 기금을 모으고 기관지·사전·교과서 발간 준비에 들어갔다.

매우 혼란스러웠던 국내 사정으로 볼 때 학술 단체가 조직적인 운동을 해가는 데에 어려움이 많았지만 에스 운동만은 그런대로 순조롭게 진행되었다. 그것은 일제 때 활동했던 운동가가 그대로 자유롭게 만난 데다 지도자 중에 정치 성향을 띤 사람이 없었다는 것, 문교부 장관 유억겸이 에스 운동을 많이 이해했다는 점에서 연유한다.

1946년 2월 16일에는 경성대학반 개강식이 경성대학교 강당에서 열려 4월 14일에 제1회 전국대회를 열기로 결의한 후 석주명과 홍형의의 강연을 들었다. 예정대로 4월 14일 옥인동의 송석원松石園에서 열린 제1회 한국에스대회는 에스페란티스토 200여 명이 모여 결합을 다진 감격적인 모임이었다. 이 자리에는 지식인들이 많이 초대되었는데, 당시 좌익과 우익으로 나뉘어 찬탁·반탁을 다투던 그들을 다 같이 초대해 민족 단결과 세계 평화를 호소했다.

1947년 들어 성균관대학교 부총장인 김창숙이 학회장이 되어 성균관대학교에 정규 과목으로 에스를 넣게 되자, 학장인 정인보의 도움으로 국학대학國學大學이 강좌를 개설하고, 신흥대학新興大學(경희대학교 전신)과 서울대학교 사범대학도 선택 과목으로 채택했다. 그리하여 홍형의가 성균관대학교에, 석주명이 국학대학에, 이정모가 서울사대에 강사로 나가게 되었다. 학술 단체인 에스학회가 대학에 정규 과목 혹은 선택 과목으로 에스를 설치케 한 것은 (유억겸 장관에게 힘입은 바 컸지만) 오늘날까지 대한민국에서 에스 운동이 명맥을 유지할 수 있게 된 원동력이 되었다. 이런 상황에서 그해에 강의용 교과서가 필요함을 절실히 느낀 석주명이 에스 교과서를 발간한 것인데, 그는 이 책을 자기 돈으로 출판하는 열의를 보였다.

1948년에는 홍익대학에도 선택 과목 제2외국어로 에스가 채택되어, 석주명은 한국전쟁이 터질 때까지 두 대학에서 강의했다. 또 조선에스페란토학회 서기장, 1949년에 통합된 대한에스페란토학회 총무부장을 맡아 숱한 강습회를 열고 젊은이들을 가르쳤다.

석주명은 여러 외국인 에스페란티스토들과 친교를 맺고, 여러 나라에서 에스 관계 서적들이 우송되어 오는 등 국제적으로 인정받는 에스의 대가였는데, 죽기 하루 전까지 쓴 일기도 에스로 쓸 정도로 열심이었다. 한국 에스페란토학회는 이 공적을 기려 1972년 '석주명 추념 행사'를 갖기도 했는데, 지금도 많은 에스페란티스토가 그를 초창기 에스 운동사를 빛낸 개척자로 추앙하고 있다. 에스에 대한 독자들의 이해를 돕기 위해, 석주명이 1949년에 쓴 글 중 쉽고 재미있다고 생각되는 두 편을 골라 그중 일부를 소개한다.

에스페란토론(1949. 7. 19, 20. 국도신문)

과학 발달은 지구를 상대적으로 축소시키면서 인생 문제를 확대시키고 있다. 옛날에는 지구면이 굉장히 커 보였고, 어느 나라에서 일어난 일이 그리 여러 나라에 영향을 미치는 바가 없었던 것이, 지금에 와서는 지구면이 그리 커 보이지도 않고 어느 나라에서 일어난 문제라도 대개는 곧 세계 문제로 되고 만다. 따라서 인간 사회에서 혼돈 상태란 것은 점점 대규모로 되어 오고 거기 따르는 전쟁도 대규모로 되면서 또 가속도로 비참하게 되어 온다.

현재 이 세계는 미·소 양대 세력의 마찰을 조정 때문에 대혼란에 빠져 있고 수많은 약소 민족은 그 틈에 끼여서 죽을 지경에 있다. 그러니 현재 세계 어디서 일어나는 문제라도 세계 문제가 안 되는 것이 거의 없다. 그래서 국제회의 때마다 각국 위원 간에 용어用語 문제가 늘 일어난다. 이제 그 국제회의의 용어 문제를 간단히 역사적으로 고찰해 보자.

과거 수세기 동안은 라틴어의 대를 이어서 오랫동안 불란서어가 국제 용어로 되어 왔었다. 재미있는 것은, 1871년 보불전쟁이 끝나서 승리한 독일과 파리까지 함락되어 참패한 불란서 간의 평화조약에서도 채용된 용어는 불어였다는 사실이다. 그때 독일의 철혈재상 비스마르크도 그의 전 생애를 통해서 불어의 영향 아래 있었다. 그 뒤 얼마 있다가 1878년 회의에서 비-콘스필드경은 영어 쓰기를 힘썼지만 실패하고 말았다. 그 무렵 구라파에서 외교관을 배출한 각국 상층 계급의 교육은 전혀 불어가 토대로 되었고 그것이 제1차 세계대전 종말까지 계속되었다.

그러던 것이 제1차 세계대전 후의 베르사유 평화조약 때(1919년 6월) 비로소 미국 윌슨 대통령과 영국 재상 로이드 조지 경이 용어 문제를 내세워서 귀족 외교를 민주 외교로 떨어뜨려 버리고 말았다.

국제 외교 관계에서 처음으로 무경쟁자이던 불어가 신참어를 포섭하여야 되었을 뿐만 아니라, 조약문이 불·영 두 나라 말로 기록되었고 두 나라 말의 조약문은 동등하게 취급받게까지 되었다. 그러나 그해 9월 연합국과 오스트리아와의 산 제르만 강화 조약에는 역시 불어만이 사용되었다. 뿐만 아니라 그 얼마 뒤에 체결된 체코슬로바키아와 루마니아 간의 통상조약에서도 불어만 채용되었다.

그러나 제2차 세계대전 후에는 기대하지 않았던 위협을 주는 새 경쟁자 노어露語가 나타났다. 1945년 샌프란시스코에서 열린 협상에서는 노어가 불어를 축출하고 공용어로 채택되었는데, 그 얼마 전에 만국에스페란토협회 기관지 편집국장 야콥 씨가 벌써 '불어의 황혼'을 말한 것은 재미있는 표현이었다. 그러나 1946년 파리 협상에서는 불어가 영어·노어와 같이 등장했고, 대부분 불어로 강연한 것이 영어와 노어로 통역되었다.

그리고 1947년 핀란드 불가리아 헝가리 루마니아 등과의 평화조약에서는, 파리에서 서명되었는데도 불구하고 소련에 경의를 표하여 불어를 축출하고 각국이 자국어로 기록하였다. 그러나 아직도 19세기의 잔재가 있었다. 즉 헤이그에 있는 국제재판소에서는 1948년 3월 영국과 알바니아 간의 분쟁을 조사하였는데, 영어가 허용되었음에도 불구하고 공문서는 불어만으로 표기되었다.

그러자 신흥 노어가 공세를 취하여, 같은 해 7월 베오그라드에서 열린 다뉴브 회의에서는 노·불 양어만을 채용케 하고 영어는 보조어 정도로 떨어뜨렸다. 뿐만 아니라, UN과 기타 회의의 소련 위원들은 노어만을 사용하고 경쟁자인 영어를 기회 있는 대로 공격하고 있다. UN 파리 회의에서는 한 분과회의에서 위원들에게 나누어 준 보고서가 영어로만 인쇄되었다는 이유로 소련 위원에게 공격을 받아 회의를 연기할 수밖에 없게 되었다.

이렇듯 국제회의 용어 문제 약사略史만으로도 장래의 용어는 국제 공통어인 에스페란토로 낙찰될 것을 예단할 수가 있다. 평등이 없는 곳에 평화가 있을 리 없다. 국제 문제에서는 무기의 강약이 해결 능력을 가지고 있는 것도 같지만, 가속도로 발달해 가는 이 세상에서 두뇌 있는 사람들은 긴 역사를 볼 때 반드시 그렇게 생각하지만은 않는다. 사람이 자기가 살기 위해 생존 경쟁 내지 투쟁을 하고 있는 것은 사실이나 한편 평화를 갈망하고 있는 것도 사실이어서, 세계 역사는 분명히 세계 평화를 향해 가고 있음을 알 수가 있다. 세계의 혼돈 상태 내지 미·소의 알력도 자세히 검토하면 세계 평화로 가는 길에서 드러난 한 현상이라고 볼 수 있다.

에스페란토는 1887년 폴란드인 자멘호프 박사가 공표한 이래 불과 63년 동안에 놀라운 성과를 거두고 있다. 이 국제어가 공표된 지 19년 만인 1905년에 제1회 만국 대회가 불란서에서 열려 창안자 자신도 참석하였고, 그 뒤 해마다 한 차례씩 나라를 바꾸어 열렸는데, 그간 두 차례 세계대전 때(1916~1919, 1940~1946)에만 중단되었으니 금년 영국에서의 대회는 제34회가 된다.

사상적으로도 중간파라고 볼 수 있는 만국에스페란토협회는 1908년에 결성되었고, 42년 역사를 가지고 그간 월간 잡지와 연감을 발행해 왔는데, 현재는 스위스 제네바와 영국 리크만스워트에 사무처를 설치하고 활약 중이다.

금년의 제34회 만국 대회는 영국 남부 해안 도시 보운마우트에서 8월 6~13일 열리겠고, 금년 1월 10일 현재로 벌써 가입자가 26개국 865명에 달한다. 그리고 이 동지들은 모두 1 민족 2 언어주의자여서 자기 나라에서는 자국어로, 다른 나라와는 에스페란토를 쓰자고 주장한다. 물론 국제회의에는 에스페란토를 공용어로 채용하며 에스페란토를 통한 국제 운동으로 세계 평화에 공헌하자는 것이다.

에스페란토를 해득한 사람은 불과 반세기만에 수천만에 달하였고 문화 방면 각 분야에 벌써 침윤되어 버렸다. 예를 문학 방면에서 든다고 해도, 저명한 작품 중에 에스페란토로 번역되지 않은 것이 하나도 없을 뿐만 아니라, 에스페란토로 쓰인 작품도 적지 않게 나왔고, 에스페란토 문인文人도 적지 않다. 중국 같은 나라는 제2차 세계대전 중에 에스페란토로 구라파 여러 국민의 동정을 많이 사서 보람을 본 일도 있고, 전쟁이 끝난 현재는 일본 같은 나라가 에스페란토로 구라파 동지들에게 빈번히 호소하여 동정을 구하고 있는 형편이다.

이 방면에서도 우리나라는 뒤떨어진 형편이어서 나는 에스페란티스토로서 부끄러움을 느끼고 있다. 무엇보다도 우리나라의 역사 내지 문화사를 간단하게 편찬하여 구미 동지들에게 무료로 배부해서 우리나라를 먼저 인식시키고, 동지들이 활약하여 만국 협회 기관지의 지면을 최대한도로 이용하고 싶다. 그런데 이런 정도의 계획도 우리나라 에스페란토학회의 역량으로는 어려운 일로, 무엇보다도 경제적으로 힘 있는 동지 내지 협력자의 출현을 갈망한다.

구미어를 조금이라도 다루는 우리의 문화인들은, 구미에서는 우리나라가 전연 무시되어 있는 사실을 잘 알 것이다. 어떤 모양으로든 하루빨리 우리나라를 인식시키고 세계 무대에서 발언권을 얻고 활약하여, 세계 문화와 평화에 이바지함으로써 우리 자손의 앞길을 열어 주어야겠다. 그러려면 용어로는 에스페란토를 채택하는 것이 지름길임을 알아야겠다.

대학생과 어학 공부(1949. 6. 25. 國學學報)

에스페란토는 라틴어에서 갈라진 영·독·불·기타어에서 보편화한 어휘만을 뽑아서 체계를 세운 말이니, 영·독·불 제어가 야생화라면 에스페란토는 온실화입니다. 문화인들이 야생화만으로는 만족할 수 없어서 온실화를 배양한 것처럼, 문화인들은 민족어만으로는 만족할 수가 없어서 에스페란토를 쓰게 되는 것입니다. 우리는 어느덧 울타리를 두르고 고립해서 살 수 없게, 예기치 않았던 국제 생활을 하게 되었습니다. 더욱이 교통, 통신 기관 발달로 지구는 가속도로 축소되어 가니 여러 민족 간의 의사소통을 위해서 공통어가 요구될 것도 필연적인 사실입니다.

자연 경쟁에 맡겨서 강국 어가 지배하는 대로 따라 가는 것이 옳을까요? 아니오. 우리는 후진 국민으로서 또 약소민족으로서 강국 어를 필요한 만큼 배우면서 우리 자손에게 이런 참혹한 일을 되풀이시키지 않기 위해서라도 에스페란토 하나를 더 배워서 1 민족 2 언어주의자가 됩시다. 국내에서는 자국어, 국외에서는 에스페란토로 서로 통하도록 노력합시다.

다행히 에스페란토는 영·독·불어를 배우는 사람에게는 거의 노력 없이 습득되는 것이고, 어떤 어학을 공부하든지 에스페란토를 겸해서 배우면 오히려 더 빨라서 시간적으로도 유리합니다. 어학 실력이 없는 대학생이라도 배우기 쉬운 에스페란토로 들어와서 외국어 실력도 양성해 두면 좋을까 합니다.

또 에스페란토를 배우면 한편으로 평화의 전사가 되어 세계 평화 운동에 공헌하게 됩니다. 민족 간에 언어의 평등이 없이는 세계 평화를 기대할 수가 없는 것입니다. 현재도 국제 회의 때마다 용어 문제로 늘 두통을 앓고 있습니다. 결국 강대국 어가 용어로 채택되지만 실제로 그 자리에서는 4할 정도만 의사가 소통된다고 합니다. 이때에는 채택된 용어를 사용하는 민족, 결국 강대 민족이 유리할 것은 물론입니다. 평등이 없는 곳에 평화는 없습니다.

꽃 모르는 나비 학자

석주명은 1946년 9월부터 국립과학관 동물학 연구부장을 맡았다. 조복성 관장과 석주명 부장은 기술직 공무원의 최고 대우인 기감技監이고 나머지 연구원들은 기정技正이었다. 가고시마 농림을 나온 학력으로 보나 세계적 학자라는 명성을 보아서도 석주명이 관장이 되어야 했으나 당시 미 군정 당국자들은 그런 면에 눈이 어두웠다. 조복성은, 사범학교 출신이면서도 일본인 곤충학자 모리의 조수를 지낸 인연으로 전쟁이 끝나기 직전 중국 항주杭州박물관에 근무했던 이력을 더 높이 평가받은 데다, 문교부 인사행정처장을 지낸 길성훈의 소개에 힘입어 관장이 되었다.

그러나 석주명은 그런 것에 개의치 않았다. 나비 연구에서 선배이자 나이가 더 많은 조복성이 관장이 되는 것이 당연하다고 생각했으며, 오히려 다른 일 신경 쓰지 않고 연구에만 몰두할 수 있는 자기 직책에 무척 만족했다. 그는 직장 생활 만족도를 직위나 급료보다 연구 환경에 더 비중을 두고 있었다.

실제 국립과학관은 석주명 같은 학구파에게는 연구할 분위기가 충분히 보장되어 있었다. 관장인 조복성과 동물학 연구부장인 석주명이 곤충학자였고, 우리나라 식물학의 개척자인 정태현이 식물학 교실에 있었다. 나중에 서울대학교 자연과학대학 생물학과 교수를 지낸 정영호 박사도 당시 그곳에서 근무했다. 이렇게 국립과학관은 신생 독립국 한국의 생물학 발전을 위한 총본부라고 해도 좋을 정도였다. 일본어로 된 동식물 이름을 우리말로 바꾸는 작업이 이곳에서 이루어졌고, 생물학 관계 논문도 여기서 가장 활발하게 발표되었다.

주위 사람들이 간혹 그의 직위에 대해 말할 양이면 석주명은 늘 자신이 학문 연구에만 몰두할 수 있는 자리에 있는 것이 얼마나 고마운지 모른다고 말하곤 했다. 그는 또 자기 직급이 실제보다 높게 알려지기를 바라는 사람들을 무척 경멸했는데, 그의 직급이 부관장 격이어서 사람들이 부관장이라고 호칭하면 노골적으로 언짢은 표정을 지었다. 특히 신문이나 잡지가 그런 실수(?)를 곧잘 했는데, '관장'이라고 표기한 신문사에 사람을 보내어 엄중히 항의한 일도 있었다. 그런 일이 있을 때마다 그는 1942년의 나비 전시회 때 경성일보가 '경성제대 석 교수…'라고 해서 야단을 쳐 취소시킨 일을 상기시키며, '장長' 자리나 도장 누르는 일을 절대로 사양하겠노라고 강조했다.

송도중학을 사직했을 때나 남들이 저마다 꺼리는 제주도 근무를 자원했을 때나, 또 국립과학관에서 연구부장을 맡을 때에도, 석주명에게는 오로지 연구할 시간과 연구할 환경만이 필요했다. 그는 가정생활이나 세상의 명예 지위 따위는 안중에 없었다. 오직 평생의 지표指標를 실천해 가는 학구 생활만이 그의 전부였다. 그는 이러한 심정을 공공연히 신문 지상에 발표해 그의 '학문 영역'을 침범하지 말아 주기를 경고(?)했다. '학구學究의 변辯'(1949. 12. 30. 태양신문)을 보자.

나는 해방 후 여러 차례 미국 유학을 권고받았고 요 얼마 전은 어떤 친지로부터 나의 개인 형편까지를 생각해서 하는 간곡한 권고를 받았다. 그

러나 나는 지금 서울을 떠날 형편이 못 된다. 나는 나의 여태까지의 학문을 정리하고 있고 또 다음 계단을 위하여 정리하지 않으면 아니 될 형편이다. 나는 이후에 외국에 간대도, 먼저 나의 학문, 즉 우리 강토를 중심으로 한 학문을 정리해 가지고, 남에게서 배우는 것만큼 나도 남에게 가르칠 준비가 안 되면 떠날 마음이 없다. 우리나라가 아무리 후진 국가라고 할지라도 우리 땅의 자료를 계통 세우면 그것으로 선진 국민이라도 가르칠 수가 있는 것이다. 나는 나보다 젊은 학도들에게 늘 공부하기를 권하고, 나 자신도 나의 자료 내지 우리나라 자료를 정리하느라 새벽 두 시 전에는 자본 일이 없다. 그렇다고 아침에 늦게 일어난 일도 물론 없다.

석주명에게는 잠자는 시간뿐만 아니라 점심 먹을 시간도 제대로 없었다. 아니, 그 시간을 아꼈다고 함이 더 정확한 표현이리라. 그의 주머니에는 늘 땅콩이 들어 있었는데, 그는 바삐 걸으면서 땅콩으로 점심을 때우는 일이 잦았다. 그가 어느 날 문교부에 안호상 장관을 만나러 갔을 때 일이다. 군화를 신고 까만 작업복을 입은 그의 허름한 차림새에 비서관들이 선뜻 면담을 주선하지 않고 기다리게 하자, 그가 가방에서 카드를 꺼내 응접실 탁자에 놓고서는 그대로 일에 몰입하여, 이를 본 사람들이 혀를 내둘렀다는 얘기는 유명하다. 석주명은 저녁을 먹고 나서도 방금 자기가 먹은 음식이 무엇인지 기억하지 못하는 때가 많았다.

"어떤 날 오빠가 좋아하는 요리를 만들어 드렸더니 참 맛있게 드셨다. 만든 나도 마음이 흡족하여 무슨 이야기 끝에 '저녁 요리는 맛있었지요?' 했더니 '글쎄… 뭐였더라, 확실히 맛은 있었던 것 같은데…' 하는 것이 아닌가. 웃을 수밖에 없었다. 오빠는 의복에도 무관심해서 깨끗한 것으로 족했다. 양말이 두 켤레만 되어도 찾아온 제자에게 한 켤레를 주었고, 부하 직원들이 도시락을 못 싸오는 것을 알자 오빠도 도시락 없이 출근하여 찐 고구마를 사다가 직원들과 나누어 먹곤 했다. 육이오로 모두가 야단들인데, '이런 때에 더 공부해야 한다'고 하며 원고지를 한 보따리 사들고 와서는 '이 정도면 몇 달은 쓸 수 있겠지' 하던 오빠의 모습이 선하다."

석주선의 말처럼 언제 어떤 상황에서도 그의 머릿속에는 온통 '일'만 차 있었다.

한국전쟁이 일어나기 전까지 사회 분위기는 늘 어수선했고, 직장에서도 업무나 연구 활동보다는 정치 및 사상 대립으로 인한 반목과 갈등이 더 심했다. 특히 학술 단체 같은 곳에는 사회주의 이론에 심취한 좌익계 지식인들의 입김이 상당히 드세던 시절이다. 국립과학관도 약전藥專(서울대학교 약학대학의 전신)과 더불어 좌익계 '과학자 동맹'의 아지트였다. 2층 조복성 관장의 방 옆에 도서실이 있고, 그 옆으로 정태현 정영호 등이 있는 식물 연구실, 석주명 이희태 미승우가 있는 동물 연구실, 석주선이 있는 공예 연구실이 있었다. 그 맨 끝 복도가 굽어지는 곳에 미술실이 있었는데, 조 관장의 처남 화가 백 아무개가 식물학 연구실의 이운림, 총무과의 조건호와 더불어 좌익 활동을 하며 늘 문제를 일으키고 있었다.

그러나 석주명은 정치나 사상에는 전혀 관심이 없었다. 그는 뒷날 공산군이 과학관을 점령하고 북한 출신 인사들을 한 사람씩 심사할 때도 "나는 과학밖에는 세상일에 대해 아무것도 아는 것이 없소. 과학을 이해하고 과학자를 위해 주는 나라를 바랄 뿐이오"라고 말해 과학관에서 쫓겨났을 정도로 그런 것에는 초연했다. 단 한 번, 미술실의 백 아무개가 삐라를 인쇄하다가 발각되는 등 자주 말썽을 부리자, 연구 풍토를 바로 세우려고 그를 추방하자고 조 관장에게 건의해 옥신각신한 일이 있을 뿐이다.

미승우가 국립과학관에 들어가던 때의 얘기를 들어보자.

"1948년, 내가 월남했을 때 이곳 신문에서는 나비학자 석주명 씨의 가정불화 기사가 사회면 톱으로 보도되곤 했다. '나의 길을 가련다!'라느니 '세계적 나비학자 석주명 씨 이혼' 따위 표제를 달고 각 신문이 경쟁이나 하듯 그의 가정불화를 톱 뉴스로 다루었다. 그러나 그때 열아홉 살이던 나는 이혼보다도 '세계적 나비학자'라는 사실에 더 관심을 가졌다. 곤충학을 전공하려는 나의 집념 때문이기도 했지만, 월남한 직후 어려운 가정 환경에 어떤 돌파구를 마련하기 위해서도 내게는 스승이 필요했다."

그러나 나이 어린 미승우가 석주명을 만나기까지는 준비에 많은 시간이 필요했다. 인정받을 만한 밑천을 준비해야 했기 때문이다. 어느 날 미승우는 고향에서 가지고 온 연구 수첩을 정리해서 '경성鏡城의 접상蝶相'이라는 간단한 보고서를 만들었다. 그것을 그의 포부를 적은 편지와 함께 우송했다. 며칠 후 이희태에게서 국립과학관 동물학연구실로 오라는 회답이 왔다.

"내가 처음 만난 석주명 씨는 얼굴이 거무스름하게 그을어 있었고, 크지 않은 체구에 수수한 옷차림이어서, 얼핏 보기에 가식이 없는 사람 같았다. 첫 대면이었지만 나는 석 선생님과 충분한 대화를 나누었고, 다음날부터 육이오가 나던 날까지 그분을 모시고 연구실에서 공부했다."

이렇게 시작된 미승우와 석주명의 만남은 2년이라는 짧은 세월로 끝나고 만다.

"육이오가 터지면서 나는 석 선생님과 헤어져야만 했다. 작별 인사를 하러 연구실로 들어갔더니 선생님은 언제나처럼 반바지를 입고 글을 쓰는 데에 열중하고 계셨다. 전쟁에조차 별 관심이 없었던 모양이다. 정중하게 고별인사를 했더니, '전쟁이 끝나면 꼭 찾아오게, 자네만은 언제라도 받아줄 테니까'라고 말씀하셨다. 그 말이 그분과 내가 이승에서 나눈 마지막 대화가 될 줄이야 누가 알았겠는가? 석 선생님이 돌아가시자 일본 동물분류학회 간사인 다카지마 씨가 그들의 학회지에 추도기를 써서 여러 회원들과 함께 선생의 죽음을 애도했으며, 규슈대학교 시로즈 박사는 한국산 흑백알락나비의 아종명에 선생님의 성(姓)인 Seoki를 붙여 업적을 기렸다."

 "세상 사람들은 그분을 가리켜 '나비 박사'라고 불렀다. 요즘처럼 학위증이 양산되던 시기가 아니었으니 학자로서는 불운한 시대에 살다간 셈이다. 석 선생님께 오는 외국 학자들의 편지에는 때로로 Dr. D. M. Seok이라고 박사 칭호가 적혀 있었는데, 그것은 어디까지나 선생님의 학문적 업적을 존경하는 뜻이었을 뿐이다." ※D. M. Seok은 평안도 발음인 '두명 석'을 옮긴 머리글자이다.(필자 주)

 미승우는 1958년 가고시마 대학 학장 앞으로 편지를 보내 석주명에게 박사학위를 추서해 달라고 요청했다. 학위 논문으로는 《한국산 접류 분포도》를 제출할 것이며, 미발표 논문도 몇 편 있다고 알렸다. 그러나 학장의 회신은, 당시 가고시마는 종합대학이 아니므로 학위를 수여할 방법이 없는 데다 고인에게 학위를 추서한 전례가 없어 곤란하다는 내용이었다.

 "학위라는 것이 살아 있을 때 필요한 것인지는 몰라도, 내가 생각하는 학위는 요식적 절차에 의한 양산이 아니라 학문 활동을 채찍질하는 데 더

중점을 두는 것이라야만 한다. 학문 활동이 없는 사람들에게 주는 박사학위는 '개 발에 버선'이다. 사람들은 그 학위를 받음으로써 학문의 길을 더 닦는 것이 아니라 오히려 출세와 치부 수단으로 삼는 경우가 있지 않은가. 개인의 출세나 치부가 심오한 학문 세계에 무슨 영향을 줄 수 있다는 말인가? 학위라는 것이 고인에게도 줄 수 있는 것이라면 석 선생님과 인연이 있었던 지금의 경희대학교가 업적을 기리는 뜻에서 추서하면 좋겠다. 1964년 정부가 석 선생님에게 건국공로훈장을 추서한 일이 있으니 박사학위라고 해서 추서하지 못할 까닭이 없다. 해당 분야 학문과 거리가 먼 인사들에게도 명예 학위를 남발하는 풍토에서, 내가 말하는 학위 추서는 오히려 새로운 학풍을 불러일으키리라 확신한다."

석주명의 방에 들어서면 제일 먼저 눈에 띈 것이 북쪽을 향해 가로놓인 책상 맞은편에 늘어선 커다란 책장과 표본장이었다. 오른쪽 책장에는 전질 20권으로 된 독일 서적 《자이츠》를 비롯해서 리치의 《세계 곤충동물 대사전》 등 동식물과 곤충에 관한 책들이 빽빽이 꽂혀 있고, 왼쪽의 유리문을 단 장 3개에는 표본 상자 수백 개가 소장되어 있었다.

앞의 두 장에는 32절 크기 작은 상자들이 마치 책처럼 꽂혀 있었는데, 그것은 국제 규격을 무시한 석주명의 독창적인 아이디어에서 나온 것으로, 상자의 가운데에 대각선으로 칸막이를 해 한 종류의 나비를 암수 따로따로 삼각지에 싸서 양쪽에 하나씩 넣고 좀약을 넣은 뒤 솜으로 덮어 놓은 것이다(그는 또 일반 삼각통이 아닌, 대각선으로 칸을 막아 채집품을 두 배 넣도록 한 네모난 통을 고안해 쓰기도 했다). 그 옆에 또 한 장에는 표준 규격 오동나무 상자에 나라별로 정리된 외국산 나비 5천여 종이 꽂혀 있었는데, 지구상의 나비가 1만여 종임을 생각하면 그의 컬렉션이 얼마나 대단한지 짐작할 수 있다.

석주명의 책상 뒤에 걸린 커다란 한국 지도도 그곳을 방문하는 사람들의 눈길을 끄는 명물이었다. 거기에는 그가 채집 여행을 다닌 곳이 빨간 금으로 표시되어 있었는데, 거의 지도 전체가 붉은색으로 칠해진 것 같았다. 그 지도를 자세히 살펴본 사람들은 누구나, 대한민국 땅에서 그가 가 보지 않은 곳이 한 군데도 없음을 알고 놀라곤 했다. 사실 그는 그때 《한국산 접류 분포도》 원고를 거의 마무리지어 출판을 준비하고 있었다.

어느 날 주간서울 ㅇ 기자가 목멱산 木覓山(남산) 기슭 그의 연구실을 방문했다.

"이 표본 상자들이 전부 선생이 수집한 것들인가?"

"그렇다. 이십 년간 나비를 통해서 자연의 법칙을 밝혀 보려는 나의 발자취가 모두 여기 와 머물러 있다. 나는 정말 이 표본들을 이것과 똑같은 부피의 금강석 상자와 바꾸자 해도 안 바꿀 거다."

"이렇게 많은 외국 나비들을 어떻게 수집했나?"

"외국에도 나처럼 나비를 친구 삼는 인사들이 많이 있다. 그분들과 해마다 표본을 교환한다."

"그 많은 지도들은 어디에 쓰는 건가?"

"나비 분포도이다. 나비 한 종류에 지도 한 장씩 사용해서 그 나비가 살고 있는 곳에 이렇게 점을 찍어 놓는데, 우리나라의 나비가 이백오십여 종이니 우리나라 지도 이백오십 장과 세계지도 이백오십 장이 필요하다."

"이미 국제적인 나비학자로서 명성이 자자한데, 앞으로 해결해야 할 과업은 어떤 것인가?"

"그야 물론 한국 나비의 계통을 세우는 일이다. 유연 관계를 계통 세우는 것과 분포 상태를 계통 세우는 일, 즉 지역을 통해서 땅과 나비의 관계를 아는 것과 배추흰나비의 분포와 활약을 알아내는 것인데, 쉰 살 이전에는 완성될 거다. 이번에 제주도 총서가 발간되는데, 이것도 지역을 통해서 나비의 활약을 알자는 것이다. 이것을 완성하기 전에는 결코 죽지 않을 작정이다."

"부인과 헤어지게 된 이유는?"

"목적을 위해서는 모든 걸 희생할 수도 있는 것이 학문의 세계이다."

"그렇다면 현재의 생활에 만족한다는 뜻인가?"

"가장 행복하다. 세상일을 크게 나누어 '해야 될 일'과 '하고 싶은 일'로 분류할 수 있는데, 이 거리가 벌어지면 벌어질수록 불행하지만, 나는 현재 이 두 가지가 일치되어 있는 셈이다."

"달리 어떤 취미가 있는가?"

"취미라고야 그저 나비 잡는 일과 에스페란토 공부하는 일 그리고 어렸을 때 기타를 좀 쳤다. 안익태 씨도 중학 때는 우리와 같이 음악 공부를 했다."

석주명은 가정보다도, 금강석보다도 더 그의 학문을 사랑했다. 분포지도와 나비 표본을 그의 목숨보다 더 소중히 여겼다. 그는 1948년 부인과 이혼했는데, 기자에게 말한 것처럼 학문을 위해서는 어떤 것도 희생할 수 있었고, 학문에 몰두할 때 가장 행복을 느꼈다. 하지만 법정에서 이혼 판결을 받기까지 1년 남짓한 세월은 참으로 괴롭고 답답했다. 마지막에 조복성의 결정적인 증언으로 재판이 일단락되어 그는 자기 뜻대로 이혼할 수 있었지만, 이혼당하지 않으려는 아내 김윤옥의 처절한 저항은 만만치가 않았다. 신문은 연일 '꽃 모르는 나비 학자', '나비 학자 석주명 이혼' 따위 제목을 달아 석주명을 '학문의 길에는 애정도 동반할 수 없다고 부부 생활마저 포기하고 오로지 연구실에 돌아와 진리의 길을 줄달음치는 학자…', '탐구의 정열로 사랑을 무너뜨리고 애정의 폐허 위에 금자탑을 세우려는 학자…'라고 온갖 수식을 붙여 표현하고 그의 사생활과 재판 과정을 낱낱이 보도했다. 석주명은 '나의 길을 가련다'라는, 마치 영화 제목 같은 글을 발표해 자신의 처지를 변명해야만 했다.

범상한 사람으로서 그의 인간적인 면만을 본다면 석주명은 한없이 불쌍한 사람이었다. 1926년, 열아홉 살 때 결혼한 그는 바로 일본에 건너가 3년간 유학 생활을 했고, 귀국해 함흥에 있는 영생고보에 취직하자 곧 부인을 사별死別했다. 늦게 맞은 두 번째 부인 김윤옥과도 오랜 갈등과 별거 생활을 거쳐 세상이 떠들썩한 가운데 법정에서 15년간의 부부 생활을 청산했다. 그리고 두 해 뒤, 그는 외동딸 윤희를 남기고 노상에서 비명횡사했다.

그의 인간적인 불행은 고집이 세고 일견 괴팍하다고도 볼 수 있는 그의 성격과 오로지 학문 탐구밖에는 모르고 자신의 학문에 절대 가치를 부여하고 무한한 자부심을 느꼈던 데에서 말미암았다고 보인다.

1947년, 석주명이 을유문화사에서 최초의 동물학 교과서를 낼 때 일이다. 검인정 위원이던 젊은 편수관들이 석주명의 원고를 부결하자 그는 곧 쫓아들어가 어느 부분이 잘못되었는가를 조목조목 따졌다. 원인은 위원들에게 돈 봉투를 돌리는 상례를 무시했던 데에 있었다. 위원들이 그들의 주장을 굽히지 않자 석주명은 그 자리에서 원고를 찢어 버리고는 돌아서 나왔다. 편수국장이 허겁지겁 뒤쫓아 나와 정중히 사과하고 그의 원고를 통과시키겠다 약속하고 나서야 그의 분은 겨우 가라앉았다. 언젠가는 일본의 어떤 학자가 배추흰나비에 대해 잘못 쓴 논문을 발표한 일이 있었다. 그 직후 그 일본인은 병석에서 죽음을 앞두게 되었는데, 석주명은 그가 죽으면 틀린 학설을 바로잡을 수 없다며, 일본에 가서 병자의 베개맡에 앉아 논문의 틀린 부분을 설명해 그로 하여금 그것을 인정하게 하고 돌아온 일도 있다. 자신의 학문에 대한 석주명의 자부심과 마음가짐이 어떤지를 웅변하는 일화이다.

석주명은 제자가 꽤 많았지만 일생에 딱 한 번 주례를 섰을 뿐이다. 그런데 그 결혼식장에서 그는 "○○군은 나처럼 불행하게 되지 말라"는 단 한마디를 하고 주례석에서 내려왔다. 자주 자신의 불행한 결혼 생활을 한탄했던 그가 얼마나 뼈에 사무쳤으면 주례사를 그렇게 했을까. 그는 에스페란토를 배우러 오는 여학생들에게도 기회 있을 때마다 "이 다음에 시집 가서 우리 마누라 같은 여자 되면 안 돼." "돈 같은 건 아무 쓸데없는 거야. 무엇이든 업적을 남겨야 해." 하고 타일렀다.

서울사대 영문과에 다니던 이계순은 석주명의 사무실에 자주 가서 에스페란토를 배우며 편지와 문서 따위를 정리하곤 했는데, 인간적으로 따뜻하고 공부하려는 제자들의 앞길을 열어 주는 데 열심이었던 석주명의 불행한 가정생활을 누구보다도 안타까워했다.

"열심히 공부하는 제자들을 보면 그렇게 아껴 주실 수가 없었다. 나에게도 힘껏 공부하면 꼭 서울대학교 교수가 될 수 있도록 해 주겠다고 약속하셨다. 사실 석 선생님의 연구실에 자주 드나들다 보니 주위로부터 오해도 많이 받았다. 선생님은 늘 '둥구데당실 둥구데당실…' 하며 조그맣게 '오돌똑'을 부르시거나 에스페란토로 '로렐라이'를 부르며 명랑하게 지내셨지만, 퇴근 무렵이 되면 관사가 있는 만리동 쪽을 바라보며 '오늘 저녁엔 또 무슨 일이 일어나려나…' 하고 우울해하셨다. 그럴 때마다 얼마나 마음이 쓰리고 안타까웠는지 모른다."

나비에 미치고 산에 미친 석주명의 사생활이 순탄치 않았으리라는 것은 쉽게 짐작할 수 있는 일이다. 그는 세계적인 학자라는 명예는 얻었지만 평범한 가족생활의 행복은 누리지 못했다.

석주명은 1934년에 김윤옥과 결혼했다. 조수였던 왕호 씨의 말로는, 어느 날 갑자기 결혼한다며 평양에 가더니 며칠 후 동부인하여 내려왔다고 한다. 당시 풍습대로 얼굴도 못 본 채 치른 중매결혼이었던 것 같다. 신방은 학교에서 10분 거리에 있는 노적봉이라는 야산 밑의 초가집이었다. 행복해야 할 두 사람의 신혼 생활은 시작부터 순탄치가 못했던 듯하다. 두 사람의 성격이 워낙 차이가 심한 데다 부인이 남편에게 고분고분하지 않았기 때문이다.

석주명의 부인 양주 김씨는 평양 제2고녀를 나온 인텔리 여성이었는데, 학교 시절에는 단거리 육상선수를 지냈다고 한다. 넓적한 얼굴에 키가 크고 체격이 우람(?)했는데, 목소리까지 어찌나 큰지 그녀가 외출했다 돌아오면 동네 입구부터 떠들썩했다고 할 정도로 활달한 여성이었다. 그러한 성격이 학문밖에 모르는 석주명과 잘 맞았다면 오히려 이상할 정도다.

싫고 좋음이 분명한 성격인 데다 추호도 남에게 지지 않으려는 석주명은 부인을 쉽게 포용하지 못했다. 그렇다고 그들의 불화가 부인에게만 결함이 있는 것은 아니었다. 오히려 남편의 책임이 더 크다고 할 수 있었다. 다른 사람들처럼 신혼 때만이라도 특별히 부인을 위해 주고 일찍 귀가하기는커녕 석주명은 평소와 조금도 다름없이 며칠씩 집을 비우며 나비를 쫓아 산야를 헤매거나 그렇지 않은 날은 연구실에서 밤늦게까지 혼자 남아 일하곤 했다. 당시 석주명은 조선인으로서는 아주 드물게 아침에 출근하고 저녁에 퇴근하는 안정된 봉급 생활자였으므로 여자들에게는 대단히 좋은 혼처였음이 틀림없다. 시집 잘 간다는 소리를 들으며 기대에 부풀어 혼인한 김씨로서는 단꿈은커녕 생과부가 되어 버린 지경이라고 해도 과언이 아니었다. 게다가 봉급에서 남편과 조수들의 채집 여행비로 나가는 몫이 컸으니, 김씨의 신혼 생활은 하루하루가 좀처럼 편안치 못한 나날이었다.

두 사람의 성격이 얼마나 물과 기름 같았는지, 둘은 신혼여행 때부터 티격태격했다고 알려진다. 황해도 배천 온천으로 신혼여행을 가던 열차 안에서의 일이다. 신부가 신혼 분위기를 살리려는 듯 넌지시 제안했다.

"점심은 식당차에 가서 들지요?"

그러나 석주명의 대답은 너무도 퉁명스러웠다.

"도시락을 사서 먹으면 되지 비싼 식당차엔 뭣하러 가오?"

"그래도 이런 기회가 일생에 몇 번 있는 것도 아닌데 오늘만은 식당차엘 가서 맛있는 요리를 먹지요."

"정 그렇다면 임자나 가서 사 드시오. 난 도시락을 먹겠소."

석주명은 끝내 아내의 부탁을 거절했고, 김윤옥은 지지 않고 혼자 식당차에 다녀왔다. 이렇게 시작된 싸움은 목적지에 도착해서도 여관에 가는 길을 따로따로 택할 정도로 악화하고 말았다. 뒷날 석주명의 딸 석윤희가 어느 자리에서 말한 '400여 회가 넘는 부부싸움'은 이렇게 신혼여행길 열차 안에서부터 비롯되었다.

그렇지만 당시의 사회 분위기로 보나 선생이라는 석주명의 직업으로 보나 남들이 다 알 정도로 드러나게 싸울 수는 없는 노릇이어서, 적어도 석주명이 송도중학교에 재직하던 시절의 부부는 겉으로나마 평온을 유지했다. 그러나 '인생'과 '가정'에 대한 서로의 관점은 조금도 가까워지지 않았다. 석주명이 대부분의 남자처럼, 아내란 남편을 뒷바라지하는 존재라고 생각하고 자신의 학문을 가정보다 우위에 놓았던 데 반해, 고등교육을 받은 부인은 가정적이고 사교적인 남편을 원했다. 석주명이 교사 야유회 때마다 유일하게 부부 동반 참석자였다는 것은, 부인의 활달한 성격과 겉으로 평온을 유지하려는 석주명의 속셈이 맞아떨어진 것이라고 보인다.

결혼한 지 1년 만인 1935년 3월 19일, 석주명은 첫딸 윤희를 얻었으나 그의 생활에는 조금도 변함이 없었고, 자식을 더 가지려고 하지도 않았다. 밤늦게 퇴근해 집에 돌아가면 아내와 이야기를 나누는 일이 없이 늘 오전 2시까지 연구에 몰두했다. 이런 생활 속에서 얻은 외딸 김윤옥에게는 눈에 넣어도 아프지 않을 소중한 존재였다. 긴긴날 무료히 빈 집을 지키며 살던 김씨는 윤희를 얻고 나자 비로소 '딸 키우는 재미로' 사는 보람을 느낄 수 있게 되었다.

딸 덕분에 잠시 외로움을 덜었지만 김윤옥은 하루이틀도 아니고 10여 년을 계속된 생과부 같은 생활에 적응하지 못했다. 그녀는 남편을 경제적으로 무능하고 가정을 돌볼 줄 모르는 무책임한 사람이라고 탓했고, 석주명은 부인을 남편의 학문을 이해하지 못하고 돈타령만 하는 속물이라고 몰아붙였다. 어느 날 이계순이 왜 그렇게 부인과 사이가 좋지 않으시냐고 묻자 석주명은 힘없이 이렇게 대답했다.

"결혼한 지 얼마 안 돼서였는데, 아무래도 내 직업을 탐탁히 여기는 것 같지가 않아서, 내가 어떤 직업을 갖기를 바라느냐고 물어봤지. 그랬더니 서슴없이 큰 도매상을 해서 돈을 많이 벌어 주면 좋겠다고 하지 않겠어? 난 그때부터 그 사람에게 정을 느낄 수가 없었어. 그 사람은 늘 내게 돈도 못 벌어 오면서 공부만 한다고 트집을 잡으니 하루도 마음 편한 날이 없어. 게다가 밤에는 빨간색 전구를 켜서 어수선하게 하니 머리가 산란해서 견딜 수가 있어야지…"

1947년 12월 24일, 어떤 크리스마스 파티에 참석했던 석주명 부부는 집에 돌아오자 대판 싸움을 벌였다. 사교적이고 놀기 좋아하는 부인이 모처럼 참석한 사교 모임에 더 있다 가려는 것을 석주명이 억지로 우겨서 집으로 데리고 왔기 때문이다. 집에 들어서자마자 부인은 "파티에서 자기 자랑만 늘어놓았다"라고 남편을 공박했고, 석주명도 질세라 느슨했던 그녀의 태도를 나무랐다. 그날 밤 석주명은 '난투' 끝에 내복 바람으로 만리동에서 동대문까지 뛰어가 동생 석주일의 집에서 잤다. 그 이후 두 사람은 서로 잠자는 곳을 달리하게 되었고, 석주명은 이따금 과학관으로 찾아오는 딸 윤희를 만나는 것으로 아픈 마음을 달래곤 했다. 이런 별거 생활 끝에 결국 석주명이 이혼을 제의하기에 이르렀고, 부인은 이를 완강히 거절해 마침내 법정에까지 비화함으로써 세인의 눈길을 모으게 되고 말았다.

석주명 부부의 사이가 벌어진 데에는, 석주선과 김윤옥, 즉 시누이와 올케 사이의 불화도 큰 몫을 했다. 필자가 생전의 석주선을 여러 번 인터뷰했을 때 그녀는 올케를 비난하는 데 시간을 많이 썼다. 자신의 학문과 오빠의 학문에 평생 자부심을 가지고 살아온 석주선으로서는 오빠의 불행이 학문을 모르는 부인을 만난 탓이라는 굳은 믿음을 가지고 있었다. 이에 대해 석주명의 딸 석윤희는 1985년 필자를 만났을 때 차마 고모를 비난하는 말은 하지 못하고, 미국에서 가까이 살며 내왕하는 어머니와 나눈 대화를 소개하는 것으로 속마음을 드러냈다.

"이 선생(필자를 가리킴)이 쓴 책에 가정불화의 원인이 아내에게 있다고 쓰인 대목을 어머니에게 알려드렸더니 '억울하지만 다 지난 일이니 굳이 내용을 고쳐 달라고 말하고 싶지 않다. 누가 뭐라고 해도 괘념하지 않겠다. 다 잊었다'고 말씀하셨다. 그러니 나도 더 말하지 않겠지만, 아버지와 어머니의 사이가 나빠진 데는 고모가 개입함으로써 빚어진 불화도 많다는 점만은 밝히고 싶다."

1948년, 마침내 법정은 재산을 모두 부인에게 주는 조건으로 이혼을 허락했다.

에필로그
누가 그를 죽였는가?

    1950년 6월 25일, 동녘 하늘이 핏빛으로 물들어 왔다. 서울은 삽시간에 아수라장으로 변하고 거리마다 피난 인파가 들끓었다. 그러나 석주명은 그런 것에 아랑곳없이 연구실을 지켰다. 그가 갈 곳, 그가 있을 곳은 나비 표본들이 있는 연구실이었다. 총탄이 날아오든 나라가 뒤바뀌든 그는 거기에 있어야 했다. 그러나 태연한 표정으로 부하 직원들을 떠나보내는 그도 내심 무척 초조했다. 1938년에 시작해 13년이 걸린 《한국산 접류 분포도》 원고가 막 완성되어 출판하려던 참이었고, 15만 마리에 달하는 한국 나비 표본과 1만 마리에 한 마리 꼴로 발생하는 기형 나비 표본들 그리고 외국 나비 표본 5천여 종과 문헌 수천 권이 염려되었기 때문이다.

    그는 지도 500여 장을 배낭에 꾸려서 어디를 가나 메고 다녔다. 잠자리에서도 꼭 끌어안고 잤다. 그러나 과학관에 있는 나비 표본과 문헌들은 속수무책이었다. 전쟁 초기에는 전투 한 번 제대로 못 해 보고 서울이 함락되어 별일이 없었지만, 전쟁이 점점 길어지고 국군이 인천에 상륙한 뒤로 미군기들의 공습이 심해지자, 석주명은 거의 날마다 뜬눈으로 새우며 조바심쳤다.

"지붕에 하얀 페인트로 십자가를 그리면 병원인 줄 알고 폭격을 안 하겠지?"

그즈음 하루에도 몇 번씩 그가 뇌까리던 말이다. 그러나 절대 꿈조차 꾸어서는 안 될 일이 현실에서 벌어졌다. 서울 탈환에 나선 유엔군은 1950년 9월 20일부터 서울 일대에 포탄 세례를 퍼부었는데, 9·28 수복 직전 남산 쪽에 쏟아진 집중 포화에 예장동 언덕에 자리 잡고 있던 국립과학관이 불타고 말았다. 과학관은 일제가 처음 통감부로 사용하다가 나중에 조선총독부 청사로 썼던 2층 건물이었는데, 오래된 목조 건물이 포탄 한 발에 그만 잿더미로 변했다.

모든 것이 까맣게 변했다. 나비 표본도, 석주명의 마음도. 신당동 석주선의 집에 있다가 멀리 서쪽 하늘에 화염이 치솟는 것을 본 그는 안절부절못했다. 사람들의 입을 통해 과학관이 불탔다는 말을 들은 석주명의 충격과 비통, 그것을 글로 표현할 수가 있을까. 그는 며칠 동안 식음을 전폐하다시피 했다. 그가 불 꺼진 과학관 터에서 찾아낸 것은 불타서 응고된 표본 상자 뚜껑의 유리 조각뿐이었다.

그러나 악몽은 거기서 끝나지 않았다. 운명의 10월 6일. 오후 3시에 열리기로 된 국립과학관 재건회의에 참석하려고 헐레벌떡 뛰어가던 석주명은 충무로 4가 근처 개울가에서 술 취한 청년들과 하찮은 시비를 벌이다가 총격을 당하고 말았다. 너무나도 어처구니없는 죽음이었다.

그의 횡사에 대해서는 지금까지도 여러 가지 추측이 있지만, 명동 거리에서 검문에 불응해 헌병에게 총을 맞았다거나 부역자로 몰려 국군에게 총살당했다는 말은 당치도 않은 낭설이며, 이혼한 부인의 가족이 살해했을 것이라는 말도 터무니없는 중상中傷이다.

석주명이 죽기 2, 3일 전에 그를 본 사람으로는 에스페란티스토인 김교영(당시 석주명은 대한에스페란토학회의 총무부장, 김교영은 선전부장을 맡고 있었다)과 홍종인이 있고, 그의 시신을 발견한 사람은 그에게서 에스페란토를 배우던 이계순과 두 남학생이었다. 먼저 김교영의 말을 들어보자.

"시월 삼일 우연히 길에서 석주명 씨를 만났다. 어딘지 초조한 기색이기에 어쩐 일이냐고 물었더니, 한국산 접류 분포도를 빨리 책으로 내야 될 텐데 시국이 이래서 걱정이라고 했다. 길거리에서 한가롭게 이야기를 나눌 사정이 아니어서 우리는 곧 헤어졌다. 그러고 나서 사흘 뒤, 길에서 석주일 군을 만났는데 형님이 행방불명되었다고 말했다. 그 뒤 만나는 사람마다 나비 박사가 총에 맞았다는 말들을 하기에 뭔가 심상치 않은 사태가 벌어졌다고 느꼈다."

홍종인은 9·28 수복 직전에 석주명을 만났다.

"국립과학관이 불탔다는 말을 듣고 석주명 씨를 위로해 주러 동대문 옆에 있는 석주일 군의 집에 가보니 마침 그가 지하실에서 원고를 쓰고 있었다. 얼굴이 몰라보게 초췌해서 나비가 몇 마리나 불탔냐고 물었더니 십만 마리라고 하면서 비통해 했다. 그가 총에 맞아 죽었다는 말을 시월 칠일 아침에 들었다. 너무나 놀라서 동대문으로 달려가니 가족과 제자들이 모여서 그가 행방불명되었다고 걱정하고 있었다. 그래서 풍문에 들은 대로 이야기해 주었다."

이계순의 증언은 석주명의 죽음에 관한 의문을 풀어 주는 가장 정확한 내용일 터이다.

"칠월 중순에 석 선생님 안부가 궁금해서 상도동에서 부교浮橋를 건너 동대문 석주일 씨 댁에 가보니 지하실에서 원고를 쓰고 계셨다. 나를 보자 반색을 하며 이럴 때일수록 더 시간을 아껴 열심히 공부해야 한다고 말씀하셨다. 두 번째로 선생님을 뵌 때는 수복 직전이었는데, 과학관이 불에 타서 몹시 상심하고 계신 모습은 뵙기가 민망스러울 정도였다.

다시 며칠 뒤, 그러니까 시월 칠일, 동대문에 들렀더니 식구들이 모여 앉아 선생님의 행방을 몰라 걱정들을 하고 있었다. 과학관 회의에 가신다고 어제 집을 나가신 뒤 아직 연락이 없다는 것이었다. 어수선한 때여서 모두들 걱정을 하고 앉아 있는데 홍종인 선생님이 들어오시면서 석 선생님이 총에 맞았다는 풍문을 들었다고 하셨다. 모두들 가슴이 철렁했다. 나는 얼른 같이 갔던 남학생 두 사람과 그곳을 나와서 과학관으로 가는 지름길을 찾아 탐문했다. 그 전날 석 선생님은 회의에 참석하러 집을 나서다가, 친구가 찾아오는 바람에 다시 들어가 잠시 삶은 고구마를 나눠 잡숫고 가시느라, 시간이 늦어서 뛰어나가셨다고 들었다. 그래서 틀림없이 지름길로 가셨을 거라고 생각했다.

충무로 4가쯤 갔을 때 개천가 어떤 빈대떡집에서 물으니, 주인 아주머니가 바로 어제 어떤 사람이 총에 맞아 죽었다면서 개천 아래로 내려가 보라고 했다. 떨리는 가슴으로 내려가 보니 시체들 틈에 끼어 퉁퉁 부은 석 선생님 시체가 거적때기에 말린 채 물속에 반쯤 잠겨 있었다. 나는 급히 남학생들과 함께 시신을 수습해서 동대문으로 옮겼다.

빈대떡집 아주머니 말로는, 그 전날 빈대떡과 술을 먹는 사람들로 그 일대가 어수선했는데, 까무잡잡한 사람이 급히 뛰어가다가 발로 어떤 청년을 건드렸다고 한다. 그러자 술 취한 그 청년이 '저놈 인민군 소좌다!' 하고 소리를 질렀고, 그 청년의 패거리들이 우르르 쫓아가 석 선생님을 잡자, 선생님은 '나는 인민군 소좌가 아니야, 나는 나비학자 석주명이야!' 하고 소리쳤다고 한다. 그런데도 술 취한 청년들이 막무가내로 선생님을 잡아 끌고는 '인민군 소좌가 틀림없다'며 총을 겨누자, 석 선생님이 다시 '나는 나비밖에 모르는 사람이야!' 하고 외치는데 누군가 총을 쏘았다고 한다. 아주머니 말로는 구경꾼들이 많이 있었지만, 청년들이 국방색 전투복을 입고 소총을 든 데다 술에 취해 있어서 아무도 말릴 생각을 못 하고 그냥 지켜보고만 있었다는 거다. 그 사람들은 석 선생님을 쏘고는 '인민군 소좌 한 놈 잡았다!' 하며 거적때기를 주워다 시체를 말아서 개천에 던지고는 도망가 버렸다고 한다. 그런데 나중에 들으니, 구경꾼 중의 어떤 사람이 저 사람은 내 스승인 나비 박사 석주명이라고 말했다고 한다."

(석주명의 유골은 석주선에 의해 탑골 승방에 안치된 채 30년 동안 고향 땅에 묻히기를 기다려 왔으나, 1981년 통일의 날을 기약하며 남한산성 밑 능골의 양지 바른 언덕으로 옮겨졌다.)

누가 석주명을 죽였는가? "나는 나비밖에 모르는 사람이야!" 하고 외치는 그의 가슴에 방아쇠를 당긴 자가 누구인가? 그것은 아무도 모른다. 벌건 대낮, 여러 사람이 둘러싼 한복판에서 그는 가슴에 총탄이 박힌 채 개천에 던져졌고, 구경꾼들은 유유히 사라져가는 살인자들을 바라보고만 있었다.

그는 마흔에 맞은 이혼의 비극을 잘 극복했다. 석주명은 마흔한 살이 되던 1949년 1월 "금년부터는 한 살씩 빼기로 한다"라고 말했다. 인생을 여든 살로 보고, 마흔 살까지 반생을 젊게 살았으니 나머지 반생도 젊게 살겠다는 뜻이었다. 그는 1949년을 서른아홉 살, 1950년을 서른여덟 살로 행세하며 더욱 젊게 더욱 의욕 있게 일했다. 그러나 불행을 툭툭 털어버리고 홀가분한 몸으로 '이제부터 시작'이라던 그는 미처 시작도 하기 전에 예측 못 했던 죽임을 당하고 말았다. 아니, 그는 어쩌면 자기가 죽으리라고 예견했는지도 모른다.

'그러나 인명人命은 예측할 바가 못 되어 필자는 항상 적당한 곳에서 단락을 지어 소저小著를 거듭한 지 벌써 백여 차이고…'

1950년 〈한국산 접류의 연구〉에 쓴 이 말대로, 그는 자기 신상에 무슨 일이 생길 것을 대비해 늘 연구 결과를 적당한 곳에서 마무리지었다. 그가 남긴 엄청난 분량의 유고 중에서 미완성인 채로 남겨진 원고는 하나도 없었다.

저서 열일곱 권, 논문 일백스물여덟 편은 이렇게 해서 세상에 남겨졌다. 그러나 그가 말한 대로 '생물학에서 분류학과 형태학은 입구入口에 지나지 않으니' 산적한 연구 과제를 남겨 여든도 짧다고 할 그의 인생이 그의 계산대로 서른여덟이라는 너무도 푸른 나이에 지고 말았다. 평생을 그랬던 것처럼 그가 '나비들의 뒤를 따라' 간 뒤, 계속된 3년간의 전진戰塵 속에서 그에 대한 기억은 사람들 머릿속에서 사라져 버리고 말았다.

참고문헌 및 증언자

[참고 글]

강영선(姜永善) 石宙明 (《韓國近代人物百人選》)

김덕형(金德亨) 石宙明 (《韓國의 名家》)

서광운   석주명과 우장춘 (〈뿌리깊은 나무〉1976. 6)

미승우(米昇右) 석주명 선생 10주기를 맞아 (조선일보 1960. 10. 6)

  나비 연구에 바친 일생 (〈世代〉 1979. 6)

  잊을 수 없는 사람 – 석주명 (〈열매〉1979. 6)

신유항(申裕恒) 나비학자 석주명

오태환(吳泰換) 나비연구가의 나라사랑 (《韓國人物史》)

석주선(石宙善) 나비같이 왔다 가신 오빠 (《新天地》1954. 4)

김병철(金秉喆) 精進 23년과 자랑스런 報償 (〈월간조선〉1984. 2)

  세월 속에 씨를 뿌리며 (《김병철 수상록》)

이병철(李炳哲) 나비와 더불어 한평생 (〈열매〉1983. 12~1984. 2)

  외곬 인생의 나비박사 석주명 (《한국인》1984. 3)

[참고 서적]

조복성(趙福成)·모리(森爲三)·도이(土居寬暢) 《原色 朝鮮の蝶類》

석주명(石宙明) 《A Synonymic List of Butterflies of Korea》

  《韓國産蝶類의 硏究》, 《韓國産蝶類分布圖》

김헌규(金憲奎)·미승우(米昇右)

  《韓國産 나비 目錄의 訂補 - 한국산 나비 총목록》

이승모(李承模) 《韓國蝶誌》

조복성(趙福成) 《韓國動物圖鑑(나비류)》

문교부(文敎部)《韓國動植物圖鑑 第27券》
노무라 겐이치(野村建一)《昆蟲學入聞》
김헌규(金憲奎)《昆蟲學新講》
미승우(米昇右)《나비들의 세계》
김삼수(金三守)《韓國 에스페란토 運動史》
석주명(石宙明)《國際語 에스페란토 敎科書 附小辭典》
한국산악회　《한국산악 XI》
송도중학교(松都中學校)《松友》11輯
곽안전(郭安全)《韓國敎會史》
석주명(石宙明)《朝鮮 나비이름의 由來記》,《濟州島方言集》,

　　　　　　《濟州島의 生命調査書》,《濟州島文獻集》,

　　　　　　《濟州島隨筆》,《濟州島昆蟲相》,《濟州島資料集》,

　　　　　　《中等動物敎科書》,《韓國産蝶類의 硏究》

*그밖에〈朝鮮博物學會誌〉7, 28, 35, 38호를 비롯한 석주명의 논문 다수. 및 잡문 스크랩.

[증언자] 인터뷰 순 *1983년 인터뷰했을 때 나이와 직책임.

석주선(石宙善) 73세, 석주선기념민속박물관 관장
미승우(米昇右) 55세, 교과서연구가, 국립과학관 시절 석주명의 조수
이계순(李季順) 57세, 서울대 영문학 교수
이숭녕(李崇寧) 76세, 학술원 회원, 백제문화연구소장
김정태(金鼎泰) 68세, 한국산악회 부회장
이승모(李承模) 60세, 국립과학관 곤충연구실장
홍종인(洪鍾仁) 80세, 언론인
정영호(鄭英昊) 60세, 서울대 미생물학 교수
정봉주(鄭奉周) 82세, 부산시 연산동 거주, 석주명 숭실고보 선배

김준민(金遵敏) 69세, 자연보존협회 회장, 송도고보 제자(15회 졸업)

김교영(金敎映) 71세, 한국에스페란토협회 지도위원

이인규(李寅圭) 64세, 현악사 대표, 송도고보 제자(22회 졸업)

이세덕(李世德) 64세, 이세덕치과의원 원장, 송도고보 제자(22회 졸업)

김용관(金龍寬) 64세, 서울시 미아동 거주, 송도고보 제자(22회 졸업)

왕　호(王　鎬) 69세, 인천시 답동 거주, 송도고보 제자,
송도고보 시절 석주명의 조수(15회 졸업)

전유량(全有亮) 78세, 서울시 계동 거주, 송도고보 때 석주명의 급우
(7회 졸업)

*1983~1984년 인터뷰했을 때의 나이와 직책임.

부록

생애 연보

학술 논문 연보

나비 이름 유래기

부록 1

생애 연보

1908년
- 평양 이문리里門里에서 광주廣州 석씨 평양파의 30대손인 석승서石承瑞와 전주 김씨 김의식金毅植의 3남 1녀 중 2남으로 태어남(11월 13일, 음력으로는 9월 23일) ※양력 출생일을 10월 27일이라고 하는 견해(제주대 윤용택 교수)도 있다.

1914년(6세)
- 서당에 들어가 한문을 배움

1917년(9세)
- 나이를 열 살로 속이고 평양의 공립 종로보통학교 입학(4월)

1919년(11세)
- 3·1 운동 일어남

1921년(13세)
- 보통학교 졸업(3월), 숭실고등보통학교 입학(4월)

1922년(14세)
- 동맹휴학으로 숭실고보를 중퇴하고 개성의 송도고등보통학교로 전학

1926년(18세)

- 송도고보 제7회 졸업 (3월)
- 첫 결혼(부인의 신원과 혼인 날짜는 미상)
- 일본 가고시마 고등농림학교 농학과 입학(4월)

1927년(19세)

- 박물과로 옮김(4월)
- 교내 '에스페란토 연구회'에 참여
- 첫 글 '에스페란토 학습에 관하여' 등 잡문 2편 교내 〈La Espero〉 지에 발표

1928년(20세)

- 대만으로 곤충 채집 여행(8월)
- 잡문 3편 발표

1929년(21세)

- 가고시마 고등농림학교 박물과 졸업(3월)
- 함흥 영생고등보통학교에 박물교사 취임(4월)
- 첫 부인과 사별

1931년(23세)

- 모교 송도고보에 박물 교사 취임(4월)

1932년(24세)

- 첫 논문 '조선 구장지방산 접류 목록'을 구장보통학교장 다카쓰카

高塚豊次와 공저로 〈Zephyrus〉지에 게재
- 잡문 4편 발표

1933년(25세)
- 하버드대학 T. Barber 박사로부터 첫 재정 지원을 받아 백두산 채집 여행(7월)
- 학술 논문 2편, 잡문 1편 발표

1934년(26세)
- 평양 제1고녀를 졸업한 김윤옥 金允玉과 재혼
- 함경북도와 간도 용정 지방 채집 여행(8월)
- 학술 논문 5편, 잡문 1편 발표

1935년(27세)
- 외동딸 윤희 允希 출생(3월 19일)
- 금강산을 비롯한 강원도 지역 채집 여행(5월)
- 충청남도와 전라남북도 일대 채집 여행(7~8월)
- 학술 논문 6편 발표

1936년(28세)
- 전라남도 해안과 제주도 채집 여행(7~8월)
- 학술 논문 8편과 잡문 1편 발표

1937년(29세)
- 경상남도 일대 채집 여행(6월)

- 일본 북해도 제국대학에서 열린 제13회 일본 동물학회 학술대회에 참가해 조선산 굴뚝나비의 변이를 강연(8월 2일)한 뒤 사할린과 홋카이도 일대 채집 여행(8월)
- 학술 논문 13편 및 잡문 8편 발표

1938년 (30세)

- 동경제국대학 학술대회에서 논문 발표(2월에 누이동생 석주선을 데리고 갔는데, 그녀는 동경에서 1945년까지 복식가로 활동하다가 귀국했다.)
- 영국 '왕립 아시아 학회'로부터 《조선산 나비 총목록》 집필을 의뢰받고 동경제국대학 도서관에서 원고 집필
- 묘향산을 비롯한 서조선 일대 채집 여행(8월)
- 일본 학술진흥회에서 논문 22편의 목록 및 해설이 통과되어 국고로 연구비 보조를 받게 됨(11월)
- 학술 논문 15편, 잡문 7편 발표

1939년 (31세)

- 《A Synonymic List of Butterflies of Korea》(조선산 나비 총목록) 원고 탈고(3월), 뉴욕에서 인쇄 작업 들어감
- 베이징·만주·몽골 채집 여행(8월)
- 학술 논문 12편, 잡문 2편 발표

1940년 (32세)

- 《A Synonymic List of Butterflies of Korea》 출판
- 만국인시류학회 정회원에 피선
- 함경남북도와 만주 일대 채집 여행(7~8월). 이때 조선에서 최초로

암수한몸인 줄흰나비를 관모봉에서 잡음(7월 24일)
- 학술 논문 4편, 잡문 12편 발표

1941년(33세)
- 일본 학술협회 제16회 대회에서 '한반도의 특수성을 보여 주는 나비 3종' 강연
- 조복성과 함께 중강진을 비롯한 압록강 유역·평안북도 일대 채집 여행(8월)
- 송도중학교 창립 35주년 기념식에서 근속 10주년 표창을 받음(10월 3일)
- 학술 논문 8편, 잡문 13편 발표

1942년(34세)
- 송도중학교 사직하고(3월 31일) 나비 표본 60만 마리를 송도중학교 교정에서 화장(4월 18일)
- 경성제국대학 의학부 미생물학교실 소속인 개성 소재 '생약연구소'에 촉탁으로 들어감
- 개마고원 일대 채집 여행(6월 17일~7월 16일)
- 경기·강원·경상남북도 채집 여행(8월 2일~23일)
- 경성 미나카이 백화점에서 '세계의 나비 전람회' 개최(9월 2일~16일)
- 학술 논문 14편, 잡문 3편 발표

1943년(35세)
- 제주도에 신설된 '생약연구소 제주도시험장'으로 자청해 전근(4월)
- 제주도 방언 수집 시작(4월)
- 학술 논문 6편, 잡문 1편 발표

1945년(37세)

- 2년 1개월 만에 개성의 본소로 복귀했다가 수원 '농사시험장'의 병리곤충학부장으로 옮김(5월)
- 8·15 광복
- '조선에스페란토학회' 창립 발기인(12월 15일)
- 제주도의 여다 현상에 관한 학술 논문 1편 및 잡문 2편 발표

1946년(38세)

- 경성대학에서 에스페란토 강연(2월 16일)
- '조선산악회' 제1회 정기총회에서 이사로 선출됨(6월 28일)
- 조선산악회 주최 제2차 국토구명사업 '오대산·태백산맥 학술조사' 참가(7월 25일~8월 12일)
- 국립 과학박물관 동물학연구부장 취임(9월)
- 학술 논문 3편, 잡문 4편 발표

1947년(39세)

- 조선 나비를 248종으로 최종 분류하고 조선말 이름을 지어 조선생물학회를 통과시킴(4월 5일)
- 한국산악회가 북한산에서 주최한 제1회 시민식목대회에서 강연(4월 6일). 이후 자연 보호와 식목에 대한 강연을 많이 함
- 《국제어 에스페란토 교과서 부 소사전》 출판(6월 6일)
- 《제주도 방언집》 탈고(6월), 출판(12월 30일)
- 제3차 국토구명사업 '소백산맥 학술 조사'에 부대장으로 참가(7월 12일~25일)
- 국학대학이 에스페란토를 제2외국어 선택 과목으로 채택하자 강의를 맡음(12월)

- 《中等 動物 敎科書》 출판
- 《中等 科學 – 生物 제4, 5학년용》 출판
- 《조선 나비 이름의 유래기》 출판(12월 5일)

1948년(40세)
- 김윤옥과 이혼
- 제5차 국토구명사업 '차령산맥 학술 조사'에 대장으로 참가(8월 17일~29일)
- 홍익대학에서 에스페란토 첫 강의(8월)
- 나비 이외의 학술 논문 4편 및 잡문 20편 발표

1949년(41세)
- 《제주도 인구론》 출판(3월 30일)
- 제6차 국토구명사업 '선갑도·덕적군도 학술 조사'에 대장으로 참가 (6월 11일~17일)
- 제7차 국토구명사업 '다도해 총해 학술 조사'에 대장으로 참가(8월 9일~24일)
- 조선에스페란토학회 제5회 강습회 지도(8월)
- 서울대 상대에서 에스페란토 강습회 지도
- 《제주도 문헌집》 출판(11월 1일)
- 《영한사전》(이영하·권중휘 편)의 생물학 용어 분야를 맡아 약 450단어를 다룸
- 조선에스페란토학회와 고려에스페란토학회가 통합해 발족한 대한에스페란토학회에서 총무부장에 선임됨(12월 15일)
- 저서 3권 포함 학술 논문 5편과 잡문 45편 발표

1950년 (42세)
- 한국산악회 제5회 정기총회에서 부회장으로 피선(6월 9일)
- 한국전쟁 발발(6월 25일)
- 9·28 서울 수복 직전, 국립과학관이 불타고 석주명의 나비 표본 15만 마리도 모두 소진됨
- 충무로 4가 근처에서 술 취한 청년들과 사소한 시비 끝에 피격당해 횡사(10월 6일)
- 학술 논문 3편, 잡문 20편 발표

1954년
- 일본 동물분류학회 간사 다카지마 하루오高島春雄가 학회지에 '석주명 추도기'를 써서 많은 회원과 함께 애도함

1955년
- 규슈대학 시로즈 다카시白水隆 박사가 석주명의 업적을 기려 한국산 흑백알락나비의 본종에 '석(Seok)'을 헌명하여 'Hestina japonica seoki'라는 아종명으로 〈Sieboldia〉지에 발표

1964년
- 대한민국 정부, 석주명에게 건국공로훈장 추서

1968년
- 유고《제주도 수필》발간(11월 10일)

1970년
- 유고《제주도 곤충상》발간(8월 31일)

1971년
- 유고 《제주도 자료집》 발간(9월 10일)

1972년
- 유고 《한국산 접류의 연구 III》 발간(3월 10일)
- 부산에서 '에스페란토 고려 소학회'가 '석주명 추모회 겸 자멘호프 축제'를 열어 석주선이 '석주명의 생애와 업적' 강연(12월 23일)

1973년
- 유고 《The Distribution Maps of Butterflies in Korea》(한국산 접류 분포도) 발간(4월 15일)

1980년
- KBS TV 특집 프로 '석주명' 방영(10월)

1981년
- 탑골 승방에 안치되어 통일의 그날 고향에 묻히기를 바라던 석주명의 유골을 남한산성 밑 능골에 안장(9월 23일)
- 단국대학교 석주선기념민속박물관에서 '석주명 선생 추모 학술 강연회' 열림(10월 10일)

1985년
- 평전 《석주명》(이병철 씀) 출판
- 일본인시학회지 〈やどりが〉 123호에 시바타 야쓰히로紫谷篤弘석주명을 추모하는 글 '석주명' 실림

1987년
- 일본인시학회지 〈やどりが〉 128호에 석주명 특집 '재설 석주명' 실림

1990년
- 초등학교 6학년 1학기 《탐구생활》 교과서에 '석주명' 실림

1996년
- 초등학교 3학년 2학기 국어 《읽기》 교과서에 '석주명' 실림

1997년
- 〈조선적 생물학자 석주명의 나비분류학〉(문만용) 서울대 대학원 석사 학위 논문 심사 통과

1998년
- 문화관광부 '4월의 문화 인물'로 선정되어 소책자 《석주명》(이병철 씀)과 기념 달력이 발간되고 갖가지 기념행사가 열림

2003년
- 제주도 서귀포에 석주명 기념비 세워짐

2007년
- 제주도에서 '석주명선생기념사업회' 창립

2009년
- 한국과학기술 한림원 명예의전당에 헌정됨

- '나비박사 석주명의 Life Story' 포럼 열림(국립과천과학관)

2011년

- 석주명 선생 탄생 103주년 기념 학술대회(제주대학교 탐라문화연구소)(10월 7일~8일) 및 자료집《학문융복합의 선구자 석주명을 조명하다》발간(이병철·송상용·윤용택 외 12인)

부록 2
학술 논문 연보

* 여러 편으로 나뉘어 몇 해에 걸쳐 발표된 논문은 모두 첫 편을 발표한 해에 기록함.

1932년

1) 朝鮮球場地方産蝶類目錄(A List of Butterflies from Kyūzyō Vicinity, Korea), 1-3: Zephyrus, vol. 4, 1932; vol 5, 1934; vol. 7, 1937.

1933년

2) 開成地方의 蝶類(Papilioj en Songdo, Koreujo): 朝鮮博物學會雜誌 No. 15, 1933; 補訂版: No. 35, 1942.

3) 朝鮮産蝶類의 未記錄種, 異常型 및 은점표범나비 斑紋의 變異性 (Nepublikigitaj Specoj kaj Nenormalaj Formoj de Papilioj en Koreujo kaj Varieco de makulojsur la Flugiloj de *Argynnis adippe* LINNAEUS): 朝鮮博物學會雜誌 No. 15.

1934년

4) 白頭山地方動物採集記 附 開成産 살모사(Animals collected in the Paiktusan Region, Korea, and some notes on the *Agkistrodon halys intermedius* STAUCH from Songdo): Do. No. 18.

5) 白頭山地方産蝶類採集記(Butterflies collected in the Paiktusan Region, Korea): Zephyrus, vol. 5.

6) 朝鮮産蝶類의 硏究, 第1報(Papilioj en Koreujo, Unua Raporto): 鹿兒島高農創立 25周年記念論文集, 前編, 1934: 第2報: 鹿兒島

博物同志會研究報告, no. 1, 1942. 第3報:《韓國産蝶類의 硏究》 寶晉齋, 1972(遺稿)

7) 朝鮮産畸型蝶(Malbonformaj Papilioj Kaptitaj en Koreujo): 鹿兒島高農創立 25周年記念論文集, 前編, 1934; 朝鮮産 異型 및 畸型의 蝶(Nenormalaj Papilioj Kaptitaj en Koreujo): 鹿兒島博物同志會研究報告, no. 1, 1942.

1935년

8) 卵島見學記(Nots on the Is, Rantō, Korea): 文敎の朝鮮, no. 114(Feb).

9) 三角紙들이 나비 표본 保存容器(The Box for preserving the specimen envelopes of butterflies): 植物及動物, vol. 3.

10) 羅南地方産蝶類目錄(A list of butterflies Collected in Renan district, Corea): Zephyrus, vol. 6; 第2報: vol. 9, 1943.

11) 五月末의 金剛山蝶類(Butterflies Collected at the Mt. Kongōsan in the end of May): Zephyrus, vol. 6.

12) 性的異常의 꿩(Intersexual Korean pheasant): 植物及動物, vol. 3.

13) 애물결나비의 變異硏究와 그 學名에 대하여(Pri la varieco de *Ypthima baldus* FABRICIUS kaj ĝia nomo): 動物學雜誌, vol. 47, 1935; (속)朝鮮産 애물결나비의 變異硏究(Ankoraŭfoje pri la varieco de *Ypthima baldus* FABRICIUS de Koreujo): vol. 53, 1941.

1936년

14) 오카지마세줄나비 및 긴지부전나비라고 하는 두 新種의 나비에 대하여 [附]金剛山蝶類目錄(Pri la du novaj specoj de Papilioj,

Neptis okazimai kaj *Zephyrus ginzii*, Kaj Listo de Papilioj de la Monto Kongōsan): 動物學雜誌, vol. 48.

15) 朝鮮産 배추흰나비의 變異研究[附]朝鮮産畸型 배추흰나비(Studo pri la varieco kaj malbonformuloj de *Pieris rapae* LINNÉ): 動物學雜誌, vol. 48, 1936; 朝鮮産 배추흰나비의 變異研究 II (Ankoraŭfoje pri la varieco de *Pieris rapae* LINNÉ de Koreujo): vol. 49, 1937; 朝鮮産 배추흰나비의 變異研究 III(Triafoje pri la varieco de *Pieris rapae* LINNÉ de Koreujo): vol. 54, 1942.

16) 新種 스나이더어리표범나비에 대하여(On a new species *Melitaea snyderi* SEOK): Zephyrus, vol. 6, 1936; 스나이더어리표범나비에 대하여(On Melitaea snyderi): vol. 7, 1938.

17) 朝鮮東北端地域産蝶類採集記(Butterflies collected in the farthest north-eastern region of Korea): Zephyrus, vol. 6.

18) 朝鮮産 所謂 은점표범나비의 변이와 그 學名에 대하여(Pri la variecoj de *Argynnis locuples* BUTLER kaj *Argynnis vorax* BUTLER): 朝鮮博物學會雜誌, no. 21

19) 朝鮮生 대륙유혈목이와 살모사에 대하여(On *Natrix vibakari ruthveni* Denbrugh and *Agkistrodon halys intermedius* STRAUCH of Korea): Do.

20) 智異山의 蝶類(Papilioj en la Monto Ziisan): 植物及動物, vol. 4.

21) 朝鮮産 *Aphantopus hyperantus* LINNÉ(가락지장사)에 대하여 [附]眼狀紋 및 기타 班紋研究上의 한 가지 新樣式(Pri *Aphantopus hyperantus* LINNÉ en Koreujo kaj nova modo sur la studo de ocelli Rhopalocera): 動物學雜誌, vol. 8.

1937년

22) 일본산 두 가지 나비(Two butterflies from Japan) 昆蟲界, vol. 5.

23) 朝鮮産 멧노랑나비에 대하여(Pri *Gonepteryx rhamni amurensis*, GRAESER en Koreujo): 蝶と甲蟲, vol. 2.

24) 유리창나비에 대한 知見(Notes on *Dilipa fenestra takacukai*): 昆蟲世界, vol. 41.

25) Prof. H. Kuwano's Collection of Butterflies from China: Annot. Zoo. Japan., vol. 16.

26) 多物里島의 蝶類, 莞島의 蝶類(Butterflies from the Is. Tabuturitō, and Wandō, Korea): 昆蟲界, vol. 5. 1937; 多物里島産蝶類追加 (Butterflies from the Is. Tabuturitō, Korea): vol. 6, 1938.

27) 二新亞種의 蝶에 대하여(On two new subspecies of butterflies): Zephyrus, vol. 7.

28) 朝鮮 사향제비나비의 變異研究(The study on the variation of *Papilio alcinous* from Korea): 昆蟲界, vol. 5.

29) 朝鮮 굴뚝나비의 變異研究(The study on the variation of *Satyrus dryas* SCOPOLI from Korea): 動物學雜誌, vol. 49.

30) 濟州道産蝶類採集記(一新亞種의 記載를 포함)(On the Butterflies collected in Is. Quelpart, with the Description of a New Subspecies): Zephyrus, vol. 7.

31) 朝鮮産珍蝶稀蝶의 新産地 第1~2報(New localities of the Rare Korean Butterflies 1-2): Zephyrus, vol. 7, 1937; vol. 9, 1947.

32) 朝鮮産畸型蝶集報(Korean malformed butterflies) Ⅰ-Ⅷ: 植物 及動物, vol. 5, (1937); vol. 6, (1938).

1938년

33) 朝鮮産 *Limenitis*(줄나비) 中 유사한 3種에 대하여(On the 3 similar species of Korean *Limenitis*): 動物學雜誌, vol. 50.

34) 朝鮮産蛾類의 硏究, 第1報 (Korean Moths, 1): 京城博物敎員會誌, No. 1.

35) 朝鮮産 *Hesperia maculata* 은점팔랑나비에 대하여(Pri *Hesperia maculata* BREMER et GREY de Koreujo): 動物學雜誌, vol. 50.

36) 朝鮮産 물결나비의 變異硏究(Studo sur la varieco de *Ypthima motschulskyi* BREMER et GREY de Koreujo): Do.

37) 樺太, 北海道蝶類採集記(Travels after butterflies in Hokkaidō and Saghalien): 昆蟲界, vol. 6.

38) 朝鮮産 꼬리명주나비에 대하여(On *Sericinus telamon* of Korea): 動物學雜誌, vol. 50.

39) 朝鮮産蝶의 두 新型에 대하여 (On two new forms of Korean butterflies): Zephyrus, vol. 7.

40) 朝鮮産 *Neptis thisbe* MÉNÉTRIÉS 황세줄나비에 대하여 (On *Neptis thisbe* MÉNÉTRIÉS from Korea): Do.

41) Studo pri Pieris napi: LINNÉ(줄흰나비): Annot, Zool japon., vol. 17.

42) 鬱陵島産蝶類(On the butterflies from the Island of Dagelet of Korea): Zephyrus, vol. 8.

43) 朝鮮産 *Limenitis amphyssa* MÉNÉTRIÉS 조선줄나비사촌(新稱)에 대하여(On *Limenitis amphyssa* MÉNÉTRIÉS from Korea): 植物及動物, vol. 6.

44) 朝鮮産 *Erebia*(지옥나비)屬의 數種에 關係 있는 文獻(Two

literatures concerning the *Erebia* of Korea): 朝鮮博物學會雜誌, no. 24.

1939년

45) 벚나무모시나방에 대하여(On *Elcysma westwoodi* VOLLENHOVEN): 京城博物敎員會誌, no. 2.

46) 一濠 南啓宇의 蝶圖에 대하여(On the picture of butterflies drawn by late Mr. K. U. Nam): 朝鮮, Syōwa 14, no. Jan. 1939: 第2報 (Ⅱ): 朝鮮博物學會雜誌, no. 28, 1940; 南나비傳(Stories on so called "Nam-nabi" who was known as a famous Korean artist): 朝光, Syōwa 16, no. Mar. 1941; 南啓宇의 蝶圖에 대하여(On the picture of butterflies drawn by late Mr. K. U. Nam Ⅲ): 賓塚昆蟲館報, no. 28, 1943.

47) 함경산뱀눈나비 *Oeneis urda* EVERSMANN의 變異研究(The study on the variation of *Oeneis urda*): 松友, no. 11.

48) 蓋馬高台山蝶類採集記(Travels after butterflies in the plateau Kaima, Korea) Ⅰ-Ⅲ: 昆蟲界, vol. 7.

49) 朝鮮産 봄처녀나비의 變異研究(The study on the Variation of *Coennympha oedippus* FABRICIUS from Korea): 關西昆蟲學會會報, No. 8.

50) 外地産畸型異型蝶集報(On some abnormal butterflies from foreign ands): 昆蟲界, vol. 7.

51) 朝鮮産蝶類研究史(The History of the studies on the Butterflies of Korea): 朝鮮博物學會雜誌, no. 26.

52) 蝶에 관계된 朝鮮古典의 解說(Notes on Korean classics concerning

Korean butterflies): Do.

53) 支那 및 蒙古産 蝶類의 新産地(New localities of some butterflies of China and Mongolia): 動物學雜誌, Vol. 51.

54) 滿州産蝶類目錄(A list of the butterflies of Manchuria): 動物學雜誌, vol. 51. 1939; 第2報(Ⅱ): 滿州生物學會會報, vol. 5, 1943.

55) 咸北高地帶産蝶類採集記(Travels after butterflies in the highland of North-Kankyōdō, Korea): 朝鮮博物學會雜誌, No. 27.

56) 느티나무를 해치는 노린재 몇 종의 生活史와 그 驅除法(The Life Histories of Some Urostylid Insects Affecting Zelkowa serrata MAKINO and their Control): 昆蟲, vol. 13.

1940년

57) A Synonymic List of Butterflies of Korea; Published by the Korea Branch of the Royal Asiatic Society, Seoul, Korea.

58) 蓋馬高台産蝶類(Butterflies collected in the plateau Gaima, Korea): Zephyrus, vol. 8.

59) 朝鮮東北地方産蝶類採集記錄(A list of butterflies collected in north-eastern Corea): Zephyrus, vol. 8.

1941년

60) 朝鮮半島의 特殊性을 보여주는 몇 종의 나비에 대하여(On some species of butterflies which show the specialities of Korean Peninsula): 日本學術協會報告, vol. 16.

61) 興安嶺, 海拉爾 및 滿洲里의 蝶類(一新亞種의 記載를 포함)(On the Butterflies collected in Khingan Mts., Khailar and Manchouli, with

the description of a new subspecies): 滿洲生物學會會報, vol. 4.

62) Ginandromorqs de *pieris napi* LINNÉ of *dulcinea* BUTLER: Annot. Zool. Japon., vol. 20.

63) 冠帽山産蝶類採集記(On the Butterflies collected in the Mountain ridge of Kambō): Zephyrus, vol. 9.

64) 朝鮮産 노랑나비의 變異硏究(The study on the variation of *Colias hyale* LINNÉ of Korea): 動物學雜誌, vol. 53.

65) 朝鮮에 많이 나는 나비 5종의 變異 및 分布 硏究(La studoj sur variecoj kaj distribuoj de la 5 specoj de papilioj abundaj en Koreujo): 朝鮮博物學會雜誌, vol. 8, 1941; 朝鮮産 남방씨-알붐의 變異硏究追報(La studo sur varieco de *Polygonia c-aureum* LINNÉ de Koreujo, dua raporto): vol. 9.

1942년

66) 平北鴨綠江沿岸地帶産蝶類採集記(Listo de papilioj en N. Heiandō preter la rivero Oryokkō): 朝鮮博物學會雜誌, vol. 9.

67) 滿洲國産蝶에 關한 注意할 세 著書에 대하여(On the 3 articles that need caution concerning the butterflies of Manchoukuo): 動物學雜誌, vol. 54.

68) 청노린재와 송충이(*Dinorhynchus dybowskyi* JAKOVLEV kaj *Dendrolimus spectabilis* BUTTER): 採集と飼育, vol. 4.

69) 赤松의 畸型的인 毬果群(Malbonforma fruktaro de *Pinus densiflora* SIEB. et ZUCC.): Do.

70) 봄처녀나비의 크기와 眼紋과의 相關關係(The Correlation between the size and the ocelli of *Coenonympha oedippus* FABRICIUS): 動

物學雜誌, vol. 54.

71) 朝鮮産뱀눈나비의 變異研究(Studo pri la varieco de *Oeneis nanna* MÉNÉTRIÉS de Koreujo): Do.

72) 故禹鍾仁君이 採集한 臺灣蝶類 目錄(A List of the Butterflies of Formosa Collected by the late Mr. Ch. I.U): 昆蟲界, vol. 10.

73) 永興地方의 蝶類(Papilioj en Eikō Distrikto, Koreujo): 朝鮮博物學會雜誌, vol. 9.

74) 平安南道의 蝶類(Butterflies of S. Heiandō: Do.

1943년

75) 朝鮮産蝶類標本目錄(水原農事試驗場所藏)(A list of the Specimens of Butterflies of the Agricultral Experiment Station in Suwon): 朝鮮總督府農事試驗場彙報, vol. 15.

76) 北朝鮮蝶類採集記(Notoj pri la kolektado de papilioj en la norda Koreujo): 朝鮮博物學會雜誌, vol. 10.

77) 南朝鮮蝶類採集記(Notoj pri la kolektado de papilioj en la suda Koreujo): Do.

1945년

78) 濟州道의 女多現象("Island of Women" phenomenon in the Is. Quelpart.): 朝光, Syōwa 20, no. Apr.

1946년

79) 濟州道地名을 포함한 動植物名(A List of Animals and Plants, the Names of which are containing the Localities of the Is.

Quelpart.): 國立科學博物館動物學部硏究報告, vol. 1.

80) 京城大學附屬生藥硏究所濟州島試驗場附近의 蝶相(The Fauna of Butterflies of the Environs of the Experimental Part of the Is. Quelpart.): Do.

81) 濟州島南端部의 自然 더욱이 그곳의 蝶相에 대하여(On the nature, especially the Butterflies of the Far Southern Part of the Is. Quelpart.): Do.

1947년

82) 朝鮮産 암먹부전나비의 變異硏究(The Study on the variation of Everes argiades PALLAS of Korea): Zephyrus, vol. 9.

83) 中等動物: 動物界敎科書(The Text-Book of Zoology for Junior) - 文敎部敎授要目準據

84) 중등 과학 생물 제4, 5학년용(The Text-Book of Biology for Senior) - 文敎部敎授要目準據

85) 國際語 에스페란토 敎科書 附 小辭典(Lernolibro de Esperanto kun Vortareto) - 韓國에스페란토學會 발행(1948 재판, 1949 삼판)

86) 朝鮮産蝶類總目錄(조선 나비의 조선 이름)(A List of Butterflies of Korea): 國立科學博物館動物學部硏究報告, vol. 2.

87) 馬·驢·騾·駃騠(Horse, Ass, Mule and Hinny): 現代科學, no. 6.

88) 朝鮮 나비 이름의 由來記(La devenoj de la nomoj de Koreaj Papilioj).

89) 濟州道의 蝶類(The Butterflies of the Is. Quelpart): 國立科學博物館動物學部硏究報告, vol. 2.

90) 濟州島 方言集 (La Dialekto de la Insulo Kuelparto)

91) 耽羅古史(Malnova Historio de la Insulo Kuelparto): 國學, no. 3.

1948년

92) 濟州島의 象皮病(The Elephantiasis in the Is. Quelparto): 朝鮮醫報, vol. 2.

93) 國學과 生物學(Nacia Scienco Kaj Biologio): 金貞煥 編 現代文化讀本, p.35~65.

1949년

94) 濟州島의 生命調査書=濟州道 人口論=(The Life Measure of the Inhabitants of the Zezu Islands(Quelpart Island))

95) 濟州島 方言과 比島語(La Dialekto de la Ins. Kuelparto kaj Lingvo de la Ins. Filipinoj): 조선교육, vol. 3.

96) '男女數의 支配線'의 位置 附 濟州島 統計에 대하여(The Controlling Line of the Number of Men and Women in Korea. & On the Statistics of the Is. Quelpart.): 大韓民國 統計月報, no. 5.

97) 濟州島關係文獻集(A List of the literatures concerning on the Is. Quelpart)

98) 李敏河·權重輝 共編 School Dictionary English-Korean-그 중 生物學術語 약 450을 석주명이 다루었음.

99) 大韓民國의 女多地域(Multi-female Districts in the Republic of Korea): 大韓民國 統計月報, App. p.2~7.

100) 濟州島 方言과 馬來語(La Dialekto de la Ins. Kuelparto kaj la Lingvo de Malajo): 語文, vol. 2.

101) 德積群島學術調査報告(Raportoj de la Scienca Ekspedicio sur la Arhipelago Deok-Zeok): 新天地, vol. 5. -같은 잡지 특별 부록, 집필자: 석주명·옥승식·이희태·윤익병·조중삼·이숭녕·유홍렬

이상 1950. 7. 1 현재 既刊物

	제목 수	속편 수	합계
총 발표 횟수	101	27	128
그중 共著 횟수	9	3	12
그중 단행본 수	10	2	12

부록 3

나비 이름 유래기

조선 나비의 조선 이름은 주로 필자가 제정하여 1947년 4월 5일에 조선생물학회를 통과시킨 것인데 학술적이고 자세한 것은 국립과학박물관 동물학부 연구보고 제2권 제1호에 미루고, 여기는 새로 제정된 조선 이름들을 가나다순으로 배열하여 통속적으로 기록해 보기로 하겠다. 편의를 위하여 학명(라틴어)을 덧붙였다.

가락지장사 *Aphantopus byperantus*
영어 이름 Ringlet에서 유래한 것으로 앞뒤 양날개의 안쪽 바깥에 배열된 가락지 무늬는 이 나비의 조선 이름과 잘 어울린다.

까마귀부전 *Strymon*
일본 이름에서 유래된 것으로 이 속屬의 생태와 형태로 보아 적당한 이름이다.

각시멧노랑나비 *Gonepteryx mehaguru aspasia*
멧노랑나비와 비슷하며 같은 속에 속하는 유일한 종이다. 이 종류는 날개맥(翅脈)도 가늘고 약하며 색채도 희미하니 각시멧노랑나비라고 하여서 적당할 듯하다.

갈구리나비 *Euchlo scolymus*
일본 이름은 앞날개 전각前角에 노란색 얼룩이 있는 것을 표현하여 지어졌지만, 이 노랑 얼룩은 수컷에만 있고 암컷에는 없는 것으로, 오히려 그 전각이 갈구리 모양으로 된 특징을 잡는 것이 암수에 공통된 것이요, 또 나비 전체를 통해서도 특징이 되는 것이니 갈구리나비라 함이 좋을 듯하다.

개마별박이세줄나비 *Neptis andetria*

별박이세줄나비*(N. prycri)*와 극히 비슷하여 한때는 두 종이 혼동되었다. 이 두 종은 서로 대항하는 길항 관계가 있는 모양으로 개마별박이는 주로 개마고대에서만 나는데 보통 별박이는 주로 개마고대를 제외한 전국에서 난다. 개마별박이는 흰띠가 좁고 뒷날개 안쪽 기부基部의 흑점들이 더 크다.

개마암고운부전 *Thecla betulina*

암고운부전*(Th. betulac)*과 극히 가까운 종류인데 개마고대에서 몇 마리 알려졌을 뿐이다.

거꾸로여덟팔

*Araschnia burejana*의 종명이요 또 속명이다. 학명에서 나타낸 거미줄이라는 뜻도 나쁘지는 않지만 그 형태를 훨씬 잘 표현한 일본 이름에서 따기로 하였다.

검은테떠들썩팔랑 *Ochlodes ochracea rikuchina*

*ochracea*의 오-카색(붉은빛)이란 전연 특징이 못 되는 색이므로 날개를 두른 굵은 흑색 부분을 따서 이름 지었다.

검은테주홍부전나비 *Lycaena virgaureae*

일본 이름에서 유래한 이름으로 그 형태를 잘 표현했다. 이 종류는 개마고대에서만 몇 마리 잡혔을 뿐이다.

고운점박이푸른부전 *Maculinea euphemus*

고운점박이란 학명과 일치할 뿐만 아니라, 사실 이 종류의 얼룩무늬들은 곱게 배열되어 있다.

꼬리명주나비 *Sericinus telamon*

일본 이름 세미접細尾蝶의 미尾와 *Sericinus*의 세리신(명주의 아교질)을 따라 만든 이름인데 이 종류의 형태가 잘 표현되어 있다. 학명의 *telamon*은 라틴어로 인상주人像柱라는 뜻인데 역시 이 종류의 형태를 잘 표현한 말 같기도 하지만 조선 이름은 이 말에서 따지 않았다.

꼬마까마귀부전 *Strymon prunoides*

학명대로 벚나무까마귀부전과 비슷한 종류이지만 이 종류는 까마귀부전류 중에서 가장 작은 것이니 '꼬마'를 붙이는 것이 좋겠다.

꼬마멧팔랑나비 *Eryunis tages popoviana*

멧팔랑나비와 극히 비슷하고 퍽 작으니 이런 이름이 생겼는데 조선에서는 몇 마리 안 잡혔다.

꼬마부전나비 *Cupido minimus*

학명 *minimus*와 영어 이름 Small Blue가 다같이 '꼬마'라는 뜻이니 별수 없이 꼬마부전나비로 되었다. 속명 *Cupido*는 라틴어로 정情이라는 뜻이니 나비 이름으로는 별 의미가 없다.

꼬마어리표범 *Melitaea sindura gaimana*

일본 이름과 일치하는 이름인데, 이 종류는 어리표범 중에서 가장 작은 종류이니 적당한 이름이다. 학명에 있는 *Gaima*는 물론 개마고대라는 뜻이요 그 지방에서만 난다.

꼬마팔랑 *Adopaea*

이 속은 아주 작은 종류이니 꼬마를 붙였다. 이 속에 포함된 것이 모두 3종인데 다음과 같다.

줄꼬마팔랑(A. leonina)

두만강꼬마팔랑(A. lineola)

수풀꼬마팔랑(A. sylvatica)

꼬마표범나비 Argynnis selenis

표범나비들 중에서 가장 작은 종류이니 이 이름이 생겼다. 작은은점선표범나비와 비슷하나 뒷날개 안쪽 가운데에 긴 은반銀斑이 없어 곧 구별된다.

꼬마흰점팔랑나비 Syrichtus malvae

Malva는 아욱속 식물인데 과연 그 애벌레가 아욱을 먹는지 알 수가 없다. 여하튼 조선산 흰점팔랑나비 6종 중 제일 작은 종류이니 꼬마를 붙였다.

공작나비 Nymphalis io

학명에서보다 영어 이름이나 일본 이름에 있는 공작을 따는 것이 이 종류를 잘 표현한 이름이라 할 수 있겠다. 이 나비의 둥근 무늬는 누구에게나 공작을 연상시키기 때문이다. 그러니 이와 비슷한 무늬를 가진 *Precis almana asterie*는 그 산지로 보아 남방공작나비라고 부르게 하였다. 학명의 *asterie*라는 성星의 뜻은 잘 맞지 않는 표현이다.

꽃팔랑나비 Hesperia florinda

학명과 일치한 이름이요 고산에 올라 고산식물의 꽃이 많이 핀 곳에서 잡을 수 있으니 꽃에 인연이 많은 나비이다.

관모산지옥나비 *Erebia rossii ero*

일본 이름에서 유래했는데 관모산에서 처음으로 조복성 씨가 채집하였고, 그 뒤에도 그 부근에서만 몇 마리 잡혔을 뿐이다.

구름표범나비 *Argynnis anadiomene*

일본 이름에서 유래한 이름으로 뒷날개 안쪽 구름무늬 색채에 아주 적합한 이름이다.

굴뚝나비

*Eumenis dryas*의 종명인 동시에 속명이다. 뱀눈나비과에서는 조선에서 가장 많이 나는 종류로 여름철만 되면 배추흰나비에 못지않게 많다. 일본 이름으로는 과명을 대표하는 이름으로 되어 있지만, 조선 이름인 굴뚝나비는 그 색채가 검은색에 가까운 데에서 유래했다. 학명 *dryas*는 삼림의 여신, 즉 삼정森精이라는 뜻으로, 적당치 않은 이름이다.

굵은줄나비 *Limenitis sydyi*

사람 이름을 포함한 학명보다 형태를 잘 표현한 일본 이름에서 따오는 것이 좋다고 생각되어 굵은줄나비라 하였다.

귀신부전나비 *Plebejus lyconnas scylla*

아종명 *Scylla*는 희랍 신화에 나오는 Sicily 해안의 Charybdis 소용돌이와 상대해 있는 괴암. 이 괴암과 Charybdis 소용돌이 사이는 뱃길에서 가장 어려운 장소이다. 소용돌이를 피하려면 바위에, 바위를 피하려면 소용돌이에 휩쓸려 들어가 많은 뱃사람들이 두려워하였다. 또 이곳에 사는 개 짖는 소리를 내는 머리 여섯 달린 괴물도 Scylla라고 하는데 이 Scylla에서 따서 이 종류의 이름을 귀신부전나비라고 하기로 하였다.

귤빛부전 *Thecla lutea*

학명과 일치하고 실물과도 일치하는, 실로 좋은 이름이다. 이 계통의 나비로 조선에는 이밖에 4종이 있는데 다음과 같다.

민무늬귤빛부전(*Th. jonasi*)

금강산귤빛부전(*Th. michaelis*)

라파엘귤빛부전(*Th. raphaelis*)

시가도귤빛부전(*Th. saepestriata*)

그늘나비 *Lethe, Neope, Pararge, Triphysa*

뱀눈나비과의 몇 개 속의 공동명인데 그늘에 있는 습성에서 유래한 이름이다.

극남노랑나비 *Terias laeta*

남방노랑나비보다도 훨씬 남쪽으로 치우쳐 남조선에는 많으나 중조선에 들면서는 벌써 보기가 어려운 종류이다. 그러니 조선에서는 극남종極南種이다.

극남부전나비 *Zizina otis sylvia*

남방부전나비와 매우 흡사하고 오랫동안 혼동되어 왔던 종류인데, 학명대로 삼림 속에 있는 것 같지도 않으니 그 분포 상태를 보아 명명함이 좋을 듯하다. 이 종류가 조선에서는 제주도를 비롯하여 반도부半島部에서는 극남단 해안 지역에서만 나는 듯하니 극남부전나비라고 부르기로 한다.

글라이더-팔랑나비 *Aeromachus inachus*

나는 모양을 따서 이런 이름을 지었는데 그 학명이 속명과도 들어맞는 셈이다. 종명 *Inachus*는 희랍 신화에 나오는 Argos의 제1대 왕인데 Oceanus와 Tethys의 아들이요 Io의 아버지이다.

금강산귤빛부전 Thecla michaelis

학명에 포함된 사람 이름보다도 최초 발견지인 금강산을 따서 이름을 짓기로 한다. 이 종류의 조선산은 1926년에 처음으로 소개되었지만 그 뒤로 몇 마리 잡히지 않은 진품珍品이다.

금강석녹색부전 Thecla diamantina

금강석은 학명과도 일치하고 좋은 이름이니 그대로 따기로 한다.

금빛어리표범 Euphydryas aurinia mandschurica

금빛은 학명의 *aurinia*에서 온 말인데 이 종류의 색채가 어리표범 종류 중에서는 금빛을 나타내는 편이다. 아종명은 만주산이라는 뜻이나 조선에도 적지 않은데 일본에는 물론 없다. 일본 이름에는 '만주*(mandschurica)*' 대신에 '조선*(Chosen)*'이 붙여져 있다.

기생나비 Leptidea amurensis

속명 *Leptidea*는 예쁘고(美), 날씬하고(細), 작다(小)는 뜻인 희랍어 leptos에서 유래한 것인데 사실 이 종류의 형태나 생태가 기생을 연상시킨다. 이 속에 드는 또 한 종의 *L. sinapis*(북방기생나비)는 그 형상이 한층 둥근 모양인데 그 산지가 북쪽으로 치우쳐 남조선에는 없으니 북방기생나비라고 부르기로 한다. 학명 *Sinapis*는 겨자 속 식물로 그 애벌레가 먹는 풀이요, 기생나비의 학명 *amurensis*는 시베리아 아무르산임을 의미하니 학명으로는 이것이 오히려 북방을 의미하는 것이 된다. 구라파와 공통되는 것은 북방기생나비인데 그 영어 이름은 Wood White라고 한다.

긴꼬리부전 Thecla enthea

학명은 신통치 않으니 일본 이름에서 조선 이름을 유도해 내는 편이 무난하겠다. 이 계통의 나비로는 조선에 세 종류가 있으니 다음과 같다.

긴꼬리부전*(Th. enthea)*

물빛긴꼬리부전*(Th. attilia)*

담색긴꼬리부전*(Th. butleri)*

긴꼬리제비나비 *Papilio macilentus*

일본 이름에서 유래한 것으로 그 형태는 잘 표현되었으나 나는 모양이 제비나비로는 손색이 있다.

긴은점표범나비 *Argynnis vorax*

오랫동안 은점표범나비와 혼동되던 종류인데, 이 종류에서는 은점표범나비에서와 같은 큰 변이를 볼 수가 없고 다만 뒷날개 안쪽 가운데에 크고 긴 은점 하나가 있는 것으로 곧 구별된다. 은점표범나비에서 극히 흔한 흑화형黑化型 암컷은 이 종류에서는 절대로 볼 수 없다.

긴지부전나비 *Drina superans ginzii*

학명과 일본 이름에서 일치시켜서 '긴지'를 땄다. 긴지는 오카지마 긴지岡嶋銀次 씨의 이름이요 필자가 그에게 바치는 뜻으로 이름 지었다. 그분은 필자의 은사이고 일본곤충학회 회장이었다.

남방공작나비 *Precis almana asterie*

남계우南啓宇의 옛 나비그림에 있으니 이 종류가 분명히 조선에서도 난다고 할 수 있겠지만, 정확한 실물 조선산 표본은 아직 어디에도 없다. 이 이름은 공작나비에 연관해서 만든 이름이다. 공작나비 참조.

남방남색꼬리부전 *Amblypodia turbata*

남방남색부전과 비슷한데 꼬리가 달린 것으로, 양자가 비슷한 존재이다. 남방남색부전 참조.

남방남색부전 *Amblypodia japonica*

남방남색南方藍色부전이라는 뜻으로 일본에는 흔하지만 조선에는 나는지조차 의문일 정도로 희귀하다. 여하튼 이 이름은 이 종류의 형태와 생태를 표현한 것이다.

남방노랑나비 *Terias hecabe*

일본에는 가장 많은 노랑나비이지만 조선에는 전국에 분포하지 못한 종류다. 남조선에는 많으나 북으로 갈수록 적어지고 경성 이북에서는 보기가 어렵게 되니 이 이름이 유래했다.

남방부전나비 *Zizera maha*

일본 이름으로는 왜소회접倭小灰蝶이고 일본에는 아주 광범위하게 풍산豊産하는 종류이니 일본 이름으로는 참으로 적당한 이름이다. 그러나 이 종류의 조선에서의 분포 상태는 대체로 경성 이남이니 우리 조선 이름으로는 남방부전이라고 하는 것이 좋겠다.

남방씨-알붐 *Polygonia c-aureum*

모든 점이 씨-알붐과 비슷하나 시연翅緣의 요철이 그렇게 심하지 않고 C자 무늬가 뚜렷하지 못하다. 산지를 보면 씨-알붐이 북쪽에 치우친 데 비해 남방씨-알붐은 남쪽에 치우쳤다.

남방제비나비 *Papilio demetrius*

일본에는 대단히 많고 조선에는 제주도를 비롯하여 남조선에 나고 중조선부터는 보기가 어렵다. 그러므로 남방제비나비는 그 생태나 형태를 잘 표현한 이름이다. 학명의 뜻은 희랍 신화에 나오는 여신의 이름으로 신통치가 못하다.

남주홍부전나비 *Lycaena amphidamas*

일본 이름에서 유래했고 햇빛 관계로 남색을 나타내는 것이 오색나비에서와 같다. 이 종류는 개마고대에서도 합수合水 부근에서만 알려져 있는데 자세히 탐사하면 그 산지는 확장될 것이다.

네발나비 *Nymphalidae*

과명인데, 이 과에 속하는 종류는 모두 앞발이 퇴화해서 작아졌으니 완전한 발은 네 발뿐이다. 그 형태를 잘 표현하는 이름으로 영어 이름도 그러하다. 학명으로는 신선나비라고 번역해야겠으나 이 과는 너무 광범위해서 적합지 않으니 신선나비라는 이름은 *Nymphalis*라는 속명의 조선 이름으로 채택하였다.

노랑나비

*Colias hyale*의 속명이요 종명이다. 흰나비*(Pieris)*와 상응한 종류로 고래로 널리 쓰인 이름이다. 이 종류는 전국에 분포하고 콩의 해충이다. 대체로 나비에는 해충으로 볼 것이 없는데 고래로 조선에서 알려진 흰나비와 노랑나비만이 농작물의 해충이다. 흰나비 참조.

노랑지옥나비 *Erebia embla scculenta*

일본 이름 기이로히카게キイロヒカゲ에서 유래한 것인데 앞날개의 눈(眼) 모양 무늬가 노랑색이기 때문이다.

녹색부전 *Thecla*의 일부

날개 표면이 수컷은 금속성의 녹색을 나타내는 데 비해 암컷은 흑갈색을 나타낸다. 여기 속하는 조선산은 7종으로 다음과 같다.

  아이노녹색부전*(Th. brillantina)*

  금강석녹색부전*(Th. diamantina)*

  에조녹색부전*(Th. jezoensis)*

  큰녹색부전*(Th. orientalis)*

  사파이아녹색부전*(Th. saphirina)*

  붉은점암녹색부전*(Th. smaragdina)*

  작은녹색부전*(Th. taxila)*

높은산노랑나비 *Corias palaeno*

일본 이름에는 '심산深山'이 붙어 있지만 그보다는 '고산高山'이 그 생태로 보아 알맞다고 생각된다. 눈나비와 같은 곳에서 살고 그 생태도 비슷한 데가 많다.

높은산뱀눈나비 *Oeneis jutta*

고산에서 나므로 붙여진 이름인데 학명의 흑옥黑玉이라는 뜻은 부적당하다.

높은산세줄나비 *Neptis speyeri*

학명이나 일본 이름은 사람 이름으로 되었으나 그 습성을 보아 전 반도를 통하여 고산에만 나는 것이므로 이런 이름을 만들었다.

높은산지옥나비 *Erebia ligea*

산지옥나비보다도 더 높은 곳에 올라가야만 있고, 산지옥나비와 섞여서도 나지만 그것처럼 굉장히 많지는 않다.

높은산표범나비 *Argynnis amathusia sibirica*

북조선 고산에만 나는 습성을 따서 지은 이름인데 일본 이름도 같은 뜻이다. 이와 비슷한 종류에는 백두산표범나비와 산꼬마표범나비가 있다.

눈나비 *Aporia hippia*

상제나비와 같은 속에 드는 비슷한 나비인데 고산 설대(雪帶) 가까이 나는 종류이니 그 형태와 생태로 보아 눈나비가 적합한 이름이다. 상제나비 참조.

눈많은그늘나비 *Pararge achine*

뚜렷한 눈(眼) 모양 무늬가 가장 많은 종류이니 형태를 기억하기 쉬운 적당한 이름이다.

담색긴꼬리부전 *Thecla butleri*

담색긴꼬리라는 뜻으로 일본 이름에서 유래했다. 같이 일본 이름에서 유래한 물빛긴꼬리부전과도 비슷하지만 이 종류의 꼬리 모양 돌기는 물빛긴꼬리부전의 것보다 길다. 긴꼬리부전 참조.

담색어리표범 *Melitaea protomedia*

일본 이름에서 유래했는데 담색은 이 종류의 형태를 잘 표현한 이름이다.

담흑부전나비 *Niphanda fusca*

학명과 일치하는 이 이름은 이 나비의 색채를 표현하는 데에 적당한 이름이다.

대덕산부전나비 *Plebejus eumedon*

최초 채집지인 함경남도 대덕산을 따서 만들었는데 일본 이름도 대덕산부전나비 *(Daitoku-sizimi)*이다.

대만흰나비 *Pieris canidia*

일본 이름에서 유래하였다. 이 종류는 일본에는 없고 조선·만주·중국 등 대륙에 있으며 대만에는 조선보다 훨씬 많이 나므로 그러한 일본 이름이 생겼다.

대왕나비

*Sephisa dichroa princeps*의 속명이자 종명이다. 학명의 *dichroa*는 암수가 서로 다른 색깔을 띠는 것을 의미하는데 암수가 다른 형태는 이 종류에만 있는 것은 아니다. 아종명도 참작하고 그 생태를 보아 대왕나비라는 명예를 이 종류에 허락하였다.

대왕팔랑나비 *Satarupa sugitanii*

팔랑나비과에서 가장 크고 활발하니 단연 '대왕'을 붙일 만하다. 학명의 스기다니杉谷岩顔 씨는 경도삼고京都三高 교수로 최초 채집자이다. 이와 비슷한 종류로는 또 2종이 있는데 좀 작은 종류가 왕팔랑나비*(Loboda bifasciatus)*요, 더 작은 종류가 왕자팔랑나비*(Daimio tethys)*다.

떠들썩팔랑 *Ochlodes*

학명과도 일치한 이름이요 사실 이 종류들은 나는 모습이 그러하다. 이에 포함된 종류로는 조선에 3종이 있는데 아래와 같다.

  검은테떠들썩팔랑*(O. ochracea rikuchina)*
  유리창떠들썩팔랑*(O. subhyalina)*
  수풀떠들썩팔랑*(O. sylvanus)*

떠블류-알붐 *Strymon w-album*

이 이름은 학명과 일치할 뿐 아니라 뒷날개 안쪽 후각부後角部에서 굴곡된 백조白條 무늬가 정확한 W자를 나타내므로 적합한 이름이라고 할 수 있겠다. 그러나 이 조선 이름만으로는 까마귀부전이라는 뜻이 없는 것이 유감이다. 또 W 무늬도, 이 속의 종류들이 이 종류처럼 정확한 것은 아니로되 비슷비슷한 W자 무늬를 가지고 있어서 감정할 때 불편을 느끼는 경우가 있다.

도시처녀 *Coenonympha hero*
처녀나비 참조.

독수리팔랑나비 *Burara aquilina*
*Burara*는 가시가 많다는 뜻이니 이 종류의 형태를 잘 표현한 것이고 *aquilina*는 라틴어로 독수리라는 뜻이니 역시 그 형태와 생태를 잘 표현하고 있다. 그러니 조선 이름은 두말할 것 없이 독수리팔랑나비로 된다.

돈무늬팔랑나비 *Heteropterus morpheus*
*Heteropterus*는 이형異形의 날개요, *Morpheus*는 라틴어로 로마 신화에 나오는 '꿈의 신'인데 '수면신睡眠神' Somnus의 아들이요 통속으로 수면신으로도 취급된다. 이 나비가 나는 모양을 보면 단연 특이하여 색다른 날개를 가진 것도 같고 꿈나비 같기도 하다. 그러나 뒷날개 안쪽에 많은 동글동글한 무늬들은 단연 이 조선 이름을 유도하였다.

두만강꼬마팔랑 *Adopaea lineol*
조선에서는 두만강 하류 지역에서 필자가 몇 마리 잡았을 뿐이므로 그 산지를 따서 이름 지었는데, 일본 이름에는 화태樺太·Karahuto(사할린)가 붙여져 있다.

두줄나비 *Neptis coenobita*
세줄나비류에 속하는 1종의 예외이다. 형태를 잘 표현한 일본 이름에서 따왔는데 학명의 *coenobita*의 뜻인 수도자는 별로 의미가 없겠다. 조선에서는 도시에서 떨어진 사찰이 있는 곳에 가면 많이 볼 수가 있으니 억지로 연관성을 찾을 수 있을지 모르겠다.

들신선나비 *Nymphalis xanthomelas*

학명 중의 종명은 그 색채가 흑갈색임을 표현한 말인데 이 흑갈색은 그리 특색 있는 표현이 못 되겠으니 이 종류의 생태와 속명을 보아 들신선나비로 하였다.

라파엘귤빛부전 *Thecla raphaelis*

학명에 포함된 사람 이름 raphael은 이태리의 유명한 화가(1483~1520)인데 미술적으로 그 색채와 무늬가 훌륭한 이 종류의 이름으로 적합하므로 사람 이름을 그대로 따서 조선 이름을 만들었다.

만주산어리표범 *Melitaea didyma mandschurica*

산어리표범과 종은 같고 아종이 다르다. 학명에서 따서 만주를 붙인 것인데 산어리표범보다 약간 크고 더 흔하다.

먹그늘나비 *Lethe diana*

그늘나비들 중에서 가장 검은 종류이니 적당한 이름이다. 학명의 *Diana*는 이태리의 여신이요 희랍의 여신도 의미하니 삼림 속에 많은 이 종류의 이름으로는 적당하다고 할 수 있을 것 같다.

먹그늘나비붙이 *Lethe marginalis*

먹그늘나비에 가장 가까운 것으로서 약간 더 크며 색채는 조금 옅고 산지는 일층 북방에 치우쳐 있다. 일본 이름도 조선 이름과 같고, 학명은 적당한 것이 못 된다.

먹그림나비

*Dichorragia neshimachus*의 종명이자 속명인데 일본 이름의 묵류墨流라는 데서 유래했다. 묵류라는 것보다 묵류 표면에 나타나는 무늬로부터 유래한 이름이다. 이것도 잘 된 이름으로 이 이름만으로도 감정할 수 있을 형편이다. 이 종류는 일본에는 적지 않으나 조선에는 남부에만 있을 뿐 아주 희귀하다.

먹나비 *Melanitis leda*

먹그늘나비보다도 일층 검은 나비요 뱀눈나비과에서는 가장 검은 종류이니 분명히 먹나비이다. 남방 계통이요 흔치 않다.

먹부전나비 *Everes fischeri*

암수가 모두 날개 표면이 진먹색이니 암수 감별은 생식기 외부에 의하는 수밖에 없다. 수컷의 날개 표면만 남색인 *E. argiades*는 암먹부전나비라는 이름으로 하였다.

멋쟁이 *Venessa*

이 속에는 조선산이 2종 있는데 그 나는 모양이 이름대로 멋쟁이다. 이 속에 속하는 유럽의 *V. atalanta*는 영어 이름으로 Red Admiral 즉 '붉은 제독'이라고 하니 이 속명도 적당하다고 볼 수 있겠다.

멧팔랑나비 *Erynnis montanus*

학명과 일본 이름이 모두 일치하는 이름으로 이른 봄에 산에 가면 어디서나 발견할 수 있다.

멧노랑나비 *Gonepteryx rhamni amurensis*

Rhamnus는 갈매나무속 식물이니 이 식수食樹의 이름을 따서 짓는 것도 좋을 것 같으나 이 종류의 생태를 잘 표현한 일본 이름으로부터 조선 이름을 유도하기로 한다. 영어 이름의 유황나비라는 것도 그 색채를 잘 표현한 것이다.

모시나비

*Parnassius stubbendorfii*의 종명이요 속명이다. 이 계통 나비의 날개는 날개가루(鱗粉)가 적어서 반투명이니 모시를 연상시킨다. 그러므로 모시나비는 *Parnassius*속의 속명으로 적합한데 이 속에서 가장 흔하고 전국에 분포한 것은 *stubbendorfii*이니 모시나비를 이 종명으로 쓰기로 한다. 속명의 어원인 Parnassus는 중앙 희랍에 있는 유명한 산 이름으로 이 산은 아폴로와 뮤즈 신의 영소靈所이다. *Stubbendorfii*는 사람 이름인데 그리 유명한 사람은 아니다.

무늬박이제비나비 *Papilio helenus nicconicolens*

이름 그대로의 형태를 갖춘 종류로 제주도와 남조선에 알려졌지만 극히 희귀하다. 필자는 제주도에서 한 마리 잡은 일이 있을 뿐이나 일본에는 그리 드물지 않은 종류이다.

물결나비

*Ypthima motschulsky*의 종명이요 속명이다. '裏波蛇眠'이라는 일본 이름에서 유래했다.

물결부전나비 *Cosmolyce boeticus*

날개 안쪽 일면一面의 갈색 파도무늬가 이 이름을 유래케 하였다.

물빛긴꼬리부전 *Thecla attilia*

같이 일본 이름에서 유래한 담색긴꼬리부전과 비슷하지만 이 종류의 꼬리 모양 돌기는 담색긴꼬리부전만큼 길지 않다.

민남방제비나비 *Papilio amaura*

모든 점이 남방제비나비와 똑같고 꼬리 모양 돌기가 없을 뿐이어서 학자에 따라서는 동종이형으로도 취급한다. 이 나비의 이름은 꼬리 없는 남방제비나비라는 뜻이다. 학명의 어원 amauros는 희랍어로 '암흑'이라는 뜻인데 제비나비를 뜻한다.

민무늬귤빛부전 *Thecla jonasi*

학명에 포함된 사람 이름은 대수롭지 않은 사람인 모양이니 이 종류의 형태를 잘 나타낸 무늬 없는 귤빛부전으로 한다.

바둑돌부전나비 *Castalius hamada*

날개 안쪽 흰바탕에 검은 점이 산재한 것이 바둑돌을 연상시키기에 충분하다. 학명은 아무 인연이 없는 뜻이니 조선 이름은 일본 이름에서 그대로 가져오기로 한다.

밤오색나비 *Apatura nycteis*

학명에서 딴 이름이요 색채도 검은 색이니 적합하다. 일본 이름 白帶小紫도 그 형태를 나타낸 것으로 나쁘지는 않다.

배추흰나비 *Pieris rapae*

이 종류도 학명으로 보면 줄흰나비와 같이 그 애벌레가 무청을 먹는 것으로 되어 있지만 십자화과 식물은 대부분을 해친다. 그중에서도 가장 잘 먹는 것은 양배추·배추·무 순서인데 나비로는 가장 큰 해충이다. 북조선에서는 어떤 해에 이 종류의 애벌레로 인히어 양배추밭이 전멸하는 수도 있다. 이 나비는 조선에 가장 풍산豊産할 뿐 아니라 북반구 온대지방에는 어디나 있어서 배추에 해를 주니 배추흰나비라고 부르기로 한다.

백두산노랑나비 *Colias marcopolo nicolopolo*
백두산 부근에서 잡힌 것이 기록되었을 뿐으로 조선산의 정체는 아직 희미하다. 여하튼 그 산지를 따서 이름을 만들기로 하는데 일본 이름도 그러하다.

백두산부전나비 *Aricia agestis allous*
조선에서는 이 종류의 첫 산지인 백두산을 따서 이름을 만들었다.

백두산표범나비 *Argynnis angarensis*
학명에 있는 angar는 아마 시베리아에 있는 지명일 것이다. 조선에서는 백두산에서 처음 잡혔고 그 부근 지방에서만 나는 고산 나비이다. 이와 비슷한 종류에는 높은산표범나비와 산꼬마표범나비가 있다.

뱀눈그늘나비 *Pararge deidamia deidamia*
앞날개 전각前角 근처의 눈(眼) 모양 무늬 한 개는 즉각적으로 뱀눈을 연상시킨다.

뱀눈나비 *Satyridae*
뱀눈 모양의 얼룩무늬가 있다는 뜻으로 과를 대표하는 이름이다. 이 과에 붙은 나비는 조선에 35종이나 되는데 뱀눈없는지옥나비 1종을 제외한 전부가 다 이 뱀눈무늬를 가지고 있다. 이 과명을 한자로는 蛇眼蝶科라고 쓴다.

뱀눈없는지옥나비 *Erebia radians koreana*
아름대로 뱀눈무늬가 없는 유일한 뱀눈나비과 종류로서 청진에서 잡혔다고 독일 학자가 발표했지만 필자는 아직 실물을 본 일이 없는 진기종이다.

번개오색나비 *Apatura iris*

구라파에서 조선에 이르기까지 널리 나니 오색나비의 대표로 볼 수가 있겠고 더욱이 구라파에는 이것 한 종류뿐이고 학명 *Iris*가 그 뜻이니 그리 되어 있다. 그러나 우리 조선에는 *A. ilia*가 더욱 많으니 오색나비라는 이름은 *A. ilia*에 주기로 하고 *A. iris*에는 뒷날개 흰색 줄의 모양으로나 그 날아가는 모양으로 보아 번개오색나비라고 하는 것이 적합하겠다.

범나비 *Papilio xutbus*

종명으로서의 호랑나비의 별칭이다(호랑나비 참조). 이제 문헌에 의한 범나비와 호랑나비의 명고名考를 적겠다. 중국에서는 이 계통의 나비를 모두 '봉접鳳蝶'이라고 하는데 이 '봉접'이라는 글자가 조선에 수입되어서부터의 변천 과정을 말하면, 봉접→봉나비→범나비→호랑접虎狼蝶 순으로 변해온 듯하다.

범부전나비 *Hysudra arata*

날개 안쪽의 줄무늬는 그 바탕색과 어울려서 호랑이무늬를 연상시키는 것이어서 '범'을 땄다.

벚나무까마귀부전 *Strymon pruni pruni*

*Prunus*는 벚나무속의 이름이니 이 나비를 벚나무까마귀부전이라고 하면 학명과도 일치하고 그 애벌레가 먹는 나무도 알 수가 있겠다.

별박이세줄나비 *Neptis pryeri*

뒷날개 안쪽 기부基部의 흑점들을 별星로 본 데서 유래하였다. 학명에 있는 Pryer라는 사람은 영국 사람으로 1877년경에 일본 요코하마에 와서 상업을 하면서 박물학계에 많이 공헌한 사람이다. 개마고대를 제외한 전국에 풍산豊産한다. 개마별박이세줄나비 참조.

봄어리표범 *Melitaea latefascia*

여름어리표범에 상대되는 것으로 그 발생 시기를 표현하는 이름이다. 봄어리표범은 여름어리표범보다 산지가 훨씬 남쪽이고 발생 기간은 한 달도 채 안되지만 지극히 풍산豊産한다.

봄처녀 *Coenonympha oedippus*

처녀나비 참조.

뾰죽부전나비 *Curetis acuta paracuta*

학명에도 맞고 앞날개 전각前角이 뾰죽한 형태에도 맞는 이름을 만들었다. 그러나 일본 이름 우라긴시지미ウラギンシジミ도 훌륭한 이름이다. 날개 안쪽 전면이 은판銀板이니 은판대기부전이라고 하여도 못지않을 것 같다. 그러나 이 나비는 조선에서는 한두 마리밖에 잡힌 일이 없다.

부전나비

*Plebejus argus*의 속명이요 종명이며 또 과명이다. 여러 가지 색의 소형 나비를 포함한 *Lycaenidae*를 본래부터 부전나비라고 해온 것은 그 형태를 잘 표현한 것으로 선배의 명작이다. '부전'이라는 말은 사진틀 같은 것을 걸 때에 아래에 끼우는 작은 방석 구실을 하는 세모꼴의 색깔 있는 장식물이다. 학명 *Plebejus*에는 평민平民이라는 뜻이 있고 *Argus*는 희랍 신화에 나오는 강력한 백안거인百眼巨人이므로 이 학명에서는 딸 것이 없다.

부처나비

*Mycalesis gotama*의 종명이요 속명이다. *Gotama*는 부처佛라는 뜻이니 석가여래에서 유래하였다.

부처사촌 *Mycalesis perdiccas*

부처나비보다 약간 더 검을 뿐으로 두 가지를 구별하기는 쉽지 않다.

북방까마귀부전 *Strymon spini*

까마귀부전 중에서 가장 흔한 종류 2종을 든다면 조선까마귀부전과 이 북방까마귀부전일 것이다. 그런데 조선까마귀부전은 전 반도에 분포되어 있고 이 종류는 북쪽에 치우쳐 남조선에는 없으니 북방까마귀부전이라고 하는 편이 좋겠다.

북방거꾸로여덟팔 *Araschnia levana*

거꾸로여덟팔은 전 반도에 분포해 있지만 이 종류는 남조선에는 나지 않는다. 북조선 지방에 가면 두 종류가 뒤섞여 나므로 초보자는 구별하기 어려울 정도이지만 단연 북방거꾸로여덟팔이 많이 난다.

북방기생나비 *Leptidea sinapis*

기생나비와 아주 비슷하여 오랫동안 혼용되어 오던 것을 필자가 1934년에 둘로 명확히 구분하였다. 기생나비 참조.

북방알락팔랑 *Carterocephalus palaemon*

수풀알락팔랑과 형태나 생태가 비슷할 뿐만 아니라 두 종류가 가장 많이 나니 이 속에서는 이 두 종이 서로 비교가 된다. 그런데 이 종류는 수풀알락팔랑보다도 그 산지가 북쪽이고 약간 좁으니 이런 이름이 생겼다.

북선흰점팔랑나비 *Syrichtus speyeri*

학명에 포함된 Speyer는 유명한 채집가이지만 이 종류의 분포를 보아 그 산지가 북조선에 국한되어 있으니 북조선이라는 뜻의 북선흰점팔랑나비라 한다.

뿔나비

*Libythea celtis celtoides*의 속명이요 또 과명이다. 주둥이가 거대함을 표현하기 위하여 지은 뿔나비가 과연 적당한 이름이 될지 모르겠다. 종명 *Celtis*는 팽나무속 식물의 이름인데 그 애벌레가 먹는 나무이다.

붉은점모시나비 *Parnassius bremeri*

모시나비에 붉은 점이 있는 형태를 잘 표현하였다.

붉은점암녹색부전 *Thecla smaragdina*

붉은 점이 있는 암컷이라는 뜻인데, 녹색부전이라면 수컷만이 금속성 녹색을 나타내는 것임은 그 속명으로 벌써 알 수 있는 일이다. 학명에 포함된 보석의 이름은 역시 녹색에 관한 것일 터이니 결국 수컷에만 관한 것이 되겠다.

사랑부전나비 *Plebejus eros boisduvalii*

Eros는 희랍 신화에 나오는 사랑의 신으로 로마 신화에 나오는 Cupid에 해당한다. 이 Eros가 이 종류의 종명이니 사랑부전나비라 하기로 한다. 그 아종명을 구성한 Boisduval은 저명한 곤충학자이다.

사파이어녹색부전 *Thecla saphirina*

학명과 일치하는 이름이요 청옥靑玉도 귀중한 보석이니 좋은 이름이다.

사향제비나비 *Polydorus alcinous*

일본 이름에서 유래한 것인데 생태상 적당한 이름이다. 몸집이 붉은 점으로도 이 과에서는 독특한 존재이다. 뿐만 아니라 이 나비의 번데기도 독특한 형태를 가지고 있다.

산꼬마표범나비 *Argynnis thore hyperusia*

이와 비슷한 종류에 백두산표범나비와 높은산표범나비가 있는데 3종이 모두 소형의 비슷비슷한 고산 나비이니 감별하기가 쉽지 않다. 백두산표범나비는 맨 처음에 백두산에서 잡혔기 때문에 유래한 이름이요, 이 산꼬마표범나비와 높은산표범나비를 비교하면 그 이름대로 높은산표범나비가 훨씬 높은 곳에 나고 개체수도 적어서 진기하다. 이 종류의 학명에 포함된 Thor는 옛 북유럽의 천둥신인데 특별한 의미는 없는 듯하다.

산굴뚝나비 *Eumenis autonoë sibirica*

굴뚝나비가 평지에 많은 데 비해 이 종류는 산지에 많다. 중국 북부와 만주·시베리아의 산에 많은데 조선에서는 한라산에서만 날 뿐이다.

산뱀눈나비

*Oeneis*속의 이름이요 그 습성에서 유래한 것이다.

산부전나비 *Plebejus clebis*

부전나비*(P. argus)*가 평지에 많은 데 비해 이 종류는 산에 많으니 산부전나비라고 하였다. 또 그 산지가 부전나비는 남쪽인데 반해 산부전나비는 북쪽에 치우쳐 있다.

산어리표범 *Melitaea didyma didyma*

학명 *Didyma*는 남성의 개인 이름인데 이 종류의 습성을 따서 남성적인 산山을 붙였다. 이 종류는 함경도 산악지대에서 난다.

산은줄표범나비 *Argynnis zenobia penelope*

은줄표범나비에 대응하는 이름으로 그 생태로 보아 적당한 이름이다. 학명에 나오는 Penelope는 희랍 신화에 나오는 Ulysses의 아내로 숙녀의 전형이니 깊은 산에만 나는 이 종류의 학명으로 적합하다고 할 수 있다. 그러나 이 나비는 그 습성으로는 오히려 남성적이다.

산제비나비 *Papilio Maackii*

제비나비처럼 전국에 분포해 있는데 제비나비가 평지에 많은 데 비해서 산에 많다. 이 종류는 전국에 분포해 있어 생식력이 강한 종으로서 강대하며, 산에 있어서 속세에 섞이지 않으므로 필자는 이 종류를 산신령나비라고 명명하여 조선 대표종으로 추천한 일이 있다(1940, 조선일보). 학명에 있는 Maacki라는 사람은 유명한 채집가이다. 지금도 필자는 이 나비를 조선 대표종으로 생각함에 변함이 없으며 그 의미로 이 책 표지에도 이 종류의 그림을 넣었다.

산줄점팔랑나비 *Parnara jansonis*

줄점팔랑나비가 평지에서 나는 데 비하여 이 종류는 산에서 나므로 이 이름을 붙였다.

산지옥나비 *Erebia neriene*

지옥나비속의 대표종이라고 할 만한 고산 나비이므로 함경도 고산 지대에 가면 지극히 많은 종류요, 우리가 곤충 채집을 가서 고원에서 혹시 휴식할 때면 이 나비의 무리가 얼굴이나 손에 와 앉아서 땀을 빨아먹는 일을 늘 겪는다. 어떤 곳에서는 한 군데에 수백 마리가 앉아 있는 것을 볼 수도 있고, 필자도 포충망을 한 번 휘둘러 50여 마리를 채집한 경험을 가지고 있다.

산호랑나비 *Papillio machaon*

호랑나비가 평지에 많은 데 비해 이 종류는 산에 많고 그 형태도 비슷하니 산호랑나비라고 부르기로 한다. 호랑나비는 감귤류의 해충이지만 이 산호랑나비는 미나리 같은 살형撒型과 식물을 먹이로 하니 조선서는 해충이라고 할 정도는 아니다. 영어 이름은 제비꼬리나비요 일본 이름은 황黃호랭이인데 모두 조선으로서는 부적당한 이름이다. 호랑나비와 산호랑나비의 관계는 제비나비와 산제비나비의 관계와도 같다.

상제나비 *Aporia crataegi*

그저 흰나비라고 해서는 만족하지 못할 만큼 흰 나비인데 백의민족인 우리가 보아도 상제喪制나비라면 이 종류의 형태로 보아 잘 된 이름이라고 볼 수가 있겠다. 학명 *Aporia*는 혹태惑態를 뜻함인데 혹 서양 사람들은 순백옷의 여인을 볼 때 유혹의 감정을 느끼는지? *Crataegus*는 옻나무속 식물로 그 애벌레의 먹이이다. 여하튼 학명에서 따는 것보다 이 상제나비가 우리 조선 사람에게는 잘 된 이름으로 생각된다.

쌍꼬리부전나비 *Aphnaeus takanonis*

뒷날개에 쌍꼬리가 달린 부전나비로는 조선 유일의 존재이니 이 이름만으로도 이 종류를 충분히 선출할 수 있는 형편이다.

선녀부전나비 *Artopoëtes pryeri*

부전나비로는 큼직한 데다가 그 고상한 의상과 우아한 비상은 선녀의 명예를 손상시킬 일이 없겠다.

세줄나비

*Neptis philyra*의 속명이요 종명이다. 그 형태를 잘 표현한 일본 이름에서 따기로 하였다.

쐐기풀나비 *Aglais urticae*

Urtica는 쐐기풀속 식물이니 이 조선 이름은 학명에서 유래하였을 뿐만 아니라 그 애벌레가 먹는 풀도 밝히는 것이 된다.

쇳빛부전나비 *Satsuma ferrea*

학명의 *Satsuma*는 일본의 지명이고 *ferrea*는 철색鐵色을 뜻한다. 사실 이 종류의 날개 안쪽은 쇳빛이니 쇳빛부전나비라고 하기로 한다. 이 종류는 이른 봄에 잠깐 출현할 뿐이니 부지런한 채집가가 아니면 채집하기 어렵다.

수노랑이 *Apatura ulupi morii*

암컷으로 명명한다면 작은은판대기라고도 할 수 있겠으나 수컷의 노란 것이 한층 중요한 것이니 이런 이름이 생겼다.

수풀꼬마팔랑 *Adopaea sylvatica*

학명과 일치한 조선 이름을 제정하여 그 생태에도 맞는 듯하나 일본 이름 연묵緣墨쟈바네세세리(チャバネセセリ)가 그 형태에 한층 맞는 듯하다.

수풀떠들썩팔랑 *Ochlodes sylvanus*

학명과 일치하는 조선 이름을 만들었지만 그 생태로 보아 마음에 차지 않는 점이 있다. 분포가 굉장히 넓은 종류로 구북주舊北州 전체에 풍산豊産하는데 조선산은 평지형과 고산형 둘로 구분된다.

수풀알락팔랑 *Carterocephalus silvius*

학명과 일치한 이름이고 그 생태도 표현한 듯하다. 이 속에서는 북방알락팔랑과 이 종이 가장 많이 나니 서로 비교가 된다.

스기다니은점선표범나비 *Argynnis selene sugitanii*

이 종류를 최초로 채집한 스기다니杉谷岩彦 씨를 기리기 위해 필자가 명명한 것으로, 그는 일본 경도삼고京都三高의 수학 교수이지만 조선 나비 연구에 공헌이 큰 사람이다. 은점선표범나비 참조.

스나이더-어리표범 *Melitaea plotina*

1936년에 필자가 발견하여 명명한 것인데 그때에 발표한 일본 이름에서 유래한 조선 이름이다. 스나이더 씨는 당시 송도중학교장이었고 요사이 또다시 조선에 와 있는 미국인이다.

시가도귤빛부전 *Thecla saepestriata*

일본 이름은 과파적소회접裏波赤小灰蝶이라고 하나 날개 안쪽 무늬가 파도 같다기보다는 지도 위에 그려지는 시가도市街圖 모양이니 시가도귤빛부전이라고 명명키로 한다. 날개 안쪽 전면에 사각형 흑점이 규칙적으로 배열된 모양은 뉴욕이나 시카고 시가지 같은 바둑판 형태는 아니고 우리 서울 정도로 되어 있다. 그러니 이 시가도귤빛부전의 시가도는 우리 시가도로 생각할 수가 있다.

시골처녀 *Coenonympha amaryllis*

*Amaryllis*는 수선과에 속하는 식물 이름. 처녀나비 참조.

시베리아부전나비 *Vaciniina optilete sibirica*

아종명을 따서 그대로 시베리아를 붙이기로 한다. 일본 이름에는 가라후토(樺太)가 붙어 있고, 사실 이 종류가 조선에서는 함경도 개마고대에만 있으니 이 종류의 본거는 최초 발견지인 시베리아라고 볼 수 있겠다.

시실리그늘나비 *Lethe sicelis*

학명에서 유래한 이름으로, 시실리는 이태리 남단의 섬이다. 이 종류가 제주도쯤에서 난다만 재미있겠는데 도대체 조선에서는 의문종으로 되어 있고 일본에는 흔하다.

씨-알붐

*Polygonia c-album*의 속명이요 종명인데, 종명으로는 학명에 일치할 뿐만 아니라 뒷날개 안쪽 중앙의 얼룩이 정확한 C자이니 아주 적당한 이름이다. 이 종명을 영어로는 Comma라고 하니 결국 같은 내용이다. 속명의 라틴어는 다각형이라는 뜻인데 그 형태로 보아 아주 적합한 이름이다.

신부나비 *Nymphalis antiopia*

검은 날개에 흰띠가 있는 모습이 천주교 신부의 로만 칼라 복장과도 같아서 신부나비라고 했다. Nymphalis라는 말이 신선이라는 뜻이요 조선말 속명도 신선나비로 되어 있으니 신부나비란 적당한 이름이라고 할 수 있겠다.

신선나비 *Nymphalis*

학명에서 유래한 것이요 과명으로도 쓰일 만한 이름이다.

아르카스부전나비 *Plebejus arcas*

학명에서 따서 이름을 만들었다.

아이노녹색부전 *Thecla brillantina*

일본 이름도 아이노ｱｲﾉ요 학명도 최근까지는 *aino*가 쓰이다가 *brillantina*의 시너님(동종이명)으로 정리되었지만 많이 알려진 이름이니 그대로 아이노를 따기로 한다. 아이노는 아이누와 같은 말로 홋카이도에 아직 남아 있는 토착 인종 이름이다.

알락그늘나비 *Lethe epimenides*

조선에서 나는 그늘나비 중에서 가장 알락알락하고 비교적 많은 종류이니 그 형태나 습성을 잘 표현한 이름이다.

알락나비 *Diagora, Hestina*

반접班蝶이라는 뜻으로 아주 평범한 이름이다.

알락팔랑 *Carterocephalus*

일본 이름에서 유래했는데 그 형태를 잘 표현하였다. 이 속에 포함된 것이 조선에 4종 있는데 다음과 같다.

    은점박이알락팔랑*(C. argyrostigma)*

    조선알락팔랑*(C. dieckmanni)*

    북방알락팔랑*(C. palaemori)*

    수풀알락팔랑*(C. silvius)*

암검은표범나비 *Argynnis sagana*

수컷은 주황색이며 암컷은 검은색이니 그 형태를 표현했다.

암고운부전 *Thecla betulae*

대체로 나비는 수컷이 고운 법이다. 그런데 이 종류에서만은 수컷의 날개 표면이 전체가 흑갈색인 데 반해 암컷은 앞날개에 한 개씩 뚜렷한 콩팥 모양 붉은 얼룩이 있어서 오히려 암컷이 곱다. Betula는 박달나무의 속명으로 그 애벌레가 먹는 나무를 뜻한다. 이 계통 나비로 또 한 종 개마암고운부전이 있다.

암끝검은표범나비 *Argynnis hyperbius*

암컷의 날개 전각부만 검은색이니 수컷에는 맞지 않는 학명이다. 그 특색을 살려 지은 이름이다.

암먹부전나비 *Everes argiades*

암컷이 검다는 뜻으로 암수 두 가지를 충분히 표현한 이름이다. 조선에서는 부전나비 중에서 가장 흔한 종류이다. 학명도 좋지 않고 영어 이름이나 일본 이름도 부적당하다. 수컷의 날개 표면도 검은색인 *E. fischeri*는 먹부전나비라는 이름으로 하였다.

암먹주홍부전나비 *Lycaena hippothoë amurensis*

암컷의 날개 표면은 진흑색이니 이 종류에 꼭 맞는 이름이다.

암붉은오색나비 *Hypolimnas misippus*

수컷은 날개 전체가 남색이고 크고 흰 얼룩이 있으며, 햇빛에 따라 훌륭한 광채를 낸다. 본래 열대 계통의 나비로 조선에서는 개성에서 암컷 한 마리, 제주도에서 수컷 한 마리가 재미있게도 같은 해 같은 달 같은 날에 잡혔을 뿐이다.

암암어리표범 *Melitaea phoebe scotosia*

암암은 암컷이 어둡다(暗)는 뜻인데 사실 그러하고, 학명의 Scotos는 희랍어로 어둡다는 뜻이다. 종명 Phoebus는 희랍 신화에 나오는 Apollo 신이요 또 일신日神이다.

애기세줄나비 *Neptis hylas intermedia*

학명의 뜻보다도 작은세줄나비라는 뜻의 일본 이름이 더 적당하다. 일본 이름에 '소小'를 붙인 것을 우리 조선명에는 '애기'를 붙이기로 한다.

애물결나비 *Ypthima baldus*

물결나비보다 작은 종류여서 애(兒)를 붙였다.

어리세줄나비 *Neptis raddei*

이 종류는 학문상으로는 세줄나비류에 속하나 겉모습은 전연 다르다. 세줄나비류가 모두 검은색에 흰 얼룩이 있는 데 비해 이 종류는 흰색 바탕에 날개맥에 따라 검은 줄이 있으니 일견 흰나비류*(Pieris)*로 보인다. 그래서 세줄나비 머리에 '어리'를 붙인 것이다. 학명에 있는 Radde 씨는 약간 유명한 사람이라고 할 수가 있을는지?

어리표범 *Euphydryas, Melitaea*

표범나비*(Argynnis)*와 비슷하지만 진짜 표범나비는 아니라는 뜻이다. 일본 이름도 그렇지만 영어 이름으로는 표범나비와 구별되어 있지 않다.

에조녹색부전 *Thecla jezoensis*

학명 에조를 그대로 따기로 한다. 에조는 북해도라는 뜻이다.

엣다지옥나비 *Erebia edda*

학명을 그대로 쓴 이름으로 이 종류는 과연 조선에 확실히 있는지 아직 의문이다. 함경도의 깊은 산을 자세히 탐사한다면 분명히 잡힐 것 같다.

엘알붐 *Nymphalis l-album samurai*

학명 중의 종명을 따서 그대로 한 이름인데 뒷날개 안쪽 중앙의 L자 무늬는 뚜렷하지는 않다. 오히려 남방씨-알붐에서 뚜렷한 L자를 보는 경우가 많다. 아종명의 *Samurai*는 일본 무사라는 뜻인데 명명한 사람이 일본어 한마디를 따서 썼을 뿐 별다른 의미는 없다. 혹은 여러 마리가 활발히 나는 모양을 보면 무사들의 칼싸움 장면으로 볼 수가 있을까?

여름어리표범 *Melitaea athalia*

봄어리표범에 상대되는 것으로 그 발생 시기를 표현한 이름이다. 여름어리표범은 봄어리표범보다 산지가 북쪽에 치우치고 풍산豊産한다.

연주노랑나비 *Colias aurora*

이 종류는 날개 안쪽이 학명의 뜻대로 금빛을 띠지만 날개 표면은 단연 붉은 빛이다. 조선말로는 연주(옅은 홍색)라고 표현함이 가장 적합하다고 본다.

오색나비 *Apatura, Hypolimnas, Sasakia*

수컷의 날개 표면이 햇빛에 따라 남빛을 띠는 종류들로 이 계통의 대표종으로는 구라파에 흔한 *A. iris*로 되어 있다. 사실 *iris*는 수평홍水平虹, 즉 날씨가 맑을 때 호수의 수면 위에 일곱 빛깔이 나타나는 무지개 현상을 의미하는 것이니 이 오색나비라는 이름은 종으로는 *A. iris*에 끼는 것이 타당하다고 생각할 수도 있겠지만 우리 조선에서는 *A. iris*보다도 *A. ilia*가 대단히 흔한 것이니 종으로는 *A. ilia*를 지시하는 것으로 한다.

왕그늘나비 *Pararge schrenckii*

그늘나비들 중에서 가장 큰 종류일 뿐만 아니라 조선산 뱀눈나비과 중에서 가장 큰 종류라고 할 수가 있다. 학명은 사람 이름으로 되어 있다.

왕붉은점모시나비 *Parnassius nomion*

붉은점모시나비보다 크니 왕王자를 붙인 것인데 일본 이름에는 대大자를 붙였다. 이름만으로도 충분히 그 형태를 표현하고 있으며 구라파의 아폴로나비와는 약간 다른 종류이다.

왕세줄나비 *Neptis alwina*

세줄나비 종류 중에서 가장 큰 종이니 왕王자를 붙였다. 이 역시 일본 이름에는 대大 자가 붙어 있다.

왕알락그늘나비 *Neope goschkevitschii*

알락그늘나비보다 큰 것이라고 보면 된다. 이 종류는 과연 조선에 실제로 나는지 재검토할 여지가 많다. 일본에는 흔한 종류이니 이때까지의 것은 대부분이 혼동되었다고 생각한다.

왕오색나비 *Sasakia charonda*

오색나비 중에서 제일 큰 나비일 뿐만 아니라 네발나비과에서 제일 큰 나비이다. 강대하고 보기에도 훌륭한 나비이니 약 10년 전에 일본에서는 나라나비(國蝶)로 정하자는 말조차 나온 일이 있다. 학명의 속명은 Sasaki라는 사람 이름이요 종명의 Charon은 희랍 신화에 나오는 Erebus와 Nox의 아들로 지옥의 Styx 강에서 죽은 사람의 영혼을 건네 주는 직업을 가진 자이다.

왕은점표범나비 *Arginnis nerippe*

은점표범나비(*A. cydippe*)보다 크고 모양이 비슷하니 적당한 이름이다. 두 종류가 뒤섞여 나는 곳이 많지만 구별하기가 아주 쉽다.

왕자팔랑나비 *Daimio tethys*

'왕자'라는 말은 일본의 Daimio와는 다르지만 왕팔랑과 대왕팔랑과의 관계로 그리 되었다(대왕팔랑나비 참조). 학명의 *Tethys*는 희랍 신화에 나오는 Inachus의 아버지이다. 여하튼 이 종류의 이름에는 특권 계급의 이름만이 붙여져 있다.

왕줄나비 *Limenitis populi ussuriensis*
줄나비 중에서 가장 강대하고 활발한 종류이니 왕王자를 붙여줄 만도 하다. 일본 이름에는 대大자가 붙어 있다.

왕팔랑나비 *Lobocla bifasciatus*
대왕팔랑과 왕자팔랑의 중간형이니 왕팔랑으로 될 수밖에 없겠다.

왕흰점팔랑나비 *Syrichtus gigas minor*
조선산 흰점팔랑나비 6종 중에서 제일 큰 종류이니 왕王자가 붙을 만하다. 학명의 종명도 거대하다는 뜻인데 아종명은 그중에서 약간 작은 계통이라는 뜻이다.

외눈이사촌 *Erebia wanga*
외눈이지옥나비와 거의 같은 종류로 뒷날개 안쪽 중실中室 끝에 뚜렷한 흰색 얼룩이 있어 구별된다. 두 종의 분포지를 보면, 외눈이지옥나비는 북조선에 치우쳐 나지만 이 종류는 한층 남쪽으로 진출하였고 흔하지는 않지만 전 반도에 난다.

외눈이지옥나비 *Erebia cyclopius*
학명에서 유래한 이름인데 종명에 포함된 Cyclops는 희랍 신호에 나오는 외눈 거인이다. 깊은 산속에서 이 나비가 날고 있는 것을 보면 이 이름이 그 색채나 얼룩무늬에 적합하다.

유럽푸른부전 *Polyommatus icarus icarus*
조선에서는 함경도에서 약간 알려졌을 뿐이니 구라파에서는 Common Blue라고 하느니 만큼 가장 흔한 모양인데, 따라서 우리는 이것을 유럽을 대표하는 푸른부전으로 여겨서 유럽푸른부전이라 부르기로 한다. 학명을 구성하는 *icarus*는 희랍 신화에 나오는 사람 이름이다. 이 사람은 Crete 섬으로부터 날개를 붙이고 도망할 때 너무 높이 날아오른 관계로 날개를 붙인 납이 햇빛에 녹아서 Aegean해海 속으로 떨어졌다고 한다. 그곳이 지금의 Icarian Sea이다.

유리창나비

*Dilipa fenestra takacukai*의 속명이요 종명이요 아종명인데 라틴어에 일치할 뿐만 아니라 필자가 명명한 일본 이름과도 일치한다. 앞날개 전각前角의 투명막을 잘 표현한 것으로 이 종류의 특징을 십분 발휘시킨 이름이다. 이 나비가 조선에서 소개된 때는 1933년, 개성 교외에서 수컷 한 마리가 잡혀서 그 다음해에 필자가 발표하였으며 그후 평안북도 구장球場의 보통학교 교장 다카쓰카高塚豊次 씨가 그 암컷을 채집한 것을 필자가 연구하여 드디어 1935년에 이 신아종을 신설하고 채집자 이름을 따서 명명했다.

유리창떠들썩팔랑 *Ochlodes subhyalina*

앞날개 중앙에 뚜렷한 투명 얼룩 한 개를 표현하는 이름으로서 학명과도 일치한다. 조선에는 이 속 중에서 가장 많을 뿐만 아니라 나비 전체를 통해서도 많이 나는 종류의 하나이지만 일본에는 없다.

은점박이꽃팔랑나비 *Hesperia comma*

뒷날개 안쪽에 은점이 박힌 것을 표현한 이름이니 적당한데 영어 이름과도 일치하는 이름이 되었다. 그러나 이 종류의 조선산 표본 실물은 아직 분명히 보여주는 곳이 없다.

은점박이알락팔랑 *Carterocephalus argyrostigma*

학명이나 일본 이름과 일치하는 이름이고 또 그 형태를 잘 표현했다.

은점선표범나비 *Argynnis euphrosyne*

영어 이름 Pearl-Bordered Fritillary에서 유래하였는데 작은은점선표범나비*(A. selene)*도 영어 이름 Small Pearl-Bordered Frit에서 유래하였다. 그러니 스기다니은점선표범나비*(A. selene sugitanii)*도 당연한 이름이다. 세 종류 모두 뒷날개 안쪽에 은 테두리, 아니 진주 테두리를 했다고 볼 수 있겠다. 학명의 *Euphrosyne*는 희랍 신화에 나오는 신혜神惠로서 환락 혹은 환희를 의미한다.

은점어리표범 *Melitaea dictynna*

함경도 산악지대에서만 날 뿐인 희귀한 종류이다.

은점표범나비 *Argynnis cydippe*

은반 없는 표범나비가 어디 있으련마는 이 종류가 중형대요 가장 많으니 단연 대표할 만하다.

은줄팔랑나비 *Leptalina unicolor*

학명대로 단색의 나비이지만 뒷날개 안쪽 중앙에 은색 줄 하나가 세로로 쳐진 것이 특이하다. 더욱이 봄에 발생하는 것에서 한층 뚜렷하다.

은줄표범나비 *Argynnis paphia*

영어 이름 Silver Washed Fritillary로부터 유래했다고 할 수 있다. 그러나 은으로 씻었다기보다 은이 흘렀다고 볼 수 있지 않을까. 그렇게 해야 그 형태를 훨씬 잘 표현하는 것이 된다. 학명에 포함된 Paphos는 비너스 신전이 있던 사이프러스의 옛 도읍이다.

은판대기 *Apatura schrenckii*

오색나비에 속하기는 하나 가장 오색나비의 맛이 적고 대형인 데다가 뒷날개 안쪽은 전체가 은판이니 조선 이름만으로도 충분히 이 종류를 감정할 수 있을 정도이다.

이른봄애호랑이 *Luehdorfia puziloi coreana*

조춘아호早春兒虎라는 뜻으로 그 형태와 생태를 잘 표현한 이름이다. 이른 봄에만 잠깐 출현하니 열심한 채집가가 아니고는 잡기 어렵고, 몸집이 작으며, 누런 바탕에 검은 줄이 많은 것이 곧 호랑이를 연상시킨다. 학명이나 일본 이름은 적당한 뜻을 갖지 못하였다.

작은녹색부전 *Thecla taxila*

큰녹색부전에 대응하는 종류로 이 두 종류가 가장 흔한 녹색부전나비이다.

작은멋장이 *Vanessa cardui*

큰멋장이에 상대되는 것으로 이 두 종은 조선땅 어디에서나 볼 수 있는 것들이다. 더욱이 이 작은멋장이는 남아메리카를 제외하고 세계 어디에나 분포해 있으니 조선산 250여 종 나비 중에서 가장 분포가 넓은 종류이다. 학명의 Carduus는 비염飛廉 속 식물의 이름으로 그 애벌레가 먹는 풀이다.

작은연주노랑나비 *Colias viluiensis*

연주노랑나비에 대응한 것으로 이름대로의 형태를 가진 종류이다. 그러나 이 종류의 조선산의 정체는 좀 희미하여 확실히 나는지 여부는 아직 모르겠다. 학명에 있는 Vilyui는 시베리아에 있는 Lena 강의 큰 지류의 이름이요 그 연안에 같은 이름의 이름난 도시 Vilyuisk가 있다.

작은은점선표범나비 *Argynnis selene*

영어 이름 Small Pearl-Bordered Fritillary에서 유래한 이름이요 은점선표범나비에 대응하는 이름이다. 학명의 Selene는 희랍 신화에 나오는 달의 여신으로 별다른 의미는 없다. 은점선표범나비와 큰은점선표범나비 참조.

작은점박이푸른부전 *Maculinea alcon monticola*

조선산 점박이푸른부전 4종 중에서 가장 작은 종류로 필자가 10여 년 전에 백두산 가까이서 두 마리를 잡았을 뿐이다.

작은주홍부전나비 *Lycaena phalaeas chinensis*

영어 이름 Small Copper에서 유래한 것인데 큰주홍부전나비(Large copper)에 대응한 이름이다.

작은표범나비 *Argynnis ino*

큰표범나비*(A. daphne)*에 대응한 이름으로 두 종은 그 산지까지 일치하니 구별하기 어려운 때가 있다. 대체로 크기가 틀리고, 뒷날개 안쪽이 큰 종은 좀 누렇고 작은 종은 좀 퍼렇다.

작은홍띠점박이푸른부전 *Scolitantides orion*

이 이름은 11자로 구성된 가장 긴 이름으로 유명해질 것이다. 학명의 *Orion*은 희랍 신화에 나오는 잘 생긴 거인 사냥꾼으로 여러 곳에 인용된 말이다. 이 종류에 상대되는 것은 큰홍띠점박이푸른부전이다.

재순지옥나비 *Erebia Kozhantschikovi*

장재순張在順 군이 처음으로 관모산 정상에서 채집한 것인데 학명은 소비에트의 곤충학자 이름으로 되어 있으나 필자는 이 나비를 처음으로 잡은 우리 조선 청년의 이름을 따서 짓기로 하였다.

점박이푸른부전 *Maculinea*

학명과도 일치하고 형태도 훌륭히 표현한 이름이다. 이 종류는 조선에 4종이 있는데 다음과 같다.

    작은점박이푸른부전(*M. alcon monticola*)
    중점박이푸른부전(*M. arion*)
    큰점박이푸른부전(*M. arionides*)
    고운점박이푸른부전(*M. euphemus*)

제비나비 *Papilio bianor*

제비나비라는 의미의 유래는 민남방제비나비의 학명 *amaura*(암흑)의 뜻에서 기원했다고 볼 수 있지만 이 계통의 대표로는 아무래도 전국에 분포하고 풍산豊産하는 이 종류를 내놓아야 될 것 같다. 그래서 제비나비에는 이 종류를 해당시켰다.

제일줄나비 *Limenitis helmanni*
제이줄나비 *L. doerriesi*
제삼줄나비 *L. homeyeri*

이 3종은 비슷비슷도 하고 과거에 많이 혼동되어 왔던 것을 필자가 1938년에 명확히 알파·베타·감마 3종으로 구별하고 위의 학명을 배당하였다. 조선 이름은 알파·베타·감마 순으로 붙였다.

제주도꼬마팔랑나비 *Parnara mathias*

이 종류는 제주도에만 있고 아주 작은 종류이니 이 이름이 생긴 것이다. 줄점팔랑나비 속에 속하지만 뒷날개 안쪽의 줄점이 뚜렷하지 않으므로 '줄점'을 넣지 않은 이름으로 하였다.

제주도왕자팔랑나비 *Daimio tethys felderi*

왕자팔랑나비의 한 가지로 볼 수가 있는데 현재로는 제주도에서만 난다. 학명의 Felder는 곤충학자의 이름이다.

제주왕나비

*Danaus tytia*의 종명이요 속명이요 또 과명으로 우리 조선에는 1과 1속 1종이 날 뿐이다. 조선서는 중조선 이남에 분포하고 서조선이나 북조선에서는 보기 어려운 남방 계통의 크고 우미優美한 종류이다. 제주도에서만은 섬 전체에서, 즉 해안에서 산꼭대기까지 널리 분포해 단연 제주도를 대표하는 나비라고 할 수 있겠다. 필자는 1945년에 이 나비를 제주도의 대표 나비로 하고 영주왕瀛州王 나비라는 이름으로 발표한 일이 있다. '영주'는 제주도의 옛 이름이다.

조선까마귀부전 *Strymon eximia*

일본 이름에서 유래한 것인데 그도 그럴 것이 이 종류는 일본에는 없지만 조선에는 전 반도에 분포되어 있다.

조선산뱀눈나비 *Oeneis nanna*

산뱀눈나비 종류들은 북방에서만 나는데 이 종류만이 조선 전체에 분포해 있으니 '조선'을 붙일 만하다. 일본 이름도 또한 그러하다. 학명의 산양(암컷)이라는 뜻은 아무 점으로 보든지 적당한 이름이라 하기 어렵다.

조선세줄나비 *Neptis philyroides*

세줄나비(*N. philyra*)와 비슷하지만 그것이 아니라는 뜻의 학명인데, 마침 이 종류가 일본에는 없고 조선에는 전 반도에 분포해 있는 관계로 일본 이름에는 '조선'이 붙어 구별되었다. 그러니 그대로 조선 이름을 만드는 것이 적합하다고 생각된다.

조선알락팔랑 *Carterocephalus dieckmanni*

이 속에 포함된 4종 중에서 전 반도에 분포한 것은 이 종류뿐이니 '조선'을 붙일 만하다. 일본 이름도 그러하다. 학명에 있는 사람은 대단한 사람이 아니다.

조선줄나비 *Limenitis moltrechti*

역시 일본에는 없고 조선에 많이 나는 종류여서 지은 이름이다. 학명에 포함된 Moltrecht는 유명한 사람은 아닌 것 같다.

조선줄나비사촌 *Limenitis amphyssa*

조선줄나비보다 약간 작고 비슷한 종류이다.

주홍부전나비 *Lycaena*

영어 이름의 Copper보다 일본 이름의 베니시지미ベニシジミ가 주홍부전나비라는 이름을 유도했다.

줄꼬마팔랑 *Adopaea leonina*

학명은 사자색獅子色이라는 뜻이나 줄꼬마팔랑으로 하는 것이 훨씬 그 형태를 잘 표현하는 것 같다.

줄그늘나비 *Triphysa phryne nervosa*

학명이나 일본 이름에 일치한 이름이지만 신통치는 못하다. 함경북도 북단에서 채집되었을 뿐으로 알려지지 않았다.

줄나비

*Limenitis camilla*의 속명이요 종명이다. 검은 판에 흰줄이 있는 종류이니 간단히 줄나비라고 하였고 일본 이름 이치몬지 イチモンジ·一文字 와도 상통한다. 영국에서는 이 종류를 White Admiral(흰 제독)이라고 하고 큰멋장이(*Vanessa indica*)의 근사종을 Red Admiral(붉은 제독)이라고 하는데 줄나비라곤 이것 한 종밖에 없는 영국에서는 흰 제독이라고 할 만도 하나 줄나비의 종류가 많은 조선에서는 맞지 않는 일이다.

줄점팔랑나비

*Parnara guttatus*의 속명이요 종명인데 학명과도 일치하는 이름이다. 뒷날개 안쪽 중앙을 횡단하여 흰점들이 배열된 것이 특이하니 이 이름이 생겼다. 이 종류는 벼의 해충으로 특이하다. 이 속에 포함된 조선산은 이 밖에도 3종이 있는데 아래와 같다.

    산줄점팔랑나비 *(P. jansonis)*
    제주도꼬마팔랑나비 *(P. mathias)*
    직작줄점팔랑나비 *(P. pellucida)*

줄흰나비 *Pieris napi*

학명으로는 그 애벌레가 무청을 먹는 것으로 되어 있지만 십자화과 식물 대부분을 해친다. 일본 이름으로는 줄이검은나비, 영어 이름으로는 푸른줄이 있는 흰나비이니 우리 조선 이름의 줄흰나비는 줄이 있는 흰나비라는 뜻으로 가장 간략한 이름이다. 이 종류는 저온지대에서 나는 것일수록 줄이 굵어진다.

중국부전나비 *Plebejus chinensis*

학명과 일치한 이름을 지었다. 일본 이름은 아주 부적당하다.

중점박이푸른부전 *Maculinea arion*

작은점박이와 큰점박이의 중간형이니 이 이름이 유도되었다. 학명의 Arion은 희랍의 서정 시인이다. Arion은 시칠리아로부터 귀항하는 뱃길에서 수부水夫들에게 짐을 약탈당하고 물속에 던져졌지만 그의 아름다운 탄금彈琴 연주 솜씨에 매혹되어 배 주위에 모여 있던 돌고래들에게 구조되었다고 한다.

지옥나비

*Erebia*의 속명인데 이 라틴어의 뜻에서 유래한 이름이다. 여기 속하는 나비는 대개 고산 나비인데 고산초본대에서 무수히 날고 있는 습성을 볼 때, 일본 이름 홍일음(紅日蔭)은 부적당한 이름이다. 지옥 가는 것처럼 고생을 하면서 고산에 올라 초본대에 도달하여 이 나비들을 보면 지옥나비라는 이름이 실감난다.

지리산팔랑나비 *Isoteinon lamprospilus*

조선에서는 지리산에서 필자가 몇 마리 잡은 것밖에는 없는 형편으로 그 산지를 따서 명명하였다. 그러나 일본에서는 희귀한 종류가 아니다.

직작줄점팔랑나비 *Parnara pellucida*

뒷날개 안쪽의 줄로 된 점들이 어긋나게 지그재그로 배열되어 일자형으로 되지 않았으므로 이런 이름이 생겼다. 학명의 *pellucida*(투명)라는 뜻은 적당하지 않다.

참나무부전나비 *Thecla signata quercivora*

애벌레가 참나무를 먹고, 학명의 아종명도 그 뜻이니 참나무부전나비라고 하기로 한다. 종명의 뜻대로 문자 모양도 있는 종류이니 그 뜻을 따도 좋았겠지만 애벌레가 먹는 나무 이름을 따는 것이 더욱 좋으리라 생각되었다.

채일봉지옥나비 *Erebia theano pawloskii*

부전고원 채일봉遮日峰에서 처음으로 잡은 종류인데 그 밖에서는 아직도 잡힌 곳이 없다. 그러나 채일봉에서만은 많이 잡혔다.

처녀나비

*Coenonympha*의 속명으로 조선에서는 봄처녀·도시처녀·시골처녀 3종이 난다.

봄처녀는 봄에 한 달도 안 되게 나왔다가 없어지는 것인데 그 나는 모양이 우리 조선 사람으로는 수줍은 처녀 모습과 같다고 볼 수 있다.

도시처녀는 색채가 진한 차색茶色이요 앞뒤 날개 안쪽에 있는 흰띠가 도시 처녀의 흰 리본을 연상케 한다.

시골처녀는 그 노랑색이 시골 처녀의 노랑저고리를 연상케 하며 또 그 산지를 볼 때 전국을 통해서 시골에서만 드문드문 난다.

청띠신선나비 *Nymphalis canace*

신선나비에 속하고, 날개에 푸른 얼룩이 뚜렷하게 있으니 이런 이름이 생긴 것이다.

청띠제비나비 *Graphium sarpedon*

이 종류의 형태와 생태를 잘 표현한 이름이다. 학명의 뜻은 신통치 못하다.

측범나비 *Papillio eurous*

그 형태로 보아 명명된 것인데 조선에서 이 종류의 정체는 잘 알 수가 없다. 1917년과 1923년에 조선산이 기록은 되었지만 실물 표본의 거처도 알 수 없고 여하튼 분명치가 않다.

큰녹색부전 *Thecla orientalis*

작은녹색부전에 대응하는 이름으로 이 두 종류가 가장 흔한 녹색부전이다.

큰멋장이 *Vanessa indica*

작은멋장이에 상대되는 이름으로 작은멋장이와 함께 조선에서는 어디서나 볼 수 있는 종류이다. 영국의 Red Admiral(붉은 제독)이라는 나비가 이 종류에 가장 가깝다.

큰산뱀눈나비 *Oeneis magna*

산뱀눈나비 중에서 가장 크기도 하고 학명의 뜻도 그러하니 적당한 이름이다.

큰수리팔랑나비 *Ismene septentrionis*

독수리팔랑나비와 푸른큰수리팔랑나비의 중간형이나 후자에 가깝다. 즉 독수리의 맛이 든 푸른큰수리라고 생각할 수가 있으니 이 이름이 생겼다. 학명의 *Ismene*는 희랍 신화에 나오는 Antigone의 동포요 *septentrionis*는 북방이라는 뜻이다. 사실 이 큰수리는 북방 것이고 푸른큰수리는 남방 것이다.

큰은점선표범나비 *Argynnis oscarus*

은점선표범나비와 작은은점선표범나비에 대응한 이름으로 이 종류에만은 영어 이름이 없다. 일본 이름 연성표문 緣星豹紋 은 우연히 일치한 이름이라고 하겠다.

큰점박이푸른부전 *Maculinea arionides*

작은점박이·중점박이·큰점박이 푸른부전은 모두 상관된 것들이다. 이 점박이푸른부전은 조선에 4종이 있는데 그중 이 종류가 제일 크다.

큰주홍부전나비 *Lycaena dispar auratus*

영어 이름 Large Copper에서 유래한 것인데 작은주홍부전나비(영어 이름 Small Copper)에 상응한 이름이다. 이 종류의 아종명에 포함된 금빛이라는 뜻은 분명히 의미가 있다. 이 계통에서는 이 종류만이 주홍빛을 나타내면서도 금빛을 약간 포함한 듯이 보이기 때문이다.

큰표범나비 *Argynnis daphne*

별로 클 것은 없으나 작은표범나비*(A. ino)*에 상응하는 이름이다. 학명의 Daphne는 희랍 신화에 나오는 강의 신 Peneus의 딸이요 Apollo 신의 구애를 피하여 월계수로 화했다는 여신으로, 학명을 명명한 사람이 채용한 말일 뿐 별다른 의미는 없는 듯하다.

큰홍띠점박이푸른부전 *Scolitantides divina*

학명의 *divina*는 신성한 혹은 비범한이라는 뜻으로, 그 때문이었는지 이 종류는 한동안 그 정체를 알 수가 없어서 학계의 의문종이었던 일이 있었다. 이 종류에 상대되는 것은 작은홍띠점박이푸른부전이다.

큰흰줄표범나비 *Argynnis ruslana*

흰줄표범나비에 대한 이름으로 일본 이름에서 유래했다.

팔랑나비 *Hesperiidae*

이 과는 전체가 나는 모양이나 행동이 몹시 까부니 팔랑나비라고 지은 것인데 영어 이름 Skipper와도 일치한 이름이다. 학명의 어원인 Hesperus는 희랍 신화에 나오는 Atlas와 Eos 사이에 생긴 아들이며 또 밤의 명성明星인 금성을 뜻하기도 한다.

표범나비 *Argynnis*

붉은빛이 나는 누런 바탕에 검은색 얼룩이 있는 종류들로서 누구에게나 곧 표범을 연상시키니 아주 적당한 이름이다. 학명의 은반銀斑이라는 뜻도 이 속의 공통되는 특징이니 역시 학명도 적합한 이름이기는 하나 표범나비가 일층 알맞다고 생각된다. 조선에는 종류가 많아 20여 종이나 있고 전국 어디서나 볼 수 있는 속이다.

푸른부전나비 *Lycaenopsis argiolus*

영어 이름으로 Holly Blue라고 하느니만큼 고상한 푸른빛이다. 동양에서 가장 많은 푸른부전이라면 이것이므로 이 종류가 푸른부전의 대표라고 할 수 있겠다. 일본 이름도 대표적 명칭으로 되어 있다.

푸른큰수리팔랑나비 *Rhopalocampta benjamini japonica*

조선 이름으로 이 종류의 형태와 생태를 잘 표현한 듯하다. 큰수리팔랑나비 참조.

풀표범나비 *Argynnis aglaja*

날개 안쪽이 초록색이니 어울리는 이름이다.

풀흰나비 *Pontia daplidice*

날개 안쪽, 특히 뒷날개 안쪽에 풀색 얼룩이 충만하여 즉각 이 이름의 인상을 주는 나비이다. 영어 이름으로는 목욕탕나비라고 하니 그 신선한 맛을 표현한 듯하고, 일본 이름으로는 조선백접朝鮮白蝶이라고 하니 일본에는 없고 조선에는 많으므로 생긴 이름이다. 속명의 라틴어는 흑해를 말함이나 별 의미는 없는 듯하다.

함경부전나비 *Plebejus amandus*
함경남북도를 제외하고는 알려지지 않은 종류이니 그 산지를 따서 이름을 지었다.

함경산뱀눈나비 *Oeneis urda*
함경남북도에서만 풍산豊產하는 산뱀눈나비이니 조선산뱀눈나비에 대응하여 함경산뱀눈나비라고 하는 것이 좋겠고 일본 이름도 그러하다.

함경어리표범 *Melitaea matuma mongolica*
학명의 '몽골'을 따는 것보다 함경도에 가면 엄청나게 많으니 단연 함경도를 대표하는 어리표범이라고 볼 수 있겠다.

함경흰점팔랑나비 *Syrichtus orbifer murasaki*
murasaki紫색을 띠었다는 뜻을 학명에 넣었지만 그 산지가 함경남북도에 국한하니 산지를 따서 명명하기로 하였다.

헤르츠까마귀부전 *Strymon herzi*
1884년에 Alfred Otto Herz가 강원도에서 채집한 것을 Fixsen이 기록한 것인데 헤르츠는 외국인으로서는 최초로 조선에 대규모로 나비류 채집을 온 인물로 그 공헌이 크니 헤르츠라는 이름은 남길 만도 하다.

혜산진흰점팔랑나비 *Syrichtus alveus*
조선에서 이 종류가 처음 발견된 혜산진惠山鎭의 지명을 따서 이름을 지었다. 일본 이름도 마찬가지이다.

호랑나비

*Papilio xuthus*의 종명이요 속명이요 또 과명이다. 본래 *Papilio*는 나비를 의미하는 말로 현재도 불란서 말로는 나비를 Papilio라고 하고 에스페란토로도 Papilio라고 한다. 200년 전에 Linné는 나비 전체를 Papilio 1속으로 하였었다.

종명의 호랑나비는 범나비라고도 하고 이 과 중에서 가장 많은 대표종이다. 그 애벌레는 운향芸香과 식물을 식해食害하니 감귤류의 해충이다. 뿐만 아니라 현대의 *Papilio*속은 전체가 감귤류의 해충이다.

홍띠점박이푸른부전 *Scolitantides*

홍대감반청색소회접紅帶嵌班靑色小灰蝶이라는 뜻인데 이 이름만으로도 충분히 형태를 표현하였다. 조선에는 이 속에 속하는 것이 2종이 있다.

　큰홍띠점박이푸른부전(*S. divina*)

　작은홍띠점박이푸른부전(*S. orion*)

홍점알락나비 *Hestina assimilis*

빨간 점이 배열되고도 조화된 색채로 학명의 의의를 충분히 발휘한 이름이다. 일본에는 없고 만주·중국·대만에 있는데, 대만산은 아종이 다를 정도로 약간 상이하다.

홍줄나비 *Limenitis pratti eximia*

일본 이름으로는 홍성일문자紅星―文字라고 하나 붉은별(紅星)보다는 홍성렬紅星列로 볼 수 있으니 간단히 홍줄이라고 하기로 하였다. 최근의 연구에 의하면 이 나비는 그 특이한 형질이 다른 한 속을 형성한다 하여 필자의 성을 따서 Seokia라는 속명이 발표되었다.

황모시나비 *Parnassius eversmanni sasai*

노란 바탕에 붉은 얼룩이 있으니 홍모시나비가 무난할 것 같다. 학명에 있는 Eversmann은 유명한 곤충학자요 Sasa는 조선이 해방되는 날까지 경성중학 교원이었던 사사 가메오 左左龜雄 씨이다.

황세줄나비 *Neptis thisbe*

세줄나비류 중에서 유일하게 노란 줄이 있는 종류이니 '황黃'을 넣어서 이름을 지었다. 그러나 이 종류도 고온 지대에서 발생하게 되면 황색이 아닌 백색 줄을 나타낸다. 즉 조선에서는 남방에 백색 줄형이, 북방에 황색 줄형이 있는데 그 중간 지대에는 물론 중간형이 생긴다.

황알락팔랑나비 *Padraona dara*

일본 이름에서 유래하였는데 그 형태를 잘 표현하였다.

후치령푸른부전 *Cyaniris semiargus*

학명의 Cyano는 희랍어로 어두운 청색이라는 뜻이고 영어 이름 Mazatine Blue도 청색을 말함이니 푸른부전이다. 그러나 조선에는 푸른부전이 많으므로 조선에서 이 종류가 최초로 채집된 후치령厚峙嶺을 따서 명명함이 좋을 듯하다. 일본 이름도 마찬가지이다.

흑백알락나비 *Diagora japonica*

이 이름만으로도 이 종류를 찾아낼 만하다.

흰나비 *Pieris, Pontia, Pieridae*

몇 개의 속명과 과명을 표현한다. 학술적으로는 그러하지만 고래로 쓰여온 이름으로는 노랑나비·범나비·호랑나비들과 함께 제일 많이 쓰였고 그중에서도 흰나비와 노랑나비 두 이름은 가장 오래 또 널리 쓰여 왔다.

흰뱀눈나비 *Satyrus halimede*

뱀눈나비과는 거의 전부가 짙은 색인데 이 종류의 바탕색만이 흰색이니 이 이름만으로도 감정할 수 있는 형편이다.

흰점팔랑나비

*Syrichtus maculatus*의 속명이요 종명이다. 흑갈색 바탕에 흰 얼룩이 뚜렷하니 이런 이름이 생겼다. 영어 이름은 반백발半白髮팔랑이라는 뜻이나 흰점박이가 더 분명하다. 이 속에 포함된 조선산은 6종이 있는데 그중에 이 종류가 제일 흔하고 분포도 제일 넓어 전국적이다.

흰줄표범나비 *Argynnis laodice*

일본 이름 裏銀條豹紋에서 유래하였다고 할 수 있지만 '은줄'보다는 '흰줄'이 훨씬 적합하다. 이 흰줄을 자세히 보면 한 줄로 된 시가도 모양으로 보이니 학명에 포함된 희랍의 도시 이름인 Laodicea와도 관련된다.

-1947. 2. 27. 서울에서